U0280664

直流输电系统
对交流电网设备影响及防范措施

ZHILIU SHUDIAN XITONG
DUI JIAOLIU DIANWANG SHEBEI YINGXIANG JI FANGFAN CUOSHI

主　编　王　玲
副主编　马　明　梁晓兵　徐柏榆
　　　　文习山　潘卓洪　鲁海亮

中国水利水电出版社
www.waterpub.com.cn
·北京·

内 容 提 要

本书全面系统地介绍了直流输电系统单极大地运行时，直流电流过大对交流电网设备的不利影响及相应的防范措施。全书首先从理论研究出发，探索直流输电系统单极大地运行时直流电流在交流电网中的分布情况，然后进行数值建模和求解，并通过现场实测取得的校验数据对建模计算结果进行适当验算。

本书可供电力系统内直流输电、接地技术、电磁兼容和勘测等相关专业及从事杂散电流研究工作的科学技术人员参考，也可作为高等院校接地技术和电磁兼容课程的教学参考用书。

图书在版编目（CIP）数据

直流输电系统对交流电网设备影响及防范措施 / 王玲主编. -- 北京：中国水利水电出版社，2019.8
ISBN 978-7-5170-7838-8

Ⅰ．①直⋯ Ⅱ．①王⋯ Ⅲ．①直流输电－电力系统－影响－电网－电力设备②电网－电力设备－设备管理
Ⅳ．①TM727

中国版本图书馆CIP数据核字(2019)第150109号

书　　名	直流输电系统对交流电网设备影响及防范措施 ZHILIU SHUDIAN XITONG DUI JIAOLIU DIANWANG SHEBEI YINGXIANG JI FANGFAN CUOSHI
作　　者	主编 王玲 副主编 马 明 梁晓兵 徐柏榆 文习山 潘卓洪 鲁海亮
出版发行	中国水利水电出版社 （北京市海淀区玉渊潭南路1号D座 100038） 网址：www.waterpub.com.cn E-mail：sales@waterpub.com.cn 电话：(010) 68367658（营销中心）
经　　售	北京科水图书销售中心（零售） 电话：(010) 88383994、63202643、68545874 全国各地新华书店和相关出版物销售网点
排　　版	中国水利水电出版社微机排版中心
印　　刷	北京博图彩色印刷有限公司
规　　格	184mm×260mm　16开本　14印张　341千字
版　　次	2019年8月第1版　2019年8月第1次印刷
印　　数	0001—1000册
定　　价	**128.00元**

前 言

FOREWORD

　　近年来，直流输电系统单极大地运行时的大地返回电流对我国电力系统造成的不利影响频频发生，使直流输电系统单极大地运行时对交流电网设备的影响及防范措施逐渐成为电力系统电磁兼容问题的研究热点和难点。鉴于目前关于这方面的研究材料比较匮乏，作者将十多年来的研究成果进行总结，编写成本书，更好更全面地介绍了直流偏磁的系统理论、现场测量方法与工程实践，以便为广大工程技术人员与高校科研工作者提供技术参考。

　　直流偏磁理论晦涩难懂，本书内容选择顺序叙述的方式进行：第 1 章介绍本书的研究内容及国内外的研究现状；第 2 章介绍直流输电系统单极大地运行时直流电流在交流电网中的分布计算原理及方法；第 3 章介绍大地电阻率的测试及反演方法，并得出云南省、贵州省和广西壮族自治区的大地电阻模型；第 4 章介绍直流电流监测系统的建立；基于前几章的理论研究成果，第 5 章介绍开发的直流偏磁评估计算软件，并将计算结果与实测结果进行对比；第 6 章介绍计算变压器耐受直流电流能力的分析原理及办法；第 7 章介绍直流偏磁对变压器的影响及解决措施；第 8 章对比分析几种变压器直流偏磁的抑制装置。全书对直流偏磁的产生原理、计算分析、抑制措施等进行了系统、全面的介绍，使读者对直流输电系统对交流电网设备的影响及防范措施有一个系统、直观的理解。

　　在本书的编写过程中得到了各方的支持和协助，特别是武汉大学电气与自动化学院的文习山课题组对本书提出了不少的修改建议，在此一并表示衷心的感谢。

　　限于作者学识水平的限制，书中难免存在不足与欠缺之处，在此诚恳地希望广大读者给予批评和指正。

作者

2019 年 7 月

目 录

CONTENTS

第 1 章

绪　　论

1.1　研究背景

国内外研究和实际测量发现，地磁暴或直流输电系统接地极流过较大直流电流是导致接地变压器中性点产生直流偏磁现象的主要原因。

1.1.1　直流输电系统引发的变压器直流偏磁危害

在国家改变东西部能源与经济不平衡的状况、加快能源结构调整和东部地区经济发展等重大战略思想的指导下，西电东送工程逐步实施，成就了我国电力工业史上从未有过的大规模电源与电网建设，我国直流输电技术随之迅猛发展。

在南方电网地区，西电东送工程的南线通道，已有四回 ±500kV 直流输电工程〔天生桥至广东 ±500kV 直流输电工程（以下简称"天广直流"）、贵州高坡至广东肇庆 ±500kV 直流输电工程（以下简称"高肇直流"）、贵州兴仁至深圳宝安 ±500kV 直流输电工程（以下简称：兴安直流）、三峡至广东 ±500kV 直流输电工程（以下简称"三广直流"）、五回 ±800kV 特高压直流输电工程——云南楚雄至广东增城 ±800kV 特高压直流输电工程（以下简称"楚穗直流"）、云南普洱至广东江门 ±800kV 特高压直流输电工程（以下简称"糯扎渡直流"）、双回溪洛渡右岸电站送电广东 ±800kV 特高压直流输电工程（以下简称"溪洛渡直流"）、滇西北至广东 ±800kV 特高压直流输电工程（以下简称"滇西北直流"）〕投运。在长三角地区已有葛洲坝—南桥、三峡—常州、三峡—上海等 ±500kV 直流输电系统，以及向家坝—上海南汇的 ±800kV 特高压直流输电系统已投入运行。

直流输电系统建设初期的系统调试、后期运行过程中设备故障或检修等原因，会造成直流输电系统单极大地回线方式或双极不平衡方式运行，越来越多的直流输电系统投运使得这种不正常运行方式的发生概率大大提高。当直流输电系统以单极大地回线方式或双极不平衡方式运行时，将有强大的直流电流通过接地极注入大地，经大地流到直流系统的另一端。直流电流会在流经的大地路径上产生电位差，而交流输电系统通过中性点接地的变压器及输电线路与大地构成并联回路，可引起数十安培甚至上百安培的直流电流经交流系统传输。

当流经接地变压器中性点的直流电流通过变压器绕组时，将引起变压器磁路直流偏磁，导致变压器铁芯半波饱和，从而产生谐波，造成振动、噪声和过热等问题，严重时可损坏变压器，影响变压器使用寿命；谐波还可能引起电容电抗器组的谐振损坏、引起继电保护误动等问题。

1.1.2 地磁感应电流诱发的变压器直流偏磁危害

太阳耀斑和地磁场相互作用产生极光电喷，使地磁场产生暂态波动，当这种现象足够严重时，称为地磁暴。大地是一个导电的球体，在发生地磁暴时，地磁场的暂态波动使大地的一部分处于这个时变磁场中，在地表引起感应电位。在土壤电阻率高的地带，地磁暴较严重时，其数值可达 1.2~6V/km。在北半球已多次观察到地磁暴现象，加拿大、美国、日本、芬兰都有这方面的报道。地磁暴是引发交流系统中接地变压器产生直流偏磁问题的原因之一。有关资料显示，因地磁暴产生的变压器中性点直流偏磁电流最大可达 300A。

1.1.3 变压器直流偏磁的危害

由地磁暴和直流输电系统单极大地运行引起的变压器直流偏磁现象中，变压器励磁电流正负半周明显不对称，低压侧电压波形总畸变率明显升高，已知的问题如下：

（1）变压器产生噪声、振动和温升。变压器直流偏磁引起的半波饱和使得变压器噪声和振动加剧，这已多次被现场实测数据所证实；部分变压器还发现温度增加的情况。

（2）产生大量的谐波。在变压器正常工作状态下，正负半波对称的周期性励磁电流中只含奇次谐波。由于直流偏磁的作用，使半波深度饱和的变压器励磁电流中出现了偶次谐波。此时，变压器成了交流系统中的谐波源，引起系统电压波形畸变、电容器组发生谐振损坏、继电保护误动、周波表不能正常工作等。

（3）变压器无功损耗增加。由于直流偏磁引起变压器饱和，励磁电流大大增加，使变压器无功损耗增加，这可造成电网系统电压下降，严重时可使整个电网崩溃。

（4）诱发继电保护系统故障。由于变压器直流偏磁引起电压/电流波形严重畸变，会导致部分继电保护装置不能正确动作，其产生的零序次谐波（如 3/6/9 次谐波）可能导致采用零序电压或电流启动的继电保护装置误动。

1.1.4 变压器直流偏磁的案例

广东电网是国内最大的省级电网，在经济生产活动繁荣的珠三角地区，输电网和变电站相当密集，贵州省、云南省及三峡工程多余的电力经直流输电系统送往该地区。广东电网目前已有九回直流输电系统落点，由于地质条件的特殊性（多为花岗岩地质，大地直流电阻较大），这些直流输电系统初期的单极系统调试和后期的非正常运行所引起的大地回线方式导致交流系统中接地变压器的直流偏磁问题变得越来越严重，发生的频次也不断增加。总体来说，广东省是国内变压器直流偏磁问题最严重的省份。

1.1.4.1 三广直流运行案例

在三广直流单极大地回线方式输送功率 1500MW 时，岭澳核电厂的变压器中性线直流电流实测值超过20A，义和变电站通过将站内两台变压器中性点同时接地运行的方式降低主变中性点的直流电流，但是单台变压器中性点的直流电流仍然达到了21.7A（若不采取两台变压器同时接地运行的措施，单台变压器中性点的直流电流估计会达到35A以上）。

1.1.4.2 高肇直流运行案例

高肇直流输电系统单极大地回线方式输送功率750MW时，220kV春城变电站的变压器中性点的直流电流为34A，变压器噪声达到94dB，噪声增加约19dB，母线电压总畸变率U_{THD}为2.1%；500kV西江变电站变压器噪声达到80dB，噪声增加约20dB。

1.1.4.3 电容器组受损案例

广东电网某500kV变电站共有3台500kV变压器，9组35kV电容器组。2004年5月，该变电站相继发生2起串接5%电抗率的电容器组损坏故障，事故造成16台电容器损坏、51支保险熔断及1个放电线圈炸毁。

事故分析结果表明，这两次事故都是在直流输电系统双极对称运行方式发生单极闭锁从而转为单极大地回线方式运行后的5~10min内发生的。通过广东电网电能质量监测系统监测到的数据来看，电压总谐波畸变率突然增大的时间与事故发生的时间非常吻合。分析结果表明，因直流输电系统单极大地回线运行导致变压器直流偏磁现象严重，从而产生大量的谐波，使得电容器组因谐振放大引起谐波过流而引发事故。

1.1.4.4 变压器受损案例

广东省某发电厂在2004年共发生4个台次的单相变压器受损，变压器先后进行维修。3个台次的变压器检修时，发现变压器受损的现象与异常振动有关：变压器铁芯扎带松脱、绝缘垫板移动挪位、铁芯矽钢片走位；还发现有个别螺栓过热烧损的现象。无独有偶，高肇直流及三广直流输电系统的接地极离该发电厂较近，这两个直流输电系统均在当年进行单极系统调试，单极大地回线输送功率试验极其频繁。

1.1.4.5 限制直流输电能力案例

2007年10月，兴安直流进行单极大地回线方式的系统调试时，为避免发生严重的变压器直流偏磁及其带来的电网安全影响，采取了以下措施：一方面尽可能减少单极大地回线运行方式下的大功率调试；另一方面，为应对单极大地回线运行方式下必须进行的输送大功率调试，广东电网对运行方式作了较大调整，其中包括部分变电站采取分母运行、两个直流偏磁影响较严重的变电站拉开变压器中性点接地刀、减少兴安直流单极大地回线输送大功率的时间等措施。变压器直流偏磁问题不但严重影响了电网的安全运行，同时也限制了直流输电系统单极大地运行方式下的输电能力。

以上实例表明，直流输电系统单极大地方式运行时，广东电网直流偏磁问题明显，已对交流系统的安全可靠运行造成了极大威胁。研究分析直流输电系统大地回流对交流电网设备的影响机理及其解决措施已刻不容缓。

广东电网有限责任公司电力科学研究院自2000年起就开始研究直流输电单极大地回线方式对交流电网的影响问题，自2004年起持续开展了相关领域的调研和前期研究。2006年，广东电网公司立项，从直流输电系统单极大地方式下直流电流在交流电网中的分布、变压器直流偏磁承受能力、直流偏磁变压器对电容器组的影响机理、变压器直流偏磁电流抑制方法等 4 个方面进行系统深入的理论研究，并提出直流输电系统的大地回流对交流电网设备影响的抑制措施。

1.2　国内外研究现状与发展趋势

本书针对以下的研究内容，进行了国内外研究现状的对比和分析。

1.2.1　高压直流输电大地回流在交流电网的分布

关于高压直流输电（High Voltage Current Transmission，简称 HVDC）单极大地方式直流电流在交流电网的分布，国外相关的研究主要集中在 HVDC 大地回流引起的地表电势分布的计算分析上[1-3]。文献［4-6］叙述对于距离接地极几百千米的区域来说，土壤电性结构有很大变化，可以参考地球模型确定采用的分层土壤模型，通过求解拉普拉斯方程并结合边界条件得到地表电位分布。

2005 年后，国内有关"直流电流在交流电网的分布"课题的研究报道较多。2006 年，清华大学张波等提出了分析直流大地运行时交流系统直流电流分布的数值方法[7]，该方法使用矩量法分析复杂大地结构中由直流接地极、交流变电站接地网及其他埋地金属管道构成的多接地系统所产生的地中电流场，同时将电路理论与矩量法相结合，从而将多接地系统与地上交流输电网络联系起来。武汉高压研究院曹昭君等分析了直流输电系统采用单极大地回路方式运行时，换流站接地极附近的中性点接地交流变压器因流入较大直流电流而导致直流偏磁等一系列不良后果，分别采用场路耦合法和电阻网络分析法计算流入变压器中性点的直流电流[8]。华中科技大学电气学院叶会生基于特定模型，采用场路耦合法和电阻网络分析法分别对流入变压器中性点的直流电流进行了对比分析[9]。

2007 年，华中科技大学何俊佳等推导了复合分层土壤结构模型的格林函数[10]，计算了 HVDC 单极大地回路运行所致的入地直流电流引起的土壤地电位分布和地中电流分布，分析了不同土壤结构下流入变压器中性点直流电流的变化。清华大学刘曲等利用土壤水平分层和垂直分层后的格林函数，通过镜像法，根据其物理意义推导出在复合分层土壤结构中地表电位的解析公式，并根据复合土壤模型和交流电网模型计算得到变压器中性点流过的直流电流[11]；同年，清华大学刘曲发表的学位论文针对核电站变压器直流偏磁问题，研究了直流电流的分布特性、垂直接地极的电位分布和变压器承受直流能力等内容[12]。

具有代表性的是南方电网技术研究中心与清华大学合作提出并建立了场路耦合分析模型[13-15]，该模型考虑了不均匀土壤的大地，并结合地下接地系统与地上输电系统进行综合分析；基于该模型，系统地研究了大地回线方式运行时流入交流系统的直流电流分布及其对交流系统的影响；针对三相组式、三相三柱和三相五柱等各类结构的中性点接地三相变压器，建立了直流偏磁电流分析的系统仿真模型，提出了分析三维瞬态涡流场的方法，分析了直流单极大地运行时流入变电站的直流电流对交流变压器的影响，提出了不同变压器的直流偏磁电流耐受能力的差异及减小直流偏磁影响的变压器选型原则[16]。

综合国内外的研究成果，直流输电系统单极大地运行带来的变压器直流偏磁影响仍有许多问题需要进一步研究，表现在以下方面：

（1）由于地质复杂多样及仿真模型的近似处理，大型电网直流偏磁电流分布的仿真计算结果精度普遍不理想，计算结果可信度及可用性不高。

（2）仿真计算方法没有经过现场实测数据来检验。

（3）直流电流分布计算软件未集成直流电流抑制措施模型，不能对采取抑制措施后的交流系统进行再评估。

（4）较多的文献提供的算例是基于虚拟的简单双站交流系统，不能反映真实电网中直流电流分布的影响因素，其结论可推广性较差。

1.2.2 大地电阻率的深度勘测反演

大地电阻率或电导率是表征大地电性结构特征（导电性）的重要参数之一，大地电性结构特征获得需要电法勘探。电法勘探是以岩（矿）石间电磁学性质及电化学性质的差异作为基础，通过观测与研究天然电磁场或者人工建立的电磁场的空间和时间分布规律，以解决地质问题（例如大地电性结构）的一类地球物理勘探方法[17]。通过电法勘探获得物质电阻率的方法通常可分为两大类，即传导类电法和感应类电法。前者以各种直流电法为主，如电阻率法、充电法、自然电场法和激发极化法；后者以交流电法为主，如大地电磁测深法（Magnetotelluric Sourcling，简称 MT 法）、频率电磁测深法、瞬变电磁测深法。

直流电法根据观测依据的场性质分为天然场和人工场，其中应用较为广泛的是 19 世纪末提出的利用人工场源的电阻率法，其原理是以地壳中岩（矿）石的电性差异为物质基础，通过观测与研究人工建立的地稳定电流场的分布规律，以解决地质问题的一组电法勘探方法。20 世纪初确立了四极等间距的温纳氏法和中间梯度法两个分支方法[18]。此后，根据不同地质目标和具体条件，选用不同观测装置（或电极排列）时，又发展出了许多种次一级的分支电法，例如对称四极法、联合剖面法、偶极剖面法和电测深法等。电阻率法一般用于探测地下矿产资源，以及数百米至数千米深处的大地电性结构，但电阻率法测量深度有限，不能测量深层土壤电阻率。

MT 法是 20 世纪 50 年代初由 A. N. Tikhonov（1950）和 L. Cagnird（1953）分别提出来的一种以源自天然的、呈区域性分布的交变电磁场为场源的电磁勘探法[19]。这类天然电磁场具有很宽的频率范围，穿透深度可达几十乃至上百千米，不受高阻屏蔽，分辨能力强（对良导体介质）、等值范围较窄，在研究地球电性结构的多种方法中占有强大的优势。根据 MT 法的结果解释或者视电阻率曲线，可以得到精确的地壳和上地幔的大地电阻率数据。

目前，可以根据直流接地极覆盖区域的地壳和上地幔的岩石类型和结构特点，推测出相应的大地电阻率范围[20]。但由于压力、温度和含水量等因素的影响，即使相同岩石类型的大地电阻率也会有 1～2 个数量级的数值变化。在特定的温度范围内（573～1173K），岩石（花岗岩、辉橄岩、玄武岩等）电导率随温度的变化可达 5 个数量级，温度增加，电导率显著增高。所以单纯依靠岩石类型和结构特点的大地电阻率也是不准确的。

1.2.3 交流电网直流偏磁监测系统

为了研究交直流混联电网中直流偏磁电流分布情况，通过实时监测变压器中性点直流电流，构建交直流混联电网直流偏磁同步监测预警系统，实现对区域电网中直流偏磁电流的同步监测，能够同时对多个变电站直流偏磁情况进行预报、分析及对比[21]。目前广东地区建立的直流偏磁电流监测系统多是基于霍尔传感器形式的监测装置，隔直装置中也有电压电流监测功能，并实时上传至数据库[22]。北方部分地区许多变压器的直流偏磁电流监测数据直接传入站内，数据较分散，不利于对比分析。西南某些省份还未装有变压器中性点直流电流监测装置或隔直装置的厂站，可采用基于采样电阻式的电流测量装置，安装调试相对较简单且不易损坏，这个在后续章节会有说明。

1.2.4 　 交流电网直流评估软件的开发与利用

直流电流分布评估软件包含了各电网元件对应的仿真模型以及直流电流分布计算总仿真模块，实现了交流电网的直流电流分布计算[23]。软件统筹考虑地电位分布和接地电阻在直流电流分布中的重要性，开发了交流电网直流电流分布计算总仿真模块，弥补了这方面研究的不足。电网地上模型属于电路模型范畴，地下模型属于电场模型范畴，两者通过交流电网直流电流分布计算总仿真模块实现连接，构成完整的场-路耦合模型。

直流电流分布评估软件还包括单个变压器直流偏磁风险评估模块和电网整体直流偏磁风险评估模块，提出用直流偏磁风险系数来表示直流偏磁风险大小，风险系数越大，直流偏磁风险越大。

此外，直流电流分布评估软件还包含变压器中性点串联电阻模块、变压器中性点串联电容模块和电流注入法模块等直流偏磁抑制措施模型，为变压器中性点串联电阻、中性点串联电容和电流注入法等直流偏磁抑制措施的应用提供有效的评估工具[24]。此类软件国内外应用较少，读者可查阅本书相关章节了解情况。

1.2.5 　 变压器直流偏磁耐受能力分析

国外从 20 世纪 80 年代就开始了地磁感应对电力系统及其设备影响的研究，研究内容之一是变压器在直流偏磁下的饱和过程、产生的谐波，偏重于研究对系统的危害[25-34]；研究内容之二是变压器在直流偏磁下因饱和产生局部过热的现象，确定变压器的承受能力，偏重于研究对变压器的危害[35-53]。国际上公开发表的文献大体分为两类：一类是电力系统或研究机构从系统安全运行角度研究地磁干扰及直流接地极对交流输电系统的影响[54-58]；另一类是对地磁干扰状态下的变压器励磁电流等进行仿真计算并用不同规模的变压器进行中性点注入直流的试验[59,60]，其中仿真计算主要用解析法、等效磁路电路法。具有代表性的研究成果，如 1994 年日本东芝、日立和三菱三大变压器公司联合东京电力公司用模型试验对因地磁感应电流引起的变压器直流偏磁进行的研究，结论表明在地磁感应电流（准直流）作用下，变压器的结构对励磁电流的幅值和特征有较大影响，单相三柱、三相五柱、三相三柱对直流偏磁电流的敏感度依次减小[59]。在一台 30MVA 芯式变压器上施加 200/3A 的直流所做的实验表明拉板局部温度短时达到 110℃；同样的变压器用不导磁钢所作的拉板其温度约 10℃。1997 年，加拿大 P. Picher 等联合 ABB 变压器公司针对电力变压器承受直流偏磁能力做了小模型和变压器产品的二维仿真和实验研究[61]。研究结果表明，370MVA 单相变压器施加直流 75A，1h 测得拉板对油顶层温升 52℃；在直流偏磁时铁芯及其附件的温升没有显著增加，低于铁芯磁密达到 1.95T 时过励磁的情况。从国外的研究结果来看，地磁暴和直流输电大地运行方式在变压器中引起的直流电流性质是相同的。地磁暴引起的直流电流远大于直流输电引起的直流电流，但地磁暴引起的直流偏磁持续时间较短，直流输电引起的直流偏磁持续时间较长。

国内学者对直流偏磁问题进行的研究，也取得了一些理论和模拟试验的成果，并提出了抑制直流进入交流变压器的措施。1992 年，王祥珩等在《变压器》杂志发表了早期的研究成果，提出建立激励条件的方法[62]。梅桂华等重点研究了直流输电对交流系统变压器的影响[39,41,47]，并进行了变压器偏磁场、磁性材料性能模拟等方面的研究。刘曲等对变压器铁芯承受直流能力采用与交流过励磁进行比较的方法，建立过励磁倍数和承受直流量能力间的关系[63]。

综合国内外的研究成果，虽然对变压器直流偏磁现象有一定的认识和研究，但针对变压器直流偏磁承受能力方面仍有许多问题没有解决，表现在以下方面：

（1）直流偏磁对系统和设备的影响大多从系统的角度去研究，从变压器外部进行测量和分析，而没有涉及变压器的内部详细结构，如与直流偏磁密切相关的线圈匝数、铁芯磁路长度和铁芯额定工作磁密等，因此得出的也都是很笼统的结论，只能定性，不能定量地判断变压器耐受直流偏磁能力。

从搜集的文献资料看，国内外变压器制造厂较少参与变压器遭受直流偏磁的研究，而其他研究机构对变压器内部的详细结构与变压器耐受直流偏磁的能力联系研究报道甚少，如变压器的线圈匝数多少，铁芯结构尺寸、不同材料，铁芯拉板、腹板的结构不同，油箱结构不同等对变压器耐受直流偏磁能力的影响。通常线圈匝数、铁芯磁路长度和铁芯的额定工作磁密与变压器耐受直流偏磁的能力关系很大，因为流过变压器中性点的直流电流在变压器中产生的直流磁场强度（H_{dc}）与线圈匝数、直流电流成正比，与铁芯磁路长度成反比；并且直流磁通与交流额定磁通要产生一合成磁通，如果两台变压器线圈匝数相差很多（如高阻抗变压器和普通变压器）或额定工作磁密相差很多（如低噪声变压器和普通变压器），虽然从外部看流过变压器中性点的直流电流相同，但此直流电流对变压器产生的直流磁势影响是相差很大的。并且由于变压器内部的结构件布置设计不同、材料不同，其直流偏磁条件下的损耗、热分布差别也是很大的，很难一概而论。由于对变压器的内部结构参数不了解，对变压器的直流偏磁仿真分析计算也就较难做得很深入。

（2）直流偏磁对变压器磁场、损耗等的计算分析仍停留在初级阶段，对变压器的处理比较简化，没有对变压器在直流偏磁条件下铁芯的 $B-H$ 曲线、磁滞回环、偏置磁通量、$\Phi-I$ 曲线、损耗特性等进行深入、系统的分析和研究，还没有规模采用三维非线性涡流瞬态场对偏磁条件下变压器的磁场损耗等特性进行仿真计算。而这些工作正是进行变压器偏磁研究所必需的。

（3）关于变压器在直流偏磁条件下的性能分析结果存在不一致。

（4）在产品级模型上进行直流偏磁条件下变压器振动、噪声的研究未见相应文献。

（5）对于变压器耐受直流电流能力的标准尚须进一步研究。

1.2.6　直流偏磁变压器对电容器组的影响机理及防范措施

综合国内外的文献资料，在变压器直流偏磁时对电容器组的影响机理方面的研究有以下问题需要进一步地研究：

（1）国内外研究更多关注的是变压器直流偏磁问题及其抑制措施的相关研究，而未关注到变压器在直流偏磁下对并联补偿电容器组的影响。

（2）部分文献研究涉及了变压器直流偏磁特性，但对直流偏磁变压器的电路仿真计算模型（特别是进行谐波研究时）则未见有描述或研究。

（3）针对 500kV 变电站电容器组的配置研究，对其串抗电抗率的设计均未考虑直流偏磁变压器这一关键因素，仅在某些文献中提到对电容器组的配置设计时应考虑避免系统谐振。

1.2.7 变压器直流偏磁电流抑制措施的研究与应用

有关变压器直流偏磁电流抑制措施方面，国外相关的研究进行得较早亦较多，下面是较有代表性的一些研究。

1992 年，M. Eitzmann 等以魁北克水电站 Radisson/LG2 联合体为对象，提出了几种抑制直流电流的方案，其方法是将变压器中性线串联低电抗的电容器，几种方案主要以间隙、MOV 等实现中性点电容器过电压保护方案[64]。文章还对一种利用 MOV 的新方案进行了介绍，该方案能在干扰情况下连续运行，没有旁路断路器的开关操作周期。该文对经中性点电容器接地的系统暂态响应进行了描述。

1995 年，Trans Énergie 与美国通用电气公司合作开发，并在 Radisson 变电站附近的传输线中间安装了隔直串联电容器，以阻止直流电流流入主网。

2005 年，加拿大魁北克水电研究学院的 Léonard Bolduc 等介绍了"电容器＋晶闸管旁路"方式的变压器隔直装置的开发[65]。该装置是由工频阻抗为 1.2Ω（50Hz）的电容器与带硅整流桥的晶闸管旁路并联而成。

据美国 DEI 公司介绍，其 1996 年初为美国俄亥俄州的辛辛那提能源公司（Cincinnati Gas and Electric Company，现为 Cinergy）开发了 4 套很复杂的变压器隔直装置；2003 年，根据西门子（Siemens）提供的参数为其开发了 10 套变压器隔直装置，这些装置用于靠近印度的一条 HVDC 终端站的变压器，其中 9 台于 2005 年投入运行，1 台作为备用；此装置由一个 $4000\mu F$（50Hz 时电抗值为 0.8Ω）隔直/通交电容器、两组反并联的大电流旁路通道及机械开关旁路组成。

国内已知的有代表性的类似研究如下：

2005 年 6 月，江苏电力科学研究院蒯狄正等撰文介绍了在变压器中性点注入反向直流电流的方法，该装置主要原理是交流电源经调压器调压后，再经硅整流经辅助接地极和变压器中性点回路向变压器中性点注入反向直流电流。因其调压器为电动机械式，其在响应速度方面受到限制，该装置已在 2005 年江苏常州供电公司 500kV 武南变电站投入运行[66-68]。

2004 年，南方电网技术研究中心与清华大学联合研制了小电阻装置用于变压器中性点直流偏磁电流的抑制[69]。该装置主要由一个无感电阻（10Ω）和间隙组成，该间隙为专门研制的 160mm 的椭球形电极。该装置于 2005 年在广东电网 220kV 春城变电站安装并进行了系统测试，对抑制春城变电站变压器中性点的直流电流有明显效果，但系统试验后一直未投入运行。

2007 年，马志强撰文提出了基于电位补偿原理的消减变压器中性点直流电流的新方法，给出了电位补偿装置的原理性结构和装置参数整定原则，并用算例分析说明了电位补偿法的有效性[70]。其原理是在变压器中性线中间串一个小电阻（$0.5\sim2.0\Omega$），通过一个外部电源在该电阻上形成一直流电位，以此调节变压器中性点的直流电位来达到减小流入变压器绕组直流电流的目的，该电阻也并联有旁路保护，该方法目前未有制造样机及试运。

中国电力科学研究院亦开展了电容隔直装置的研究工作，其采用了"隔直电容器（1.2Ω）＋带硅整流桥的晶闸管旁路＋机械开关旁路"方式[71]。该装置于 2007 年 10 月于广东电网湛江变电站投入运行。

在该领域仍有以下方面工作需要进一步的研究：

（1）对已知的各种直流偏磁电流抑制方法进行经济技术比较，提出优选方案。

（2）在电容隔直法、电阻抑制法、电位补偿法中均需要快速、可靠的旁路系统进行元件保护，但该旁路系统相对复杂，需寻求简化或新形式的抑制装置。

（3）对于直流电流反向注入法，替代"调压器＋硅整流"电源方式，研制响应速度更好及采用自动闭环控制的装置。

第 2 章

HVDC 单极大地方式下直流电流的分布研究

为了评估高压直流输电大地回流引起交流电网的变压器产生直流偏磁电流的问题，首先需要了解其在交流电网的分布量值情况，除评估已运行电网的情况外，对规划中拟建的变电站亦应进行预测，为规划变电站的选址、接线方式的确定提供参考依据。在进行直流电流的分布仿真模拟时，除考虑常规输变电设备外，还应考虑直流偏磁抑制措施所采取的特殊设备，以便对采取抑制措施后的情况进行评估，以提供最优抑制方案。

2.1 计算模型

本书中的建模内容涉及电路和电场两大方面。计算模型依据"场路结合"的基本思想，主要围绕电路和电场两方面展开。

截至 2018 年 12 月，广东电网拥有 220kV 及以上电压等级的变电站 566 座，变压器 1000 余台，输电线路 771 条共 1340 回。本书针对整个广东电网建立了计算模型，电网模型的局部示意图如图 2.1 所示。

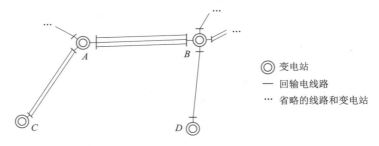

◎ 变电站
— 回输电线路
⋯ 省略的线路和变电站

图 2.1　电网模型的局部示意图

从图 2.1 可以看出，电网模型由变电站和输电线路构成；变压器、母线和中性点开关的模型包括在变电站模型之中，在电网模型局部示意图中并未显示。

在计算模型中，电路部分指的是地上部分，而电场部分指的是地下部分。这样，电网的建模问题转化为针对地上部分和地下部分的建模。

2.1.1　地上模型

2.1.1.1　输电线路

线路模型定义闭合状态下的一回输电线路为有向支路，其方向为起点变电站指向终点变电站，并假设 n 个变电站之间存在 b 条有向支路。计算模型是根据输电线路的开关状态决定线路是否为有效支路。另外，变电站具有多个母线结点的特点在输电线路的模型中必须予以考虑。

依据电网络理论，可以列出以下方程：

（1）支路电压列向量 $\boldsymbol{V}_b$ 与变电站母线电压列向量 $\boldsymbol{V}_e$ 的关系：

$$\boldsymbol{V}_b = \boldsymbol{B} \times \boldsymbol{V}_e \tag{2.1}$$

式中：$\boldsymbol{V}_b$ 为 b 维支路电压列向量；$\boldsymbol{V}_e$ 为 n 个变电站的 n_e 维母线电压列向量；关联矩阵 $\boldsymbol{B}$ 为 $b \times n_e$ 矩阵，对于起点为 i 站母线 n_i、终点为 j 站母线 n_j 的第 k 条有向支路而言，$\boldsymbol{B}[k][n_i] = 1$，第 k 行的其他行元素为 0。

（2）支路电流列向量 $\boldsymbol{I}_b$ 与支路电压列向量 $\boldsymbol{V}_b$ 的关系：

$$\boldsymbol{I}_b = \boldsymbol{G}_b \times \boldsymbol{V}_b \tag{2.2}$$

式中：$\boldsymbol{I}_b$ 为 b 维支路电流列向量；电导矩阵 $\boldsymbol{G}_b$ 为 $b \times b$ 矩阵，其对角线元素为对应的有向支路的电导，其他元素为 0。

（3）依据电荷守恒原理，各变电站母线流出的总电流与从母线流入中性点的电流 $\boldsymbol{I}_e$ 应该大小相等、方向相反，亦有

$$\boldsymbol{B}' \times \boldsymbol{I}_b + \boldsymbol{I}_e = 0 \tag{2.3}$$

式中：$\boldsymbol{B}'$ 为 $\boldsymbol{B}$ 的转置；$\boldsymbol{I}_e$ 为 n 个变电站的从母线流入中性点的 n_e 维电流列向量。

综合式（2.1）～式（2.3）有

$$\boldsymbol{B}' \times \boldsymbol{G}_b \times \boldsymbol{B} \times \boldsymbol{V}_e + \boldsymbol{I}_e = 0 \tag{2.4}$$

2.1.1.2　变电站地上部分

变电站的地上部分主要包括变压器及其中性点开关状态、母线个数和变电站运行方式。对一般的并母运行的 220kV 变电站而言，其母线结点数为 1；而分母运行的 220kV 和 500kV 的变电站，其母线个数会超过 1。广东电网中典型的"双母双变"220kV 变电站场路模型示意图如图 2.2 所示。

1. 变压器及其中性点开关状态

（1）对变压器直流电阻的处理。大型电力变压器的电阻实质上是变压器铁耗和铜耗的等效，但变压器的直流电阻是真正

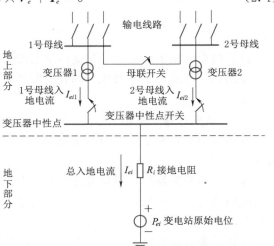

图 2.2　"双母双变"220kV 变电站场路模型示意图

的绕组电阻，表征变压器绕组流通直流电流的能力。对大型电力变压器而言，其直流电阻很小，一般为数十毫欧。

计算模型忽略变压器的直流电阻，原因如下：

1）相对于输电线路直流电阻（视线路长度、线型而定）、变电站的接地电阻（广东省境内变电站接地电阻的平均值为 0.3Ω），变压器的直流电阻较小，可以忽略，尤其是在变压器并联运行的情况下，变压器的直流电阻更小。

2）变电站的接地电阻是计算模型的重要参数，但不能准确得到。接地电阻是实测值，是一个工频性质的电阻，其大小比直流电阻略大，但受制于实际情况的复杂性，其误差无法统计。另外，变电站的实际接地电阻是一个"测不准"的量，一般的接地电阻测量值是在较严格条件下测量取得，如在干旱季节测量接地网接近边角处的接地电阻，而变压器所在位置一般靠近于地网的中心处，此时测量值明显偏大。通过后面的仿真计算实践证明，变压器的直流电阻是可以忽略的。

（2）500kV 自耦变压器的电路模型。广东电网 500kV 变电站采用自耦变压器，变压器 500kV 侧中性点直接接地，在忽略变压器绕组直流电阻时，自耦变压器的直流电路模型相当简单，500kV 母线与 220kV 母线可以不加以区分等效为一个节点；无论变电站在运行时分母与否，变压器的电联系总是让所有的线路连接于中性点上。若出现 500kV 变压器中性点串电容的情况，则其对应的直流网络断开，此时变电站的模型也要随之改变。

（3）220kV 变压器的电路模型。220kV 变压器模型见图 2.2。

2. 母线及其运行方式

电力系统的接线方式和运行方式复杂，变电站一次接线方式有双母（或带旁路），亦有单母分段等多种方式，为提高可靠性，同一变电站的多台变压器往往接在不同的母线上。变压器中性点接地与否都直接影响整个电网的直流网络。

在计算模型中，针对广东电网变电站最常见运行方式建立变电站"双母双变"模型，即假设变电站有两条母线，每条母线对应连接有一台变压器，并有"并母"和"分母"两种运行方式。"双母双变模型"示意图见图 2.2。

2.1.2　地下模型

计算模型的地下部分指的是变电站的地下场部分。

如图 2.2 所示，变电站地下部分模型体现为变电站接地电阻 R_i 与变电站原始电位 P_{ei} 的串联。

2.1.2.1　变电站接地电阻

变压器中性点和零电位点（无限远处）的二端口网络的等效电阻就是变电站接地电阻 R_i。

接地电阻是测量值，测量可能存在误差。接地电阻的测量值是工频性质的，其大小比直流电阻略大。本书探讨的是直流分布问题，故接地电阻可能会对计算结果造成影响。

2.1.2.2　变电站原始电位的确定

在直流极入地电流确定（不为 0）的情况下，大地传导直流电流在变电站感应出变电站原始电位 P_{ei}。大地传导直流电流的模型建立与求解是整个计算过程的核心。广东省境内地质结构复杂，水系众多，而且海洋和山地的影响也不能忽略，大地建模非常困难。

变电站原始电位 P_{el} 直接受直流接地极注入电流所感应，也受其他变电站的入地电流影响。本书近似认为 P_{el} 只与直流接地极的入地电流、地质条件、变电站和直流极之间的相对位置有关，与变电站的接线方式、输电线路参数、电网的运行方式无关。

变电站原始电位 P_{el} 属于场量，求解 P_{el} 是整个问题的关键。从目前的接地计算仿真的方法来看，P_{el} 的求解方法有两种：复镜像法和边界元法。

2.1.3 复镜像模型

本书对广东省境内的分层大地结构参数取两种模型：水平多层结构大地模型和垂直多层结构大地模型。

2.1.3.1 水平多层结构大地模型

1. 水平多层大地中点电流源格林函数的建立

水平多层大地模型中点电流源的格林函数可以通过无穷次镜像得到，也可以依据媒质的边界条件通过求解电位的拉普拉斯（Laplace）方程得到。

点电流源在水平 n 层大地模型中的示意图参见图 2.3，h_i 是各层大地的厚度，ρ_i 是各层大地的电阻率，I 是点源，h_0 是离地表的距离，设观察点的坐标为 (r, z)。

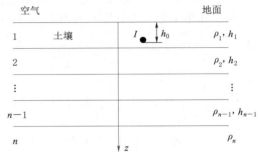

2. 恒定电场中的拉普拉斯方程及其解

恒定电场中的拉普拉斯方程为

$$\nabla^2 \Phi = 0 \qquad (2.5)$$

式中：Φ 为电位，电场强度 $E = -\nabla\Phi$。

图 2.3　水平分层大地模型

因为考虑到场的对称性，且使用圆柱坐标系，式（2.5）可变为

$$\frac{\partial^2 \Phi}{\partial r^2} + \frac{1}{r}\frac{\partial \Phi}{\partial r} + \frac{\partial^2 \Phi}{\partial z^2} = 0 \qquad (2.6)$$

采用分离变量法，式（2.6）的解为

$$\Phi = [C_1(\lambda)e^{-\lambda z} + C_2(\lambda)e^{\lambda z}] \times [A_1(\lambda)J_0(\lambda r) + A_2(\lambda)Y_0(\lambda r)] \qquad (2.7)$$

式中：$C_1(\lambda)$、$C_2(\lambda)$、$A_1(\lambda)$、$A_2(\lambda)$ 都是待定系数；λ 为任意常数；$J_0(\lambda r)$ 是第一类零阶贝塞尔函数；$Y_0(\lambda r)$ 是第二类零阶贝塞尔函数。

由于当 $r \to 0$ 时，$Y_0(\lambda r) \to -\infty$，和实际情况不符，因此式（2.7）中的系数 $A_2(\lambda)$ 必为零，从而拉普拉斯方程的解变为

$$\Phi = \sum_{n=1}^{+\infty} [A(\lambda)J_0(\lambda r)e^{-\lambda r} + B(\lambda)J_0(\lambda r)e^{\lambda r}] \qquad (2.8)$$

式中：$A(\lambda) = C_1(\lambda) \times A_1(\lambda)$、$B(\lambda) = C_2(\lambda) \times A_1(\lambda)$。

因式（2.8）对任意线性叠加项都成立，一般来说，拉普拉斯方程的解可以包含无限多项的叠加，λ 可以连续变化，所以式（2.8）又可以写为

$$\Phi = \int_0^{+\infty} [A(\lambda)J_0(\lambda r)e^{-\lambda r} + B(\lambda)J_0(\lambda r)e^{\lambda r}]d\lambda \qquad (2.9)$$

13

导电媒质中单位点电流源所产生的电位表达式被称之为格林函数。

在均匀大地中的点电流源的电位函数必然满足泊松方程，对于圆柱坐标系该电位函数为

$$\Phi = \frac{\rho I}{4\pi} \frac{1}{\sqrt{r^2 + z^2}} \tag{2.10}$$

式中：ρ 为大地电阻率；I 为电流源流出的电流。

利用傅里叶变换，式（2.10）变为

$$\frac{\rho I}{4\pi} \frac{1}{\sqrt{r^2 + z^2}} = \frac{\rho I}{4\pi} \int_0^{+\infty} J_0(\lambda r) e^{-\lambda |z|} d\lambda \tag{2.11}$$

结合拉普拉斯方程的解，点电流源的格林函数可表示为

$$\Phi = \frac{\rho I}{4\pi} \left\{ \int_0^{+\infty} J_0(\lambda r) e^{-\lambda |z|} d\lambda + \int_0^{+\infty} \left[A(\lambda) J_0(\lambda r) e^{-\lambda z} + B(\lambda) J_0(\lambda r) e^{\lambda z} \right] d\lambda \right\} \tag{2.12}$$

式（2.12）中的待定系数 $A(\lambda)$ 和 $B(\lambda)$ 可根据媒质的边界条件确定。

对于水平多层大地模型（图 2.3），以点电流源在第一层为例，说明式（2.12）中待定系数的求解过程。令场点在第一层时的电位表示为 Φ_{11}，场点在第二层时的电位表示为 Φ_{12}，场点在第 i 层时的电位表示为 Φ_{1i}，各个电位的具体表达式如下：

$$\Phi_{11} = \frac{\rho_1 I}{4\pi} \left\{ \int_0^{+\infty} J_0(\lambda r) e^{-\lambda |z - h_0|} d\lambda + \int_0^{+\infty} \left[A_1(\lambda) J_0(\lambda r) e^{-\lambda (z - h_0)} + B_1(\lambda) J_0(\lambda r) e^{\lambda (z - h_0)} \right] d\lambda \right\} \tag{2.13}$$

$$\Phi_{12} = \frac{\rho_2 I}{4\pi} \int_0^{+\infty} \left[A_2(\lambda) J_0(\lambda r) e^{-\lambda (z - h_0)} + B_2(\lambda) J_0(\lambda r) e^{\lambda (z - h_0)} \right] d\lambda \tag{2.14}$$

$$\Phi_{13} = \frac{\rho_3 I}{4\pi} \int_0^{+\infty} \left[A_3(\lambda) J_0(\lambda r) e^{-\lambda (z - h_0)} + B_3(\lambda) J_0(\lambda r) e^{\lambda (z - h_0)} \right] d\lambda \tag{2.15}$$

$$\Phi_{1n} = \frac{\rho_n I}{4\pi} \int_0^{+\infty} \left[A_n(\lambda) J_0(\lambda r) e^{-\lambda (z - h_0)} + B_n(\lambda) J_0(\lambda r) e^{\lambda (z - h_0)} \right] d\lambda \tag{2.16}$$

对于点电流源不在第一层的情况，假设在第 $m(m < n)$ 层，各层场点电位的表达式如下：

$$\Phi_{m1} = \frac{\rho_1 I}{4\pi} \int_0^{+\infty} \left[A_1(\lambda) J_0(\lambda r) e^{-\lambda (z - h_0)} + B_1(\lambda) J_0(\lambda r) e^{\lambda (z - h_0)} \right] d\lambda \tag{2.17}$$

$$\Phi_{mm} = \frac{\rho_m I}{4\pi} \left\{ \int_0^{+\infty} J_0(\lambda r) e^{-\lambda |z - h_0|} d\lambda + \int_0^{+\infty} \left[A_m(\lambda) J_0(\lambda r) e^{-\lambda (z - h_0)} + B_m(\lambda) J_0(\lambda r) e^{\lambda (z - h_0)} \right] d\lambda \right\} \tag{2.18}$$

已知各水平分层的边界条件如下，即

当 $z \to \infty$ 时，$\Phi_{1n} = 0$；

当 $z = 0$ 时，$\dfrac{\partial \Phi_{11}}{\partial z} = 0$；

当 $z = h_1$ 时，$\Phi_{11} = \Phi_{12}$，$\dfrac{1}{\rho_1} \dfrac{\partial \Phi_{11}}{\partial z} = \dfrac{1}{\rho_2} \dfrac{\partial \Phi_{12}}{\partial z}$；

当 $z = h_2$ 时，$\Phi_{12} = \Phi_{13}$，$\dfrac{1}{\rho_2} \dfrac{\partial \Phi_{12}}{\partial z} = \dfrac{1}{\rho_3} \dfrac{\partial \Phi_{13}}{\partial z}$。

...

当 $z=h_{n-1}$ 时，$\Phi_{1n-1}=\Phi_{1n}$，$\dfrac{1}{\rho_{n-1}}\dfrac{\partial\Phi_{1n-1}}{\partial z}=\dfrac{1}{\rho_n}\dfrac{\partial\Phi_{1n}}{\partial z}$。

上述的边界条件提供 $2n$ 个方程，要求解 $A_1(\lambda)$、$A_2(\lambda)$、$\cdots$、$A_n(\lambda)$ 和 $B_1(\lambda)$、$B_2(\lambda)$、$\cdots$、$B_n(\lambda)$，看似很复杂，计算量很大，得到水平 n 层大地模型时第一层大地中电流源在各层中任意点产生的格林函数 Φ_{11}、Φ_{12}、$\cdots$、Φ_{1n} 似乎很繁琐。

3. 分层大地中点电流源电流场计算的递推算法

由边界条件列出的上述 $2n$ 个方程其实有很明显的递推关系，这里以点电流源在第一层为例。由第一个边界条件可得

$$B_n(\lambda)=0 \tag{2.19}$$

由第二个边界条件可得

$$A_1(\lambda)=\left[1+B_1(\lambda)\right]\mathrm{e}^{-2\lambda h_0} \tag{2.20}$$

由第 $(i+2)$ 个边界条件，即当 $z=h_i$ 时，$\Phi_{1i}=\Phi_{1i+1}$，$\dfrac{1}{\rho_i}\dfrac{\partial\Phi_{1i}}{\partial z}=\dfrac{1}{\rho_{i+1}}\dfrac{\partial\Phi_{1i+1}}{\partial z}$，可得

$$\begin{bmatrix}A_i(\lambda)\\B_i(\lambda)\end{bmatrix}=\begin{bmatrix}A & B\\C & D\end{bmatrix}\begin{bmatrix}A_{i+1}(\lambda)\\B_{i+1}(\lambda)\end{bmatrix} \tag{2.21}$$

其中

$$A=D=\frac{\rho_{i+1}+\rho_i}{2\rho_i} \tag{2.22}$$

$$B=\frac{\rho_{i+1}-\rho_i}{2\rho_i}\mathrm{e}^{2\lambda(\sum\limits_{j=1}^{i}h_j-h_0)} \tag{2.23}$$

$$C=\frac{\rho_{i+1}-\rho_i}{2\rho_i}\mathrm{e}^{-2\lambda(\sum\limits_{j=1}^{i}h_j-h_0)} \tag{2.24}$$

上面的矩阵递推关系是第二层以后之间的关系，对于第一层、第二层之间的矩阵关系，只要将关系式中的 $A_1(\lambda)$ 变成 $1+A_1(\lambda)$ 即可。

从上面的递推算法可以看出，当大地各层的电阻率 ρ_i 和厚度 h_i 给定后，就可以很方便地求出格林函数 Φ_{11}、Φ_{12}、$\cdots$、Φ_{1n}。

以上只是给出了点电流源在第一层的算法，对于点电流源不在第一层的情况是类似的，可以用同样的方法推出。

2.1.3.2　垂直多层结构大地模型

1. 垂直双层大地模型的格林函数

垂直双层分层大地模型如图 2.4 所示。

在求解时需利用经典镜像法，假想在空气中存在一个镜像源，使大地表面成为电流场的对称面。大地媒质可看成线形媒质，可以利用叠加原理来求格林函数。

点电流源位于左半区域时，左半区域的电位函数可按图 2.5 进行求解。

左半区域点电流源的格林函数为

$$\Phi_{11}=\frac{\rho_1 I}{4\pi}\left[\frac{1}{r_1}+\frac{1}{r_2}+k\left(\frac{1}{r_3}+\frac{1}{r_4}\right)\right] \tag{2.25}$$

式中：$k=\dfrac{\rho_2-\rho_1}{\rho_1+\rho_2}$；$r_1$、$r_2$、$r_3$ 和 r_4 分别为图 2.5 中四个等效电源和所求场点间的距离。

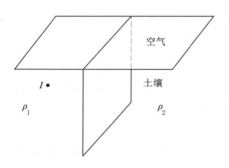

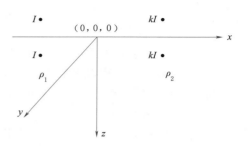

图 2.4 垂直双层分层大地模型　　　　　　　图 2.5 求解左半区域时的等效大地模型

右半区域的电位函数可按图 2.6 进行求解。

右半区域点电流源的格林函数为

$$\Phi_{12} = \frac{\varrho_2 I}{4\pi}(1+k)\left(\frac{1}{r_1} + \frac{1}{r_2}\right) \tag{2.26}$$

式中：r_1 和 r_2 为图 2.6 中的等效源点和场点之间的距离。

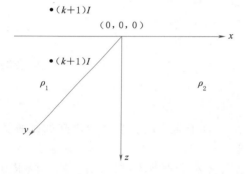

图 2.6 求解右半区域时的等效大地模型　　　　图 2.7 垂直多层大地模型

2. 垂直多层大地中点电流源的格林函数

垂直多层大地模型如图 2.7 所示。

当不考虑空气的影响时，对于点电流源在第 i 层的情况，设场点在第 i 层的电位表示为 Φ_{ii}，场点在第 j 层的电位表示为 Φ_{ij}，有如下表达式：

$$\begin{cases} \Phi_{ii} = \dfrac{\varrho_i I}{4\pi}\left\{\displaystyle\int_0^{+\infty} J_0(\lambda r)\mathrm{e}^{-\lambda|x-x_0|}\,\mathrm{d}\lambda + \int_0^{+\infty}\left[A_i(\lambda)J_0(\lambda r)\mathrm{e}^{-\lambda(x-x_0)} + B_i(\lambda)J_0(\lambda r)\mathrm{e}^{\lambda(x-x_0)}\right]\mathrm{d}\lambda\right\} \\ \Phi_{ij} = \dfrac{\varrho_j I}{4\pi}\displaystyle\int_0^{+\infty}\left[A_j(\lambda)J_0(\lambda r)\mathrm{e}^{-\lambda(x-x_0)} + B_j(\lambda)J_0(\lambda r)\mathrm{e}^{\lambda(x-x_0)}\right]\mathrm{d}\lambda \end{cases} \tag{2.27}$$

式中：r 为在 yoz 平面上源点以及相应的复镜像源和场点间的距离；x_0 为点电流源的 x 坐标。

考虑空气影响时，需先利用经典镜像法，假想在空气中存在一个相同的镜像源，使大地表面成为电流场的对称面，可得如下表达式：

$$\begin{cases} \Phi'_{ii} = \dfrac{\rho_i I}{4\pi} \left\{ \int_0^{+\infty} J_0(\lambda r') \mathrm{e}^{-\lambda |x - x_0|} \mathrm{d}\lambda + \int_0^{+\infty} \left[A_i(\lambda) J_0(\lambda r') \mathrm{e}^{-\lambda(x - x_0)} + B_i(\lambda) J_0(\lambda r') \mathrm{e}^{\lambda(x - x_0)} \right] \mathrm{d}\lambda \right\} \\[3mm] \Phi'_{ij} = \dfrac{\rho_j I}{4\pi} \int_0^{+\infty} \left[A_j(\lambda) J_0(\lambda r') \mathrm{e}^{-\lambda(x - x_0)} + B_j(\lambda) J_0(\lambda r') \mathrm{e}^{\lambda(x - x_0)} \right] \mathrm{d}\lambda \end{cases}$$

$$(2.28)$$

式中：r' 为在 yoz 平面上空气中的镜像源点以及相应的复镜像源和场点间的距离。

综合以上两种情况，可得出点电流源在第 i 层的情况，设场点在第 i 层的电位表示为 φ_{ii}，场点在第 j 层的电位表示为 φ_{ij}，有如下表达式：

$$\varphi_{ii} = \Phi_{ii} + \Phi'_{ii} \qquad\qquad (2.29)$$

$$\varphi_{ij} = \Phi_{ij} + \Phi'_{ij} \qquad\qquad (2.30)$$

对应于上述垂直多层大地的边界条件：

当 $x \to -\infty$ 时，$\varphi_{i1} = 0$；

当 $x = 0$ 时，$\varphi_{i1} = \varphi_{i2}$，$\dfrac{1}{\rho_1} \dfrac{\partial \varphi_{i1}}{\partial x} = \dfrac{1}{\rho_2} \dfrac{\partial \varphi_{i2}}{\partial x}$；

当 $x = x_1$ 时，$\varphi_{i2} = \varphi_{i3}$，$\dfrac{1}{\rho_2} \dfrac{\partial \varphi_{i2}}{\partial x} = \dfrac{1}{\rho_3} \dfrac{\partial \varphi_{i3}}{\partial x}$；

当 $x = x_1 + x_2$ 时，$\varphi_{i3} = \varphi_{i4}$，$\dfrac{1}{\rho_3} \dfrac{\partial \varphi_{i3}}{\partial x} = \dfrac{1}{\rho_4} \dfrac{\partial \varphi_{i4}}{\partial x}$；

……

当 $x \to +\infty$ 时，$\varphi_{in+1} = 0$。

由上面的第 1 个和第 $(n+1)$ 个条件有：$A_1(\lambda) = B_n(\lambda) = 0$。

其他边界条件可以获得与水平多层大地下类似的递推矩阵关系。

2.1.3.3　复镜像法的求解方法简介

这里以水平多层大地模型为例进行说明，要想计算水平分层大地中的格林函数，需要对式（2.12）积分。一般而言，直接求解贝塞尔函数的广义积分比较困难，传统的解决办法是经典镜像法，即将式（2.12）中的 $A(\lambda)$ 和 $B(\lambda)$ 通过泰勒级数近似展开成有限项指数求和的形式：

$$A(\lambda) \approx \sum_{i=1}^M a_i \mathrm{e}^{b_i \lambda}, \quad B(\lambda) \approx \sum_{i=1}^M c_i \mathrm{e}^{d_i \lambda} \qquad\qquad (2.31)$$

式中：a_i、b_i、c_i 和 d_i 都是实数。

然后利用式（2.11）和式（2.31），式（2.12）可变为

$$\Phi = \frac{\rho I}{4\pi} \frac{1}{\sqrt{r^2 + z^2}} + \frac{\rho I}{4\pi} \sum_{i=1}^M \left[\frac{a_i}{\sqrt{r^2 + (z - b_i)^2}} + \frac{c_i}{\sqrt{r^2 + (z - d_i)^2}} \right] \qquad (2.32)$$

对照式（2.11）可以看出，式（2.32）中 a_i 和 c_i 表示镜像源的大小，b_i 和 d_i 表示镜像源的位置；另外，式（2.31）的精度与 M 的取值关系很大，理论上是 M 越大精度越高。太大的 M 在实际工程中是不现实的，但 M 太小时将会产生很大的误差。

加拿大学者 Y. L. Chow 教授首先提出了复镜像技术用于分层大地接地参数计算问题，即通过 Prony 算法[72]，将式（2.12）中的 $A(\lambda)$ 和 $B(\lambda)$ 近似展开成有限项复指数求和的形式，即

$$A(\lambda) \approx \sum_{i=1}^{M} a_i' \, e^{b_i' \lambda}, \ B(\lambda) \approx \sum_{i=1}^{M} c_i' \, e^{d_i' \lambda} \tag{2.33}$$

式中：a_i'、b_i'、c_i' 和 d_i' 都是复数。

然后利用式（2.33），式（2.12）可写为

$$\Phi = \frac{\rho I}{4\pi} \frac{1}{\sqrt{r^2 + z^2}} + \frac{\rho I}{4\pi} \sum_{i=1}^{M} \left[\frac{a_i'}{\sqrt{r^2 + (z - b_i')^2}} + \frac{c_i'}{\sqrt{r^2 + (z - d_i')^2}} \right] \tag{2.34}$$

在表达式上复镜像法与经典镜像法类似，a_i' 和 c_i' 表示镜像源的大小，b_i' 和 d_i' 表示镜像源的位置。其本质区别就是，在复镜像法中用复数代替了经典镜像法中的实数，与经典镜像法相比，复镜像法一般只需几项就可以非常精确得到格林函数。

2.1.3.4 复镜像法的求解步骤

Prony 算法可以将任一有界、且当自变量趋于无穷大时函数的极限存在的实函数用有限项复系数指数级数之和来拟合。符合这一条件的函数 $A(\lambda)$ 的展开形式[72]为

$$A(\lambda) \approx \alpha_1 e^{-\beta_1 \lambda} + \alpha_2 e^{-\beta_2 \lambda} + \cdots + \alpha_n e^{-\beta_n \lambda} \tag{2.35}$$

简写为

$$A(\lambda) \approx \alpha_1 \mu_1^{\lambda} + \alpha_2 \mu_2^{\lambda} + \cdots + \alpha_n \mu_n^{\lambda} \tag{2.36}$$

式中：$\mu_k = e^{-\beta_k}$。只要能确定 $2n$ 个常数，便可以得到 $A(\lambda)$ 的展开式。

关于 n 的取值可参考取为二倍大地的层数。采样点数等于四倍大地的层数（N 是大地的层数），采样步长 $d\lambda$ 也参考取：

$$d\lambda = \frac{\omega}{\sum\limits_{i=1}^{N-1} h_i} \tag{2.37}$$

式中：ω 为常数，经过实践检验，一般 ω 取 $0.1 \sim 1$ 比较好。

为了便于说明，抽样点 $\lambda = 0, 1, 2, \cdots, 2n-1$（或其他等距数值），相应可得函数 $A(\lambda)$ 的具体值：A_0，A_1，$\cdots$，A_{2n-1}。组建的方程具体如下：

$$
\begin{aligned}
&\alpha_1 + \alpha_2 + \cdots + \alpha_n = A_0 \\
&\alpha_1 \mu_1 + \alpha_2 \mu_2 + \cdots + \alpha_n \mu_n = A_1 \\
&\alpha_1 \mu_1^2 + \alpha_2 \mu_2^2 + \cdots + \alpha_n \mu_n^2 = A_2 \\
&\cdots \\
&\alpha_1 \mu_1^{2n-1} + \alpha_2 \mu_2^{2n-1} + \cdots + \alpha_n \mu_n^{2n-1} = A_{2n-1}
\end{aligned}
\tag{2.38}
$$

式（2.38）共 $2n$ 个方程，有 $2n$ 个未知数，理论上是可以解出的，然而式（2.38）是个非线性方程组，求解很困难，应找其他办法求解。普劳尼[72]指出，$\mu_1, \mu_2, \cdots, \mu_n$ 是满足式（2.39）高次方程的根：

$$\mu^n - \theta_1 \mu^{n-1} - \theta_2 \mu^{n-2} - \cdots - \theta_{n-1} \mu - \theta_n = 0 \tag{2.39}$$

要求解方程式（2.39），关键是获得 θ_k。对式（2.38）的第一个方程乘以 θ_n，第二个方程乘以 θ_{n-1}，依次类推，第 n 个方程乘以 θ_1，第 $n+1$ 个方程乘以 -1，然后将这些结果相加，可得

$$\theta_1 A_{n-1} + \theta_2 A_{n-2} + \cdots + \theta_n A_0 = A_n \tag{2.40}$$

类似处理第 2 个方程到 $n+1$ 个方程，第 3 个方程到 $n+2$，$\cdots$，第 n 个方程到第 $2n$ 个

方程，从而得到一个 n 维的线性方程组：

$$\theta_1 A_{n-1} + \theta_2 A_{n-2} + \cdots + \theta_n A_0 = A_n$$
$$\theta_1 A_n + \theta_2 A_{n-1} + \cdots + \theta_n A_1 = A_{n+1}$$
$$\cdots$$
$$\theta_1 A_{2n-2} + \theta_2 A_{2n-3} + \cdots + \theta_n A_{n-1} = A_{2n-1}$$

(2.41)

由于 $A_0, A_1, \cdots, A_{2n-1}$ 已知，可以利用式（2.41）精确求解 $\theta_1, \theta_2, \cdots, \theta_n$。当 $\theta_1, \theta_2, \cdots,$ θ_n 确定后，代入式（2.39），即可得 $\mu_1, \mu_2, \cdots, \mu_n$；再代入式（2.38）中的前 n 个方程，即可得 $\alpha_1, \alpha_2, \cdots, \alpha_n$。求得 $\mu_1, \mu_2, \cdots, \mu_n$，通过 $\mu_k = e^{-\beta_k}$ 关系式即可求得 $\beta_1, \beta_2, \cdots, \beta_n$。

2.1.4 边界元模型

边界元法是处理不规则异性电阻率介质的有效方法。在电力系统接地领域往往需要使用边界元法用来处理湖泊、河流、海洋和山体等这一类的复杂地质元素。下面是边界元法的理论推导[73-78]。

图 2.8 为边界元素法的推导示意图。闭合面 S_{ik} 为大地区域 i 与大地区域 k 的分界面，S_{ik} 内大地的电导率为 ρ_i，S_{ik} 外为无限大的电导率为 ρ_k 的大地。

下面给出计算过程中用到的一些变量的定义：ρ_i 为区域 i 的大地电阻率；ρ_k 为区域 k 的大地电阻率；$\vec{J}_i$ 为区域 i 内的电流密度；$\vec{J}_k$ 为区域 k 内的电流密度；ΔS_q 为曲面 S_{ik} 上的一个小元素；$\hat{n}_q$ 为 ΔS_q 上由区域 k 指向区域 i 的单位向量；ε_0 为自由空间的介电常数；η_q 为 ΔS_q 上的面电荷密度；q_p 为导体段 P 上的线电荷密度；

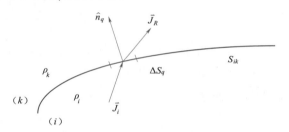

图 2.8 边界元素法的推导示意图

$\vec{E}_i$ 为 ΔS_q 上的在区域 i 内的电场强度；$\vec{E}_k$ 为 ΔS_q 上的在区域 k 内的电场强度；$\vec{D}_i$ 为 ΔS_q 上区域 i 内的电位移；$\vec{D}_k$ 为 ΔS_q 上区域 k 内的电位移。

从 ΔS_q 上的电荷密度 η_q 入手，由电磁场原理有

$$\hat{n}_q \cdot (\vec{J}_k - \vec{J}_i) = 0$$

(2.42)

$$\hat{n}_q \cdot (\vec{D}_k - \vec{D}_i) = \eta_q$$

(2.43)

由电流与电场间的关系有 $\rho_i \vec{J}_i = \vec{E}_i(\vec{r})$，$\rho_k \vec{J}_k = \vec{E}_k(\vec{r})$，代入式（2.34）可得

$$\hat{n}_q \cdot [\vec{E}_k(\vec{r})/\rho_k - \vec{E}_i(\vec{r})/\rho_i] = 0$$

(2.44)

另外，$\vec{D}_i = \varepsilon_0 \vec{E}_i(\vec{r})$，$\vec{D}_k = \varepsilon_0 \vec{E}_k(\vec{r})$，代入式（2.44）可得

$$\hat{n}_q \cdot [\vec{E}_k(\vec{r}) - \vec{E}_i(\vec{r})] = \frac{\eta_q}{\varepsilon_0}$$

(2.45)

联立式（2.43）和式（2.44）可得

$$\hat{n}_q \cdot \vec{E}_k(\vec{r}) \left(1 - \frac{\rho_i}{\rho_k}\right) = \frac{\eta_q}{\varepsilon_0}$$

(2.46)

故电场 $\vec{E}_k(\vec{r})$ 可以写成:

$$\vec{E}_k(\vec{r}) = \hat{n}_q \frac{\eta_q}{2\varepsilon_0} + \vec{E}(\vec{r}) \tag{2.47}$$

式中: $\hat{n}_q \dfrac{\eta_q}{2\varepsilon_0}$ 是由面元 ΔS_q 产生的, 而 $\vec{E}(\vec{r})$ 则是由其他场源产生的。

把式 (2.47) 代入式 (2.46), 可得

$$\frac{\eta_q}{2\varepsilon_0}(\rho_k + \rho_i) + (\rho_i - \rho_k)\hat{n}_q \cdot \vec{E}(\vec{r}) = 0 \tag{2.48}$$

由此有

$$\vec{E}(\vec{r}) = \vec{E}^{(s)}(\vec{r}) + \vec{E}^{(0)}(\vec{r}) \tag{2.49}$$

式中: $\vec{E}^{(s)}(\vec{r})$ 是除去 ΔS_q 的 S_{ik} 曲面上的所有电荷产生的电场;$\vec{E}^{(0)}(\vec{r})$ 是所有外部电荷产生的电场;在接地问题中, $\vec{E}^{(0)}(\vec{r})$ 是由接地导体表面电荷产生的。

如果细分交界面 S_{ik} 为 $\Delta S_1, \cdots, \Delta S_m$ 等一系列面元, 每个面元上对应的电荷密度为 η_1, $\eta_2, \cdots, \eta_m$, 故面元 q 上的电场 $\vec{E}^{(s)}(\vec{r})$ 可表示为

$$\vec{E}^{(s)}(\vec{r}) \mid \Delta S_q = \frac{1}{4\pi\varepsilon_0} \sum_{\substack{l=1 \\ l \neq q}}^{m} \eta_l \int_{\Delta S_l} \frac{\vec{r} - \vec{r}'}{|\vec{r} - \vec{r}'|^3} ds' \tag{2.50}$$

式中: $(\vec{r})$ 是坐标系原点坐标指向面元 ΔS_q 的向量;r' 是原点指向面元 ΔS_l 的向量。

假设接地系统有 n 段导体 $L_1, \cdots, L_n$, 每段导体的电荷密度是 $\xi_1, \cdots, \xi_n$。相应的, 电场 $\vec{E}^{(0)}(\vec{r})$ 可表示为

$$\vec{E}^{(0)}(\vec{r}) \mid \Delta L_q = \frac{1}{4\pi\varepsilon_0} \sum_{j=1}^{n} \xi_j \int_{L_j} \frac{\vec{r} - \vec{r}'}{|\vec{r} - \vec{r}'|^3} ds' \tag{2.51}$$

将式 (2.49) ~ 式 (2.51) 代入式 (2.48), 可得

$$\eta_q = \frac{1}{2\pi} \frac{\rho_k - \rho_i}{\rho_k + \rho_i} \left(\sum_{\substack{i=1 \\ l \neq q}}^{m} \eta_l \int_{\Delta S_l} \frac{(\vec{r} - \vec{r}') \cdot \hat{n}_q}{|\vec{r} - \vec{r}'|^3} ds' + \sum_{j=1}^{n} \xi_j \int_{L_j} \frac{(\vec{r} - \vec{r}') \cdot \hat{n}_q}{|\vec{r} - \vec{r}'|^3} dL' \right), \quad q = 1, 2, \cdots, m$$

$$\tag{2.52}$$

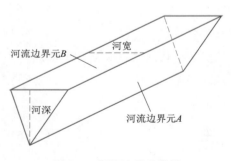

图 2.9　河流边界示意图

完成了边界元法的理论推导以后, 以用它来解决实际问题, 下面以广东电网为例说明边界元法在求解直流电流分布中的应用。广东省位于我国华南地区, 境内大小水系众多。计算主要针对珠三角地区变压器的直流偏磁问题, 故需要对直流电流分布产生较大影响的珠三角地区的大型河流进行建模。

河流边界形式取 V 形, 示意图如图 2.9 所示。

边界元法对海岸线的处理方法与河流的建模相近。首先需要确定海岸线的方位走向, 然后就是根据大陆架的地质结构确定边界元的具体模型, 在此不作展开。

2.1.4.1　变电站边界元模型

为分析交流变电站入地的直流电流和电压之间的关系（图 2.10），以第 i 个变电站为例。

忽略变压器绕组的直流电阻，母线电压 V_{ei} 与电压 P_{ei} 的关系为

$$V_{ei} = R_i I_{ei} + P_{ei} \tag{2.53}$$

写成矩阵形式有

$$\boldsymbol{V}_e = \boldsymbol{R} \times \boldsymbol{I}_e + \boldsymbol{P}_e \tag{2.54}$$

式中：母线电压 $\boldsymbol{V}_e$ 为 n_{AC} 维列向量；电压 $\boldsymbol{P}_e$ 为 n_{AC} 维列向量；n_{AC} 为所有变电站母线节点数目之和；变电站的接地电阻矩阵 $\boldsymbol{R}$ 为 $n_{AC} \times n_{AC}$ 维，其对角线元素为对应的变电站接地电阻的大小，其他元素为 0。P_{ei} 的物理意义为其他交流站、直流极、面电荷元素对第 i 站所在地的电压值的贡献。对于 P_{ei} 的详细解释将在下面场的方程中推导。

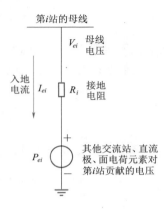

图 2.10　交流变电站电压
电流关系示意图

2.1.4.2　边界电荷方程

依据电磁场的理论，变电站入地电流 I 与其所带电荷 Q 的关系为 $Q = \varepsilon_0 \rho I$，其中 ρ 为变电站所在处大地的电阻率。

n_S 维的边界面电荷列向量用 Q_S 表示，n_{AC} 维的变电站电荷列向量用 Q_{AC} 表示，n_{DC} 维的直流极电荷列向量用 Q_{DC} 表示。

1. 边界面元素电荷量 Q_S

由边界元素电荷密度的推导并考虑各电荷在空气中的镜像的影响，第 i 个面元的电荷密度 η_i 为

$$
\eta_i = \frac{1}{2\pi} \frac{\rho_{no} - \rho_{ni}}{\rho_{no} + \rho_{ni}} \left[\sum_{j=1,\, j\neq i}^{n_S} \left(\frac{\vec{r}_{ij} \cdot \hat{n}_i}{|\, r_{ij}\,|^3} + \frac{\vec{r}\,'_{ij} \cdot \hat{n}_i}{|\, r'_{ij}\,|^3} \right) Q_{Sj} + \frac{\vec{r}\,'_{ii} \cdot \hat{n}_i}{|\, r'_{ii}\,|^3} Q_{Si} + \sum_{k=1}^{n_{AC}} \left(\frac{\vec{r}_{ik} \cdot \hat{n}_i}{|\, r_{ik}\,|^3} + \frac{\vec{r}\,'_{ik} \cdot \hat{n}_i}{|\, r'_{ik}\,|^3} \right) Q_{ACk} \right.
$$
$$
\left. + \sum_{m=1}^{n_{DC}} \left(\frac{\vec{r}_{im} \cdot \hat{n}_i}{|\, r_{im}\,|^3} + \frac{\vec{r}\,'_{im} \cdot \hat{n}_i}{|\, r'_{im}\,|^3} \right) Q_{DCm} \right] \tag{2.55}
$$

式中：$\dfrac{\rho_{no} - \rho_{ni}}{\rho_{no} + \rho_{ni}}$ 表示沿法线方向的电阻率变化系数；ρ_{no} 为边界面沿法向侧的大地电阻率，$\Omega \cdot m$；ρ_{ni} 为边界面背法向侧的大地电阻率，$\Omega \cdot m$。$\dfrac{1}{2\pi} \dfrac{\rho_{no} - \rho_{ni}}{\rho_{no} + \rho_{ni}} \left[\sum\limits_{j=1,\, j\neq i}^{n_S} \left(\dfrac{\vec{r}_{ij} \cdot \hat{n}_i}{|\, r_{ij}\,|^3} + \dfrac{\vec{r}\,'_{ij} \cdot \hat{n}_i}{|\, r'_{ij}\,|^3} \right) \right.$ $Q_{Sj} + \left. \dfrac{\vec{r}\,'_{ii} \cdot \hat{n}_i}{|\, r'_{ii}\,|^3} Q_{Si} \right]$ 为边界面元素电荷对第 i 个边界面元素的电荷密度的影响。其中 $\dfrac{\vec{r}\,'_{ii} \cdot \hat{n}_i}{|\, r'_{ii}\,|^3} Q_{Si}$ 表示第 i 个边界面元素的电荷自身在空气中的镜像；$\sum\limits_{j=1,\, j\neq i}^{n_S} \left(\dfrac{\vec{r}_{ij} \cdot \hat{n}_i}{|\, r_{ij}\,|^3} + \dfrac{\vec{r}\,'_{ij} \cdot \hat{n}_i}{|\, r'_{ij}\,|^3} \right) Q_{Sj}$ 表示其他边界面元素电荷连同其空气中的镜像；$\vec{r}_{ij}$ 表示从第 i 个边界面元素指向第 j 个边界面元素的向量，$\vec{r}\,'_{ij}$ 表示从第 i 个边界面元素指向第 j 个边界面元素在空气中镜像的向量。$\dfrac{1}{2\pi} \dfrac{\rho_{no} - \rho_{ni}}{\rho_{no} + \rho_{ni}} \sum\limits_{k=1}^{n_{AC}} \left(\dfrac{\vec{r}_{ik} \cdot \hat{n}_i}{|\, r_{ik}\,|^3} + \dfrac{\vec{r}\,'_{ik} \cdot \hat{n}_i}{|\, r'_{ik}\,|^3} \right) Q_{ACk}$ 表示交流站电荷连同其空气中的镜像。$\dfrac{1}{2\pi}$

$\dfrac{\rho_{no}-\rho_{ni}}{\rho_{no}+\rho_{ni}}\displaystyle\sum_{m=1}^{n_{DC}}\left(\dfrac{\vec{r}_{im}\cdot\hat{n}_i}{\mid r_{im}\mid^3}+\dfrac{\vec{r}'_{im}\cdot\hat{n}_i}{\mid r'_{im}\mid^3}\right)Q_{DCm}$ 表示直流极电荷连同其空气中的镜像。

面元电荷 Q_{Si} 与电荷密度 η_i 的关系为

$$Q_{Si}=\int_{S_i}\eta_i\,\mathrm{d}S \tag{2.56}$$

式中：S_i 为第 i 个面元的面积，m^2。

近似地认为面元上的电荷密度处处相等，则有

$$Q_{Si}=\eta_i S_i$$

即

$$Q_{Si}=\frac{S_i}{2\pi}\frac{\rho_{no}-\rho_{ni}}{\rho_{no}+\rho_{ni}}\left[\sum_{j=1,\,j\neq i}^{n_S}\left(\frac{\vec{r}_{ij}\cdot\hat{n}_i}{\mid r_{ij}\mid^3}+\frac{\vec{r}'_{ij}\cdot\hat{n}_i}{\mid r'_{ij}\mid^3}\right)Q_{Sj}+\frac{\vec{r}'_{ii}\cdot\hat{n}_i}{\mid r'_{ii}\mid^3}Q_{Si}+\sum_{k=1}^{n_{AC}}\left(\frac{\vec{r}_{ik}\cdot\hat{n}_i}{\mid r_{ik}\mid^3}+\frac{\vec{r}'_{ik}\cdot\hat{n}_i}{\mid r'_{ik}\mid^3}\right)Q_{ACk}\right.$$
$$\left.+\sum_{m=1}^{n_{DC}}\left(\frac{\vec{r}_{im}\cdot\hat{n}_i}{\mid r_{im}\mid^3}+\frac{\vec{r}'_{im}\cdot\hat{n}_i}{\mid r'_{im}\mid^3}\right)Q_{DCm}\right] \tag{2.57}$$

写成矩阵的形式：

$$\boldsymbol{M}_S^S\boldsymbol{Q}_S+\boldsymbol{M}_{AC}^S\boldsymbol{Q}_{AC}=\boldsymbol{M}_{DC}^S\boldsymbol{Q}_{DC} \tag{2.58}$$

式中：$\boldsymbol{M}_S^S$ 为 $n_S\times n_S$ 矩阵，矩阵各元素的具体形式为

$$[\boldsymbol{M}_S^S]_{i,j}=-\frac{S_i}{2\pi}\frac{\rho_{no}-\rho_{ni}}{\rho_{no}+\rho_{ni}}\left(\frac{\vec{r}_{ij}\cdot\hat{n}_i}{\mid r_{ij}\mid^3}+\frac{\vec{r}'_{ij}\cdot\hat{n}_i}{\mid r'_{ij}\mid^3}\right),\ i\in1,2,\cdots,n_S;j\in1,2,\cdots,n_S,i\neq j$$
$$\tag{2.59}$$

$$[\boldsymbol{M}_S^S]_{i,i}=1-\frac{S_i}{2\pi}\frac{\rho_{no}-\rho_{ni}}{\rho_{no}+\rho_{ni}}\frac{\vec{r}'_{ii}\cdot\hat{n}_i}{\mid r'_{ii}\mid^3},\ i\in1,2,\cdots,n_S \tag{2.60}$$

$\boldsymbol{M}_{AC}^S$ 为 $n_S\times n_{AC}$ 矩阵，矩阵各元素的具体形式为

$$[\boldsymbol{M}_{AC}^S]_{i,j}=-\frac{S_i}{2\pi}\frac{\rho_{no}-\rho_{ni}}{\rho_{no}+\rho_{ni}}\left(\frac{\vec{r}_{ij}\cdot\hat{n}_i}{\mid r_{ij}\mid^3}+\frac{\vec{r}'_{ij}\cdot\hat{n}_i}{\mid r'_{ij}\mid^3}\right),\ i\in1,2,\cdots,n_S;j\in1,2,\cdots,n_{AC}$$
$$\tag{2.61}$$

$\boldsymbol{M}_{DC}^S$ 为 $n_S\times n_{DC}$ 矩阵，矩阵各元素的具体形式为

$$[\boldsymbol{M}_{DC}^S]_{i,j}=\frac{S_i}{2\pi}\frac{\rho_{no}-\rho_{ni}}{\rho_{no}+\rho_{ni}}\left(\frac{\vec{r}_{ij}\cdot\hat{n}_i}{\mid r_{ij}\mid^3}+\frac{\vec{r}'_{ij}\cdot\hat{n}_i}{\mid r'_{ij}\mid^3}\right),\ i\in1,2,\cdots,n_S;j\in1,2,\cdots,n_{DC}$$
$$\tag{2.62}$$

2. 交流站的电荷量 Q_{AC}

由 $V_e=R\times I_e+P_e$ 和 $B'\times G_b\times B\times V_e+I_e=0$，可得

$$Q_{AC}=\varepsilon_0\rho I_e=-\varepsilon_0\rho\times B'\times G_b\times B\times(R\times I_e+P_e)$$
$$=-B'\times G_b\times B\times(R\times Q_{AC}+\varepsilon_0\rho P_e) \tag{2.63}$$

3. 电压 P_e 的计算

P_{ei} 的物理意义为其他交流站（不含第 i 个变电站）、直流极、面电荷元素对第 i 站所在地的电压值的贡献，其表达式为

$$P_{ei}=\frac{1}{4\pi\varepsilon_0}\left[\sum_{j=1}^{n_S}\left(\frac{1}{\mid r_{ij}\mid}+\frac{1}{\mid r'_{ij}\mid}\right)Q_{Sj}+\sum_{k=1,\,k\neq i}^{n_{AC}}\left(\frac{1}{\mid r_{ik}\mid}+\frac{1}{\mid r'_{ik}\mid}\right)Q_{ACk}\right.$$

$$+ \sum_{m=1}^{n_{DC}} \left(\frac{1}{|r_{im}|} + \frac{1}{|r'_{im}|} \right) Q_{DCm} \Bigg] \tag{2.64}$$

式中：$\dfrac{1}{4\pi\varepsilon_0} \sum\limits_{j=1}^{n_S} \left(\dfrac{1}{|r_{ij}|} + \dfrac{1}{|r'_{ij}|} \right) Q_{Sj}$ 表示所有面电荷元素及其镜像对第 i 站所在地的电压

值的贡献；$\dfrac{1}{4\pi\varepsilon_0} \sum\limits_{k=1,\,k\neq i}^{n_{AC}} \left(\dfrac{1}{|r_{ik}|} + \dfrac{1}{|r'_{ik}|} \right) Q_{ACk}$ 表示其他交流站（不含第 i 个变电站）对第 i

站所在地的电压值的贡献；$\dfrac{1}{4\pi\varepsilon_0} \sum\limits_{m=1}^{n_{DC}} \left(\dfrac{1}{|r_{im}|} + \dfrac{1}{|r'_{im}|} \right) Q_{DCm}$ 表示直流极对第 i 站所在地的

电压值的贡献。

$$\varepsilon_0 \rho P_{ei} = \frac{\rho}{4\pi} \Bigg[\sum_{j=1}^{n_S} \left(\frac{1}{|r_{ij}|} + \frac{1}{|r'_{ij}|} \right) Q_{Sj} + \sum_{k=1,\,k\neq i}^{n_{AC}} \left(\frac{1}{|r_{ik}|} + \frac{1}{|r'_{ik}|} \right) Q_{ACk}$$
$$+ \sum_{m=1}^{n_{DC}} \left(\frac{1}{|r_{im}|} + \frac{1}{|r'_{im}|} \right) Q_{DCm} \Bigg] \tag{2.65}$$

其矩阵形式为

$$\varepsilon_0 \rho P_e = \boldsymbol{M}_S^{P_e} \boldsymbol{Q}_S + \boldsymbol{M}_{AC}^{P_e} \boldsymbol{Q}_{AC} + \boldsymbol{M}_{DC}^{P_e} \boldsymbol{Q}_{DC} \tag{2.66}$$

$\boldsymbol{M}_S^{P_e}$ 为 $n_{AC} \times n_S$ 矩阵，矩阵元素的具体形式为

$$\left[\boldsymbol{M}_S^{P_e} \right]_{i,j} = \frac{\rho}{4\pi} \left(\frac{1}{|r_{ij}|} + \frac{1}{|r'_{ij}|} \right),\ i \in 1,2,\cdots,n_{AC};j \in 1,2,\cdots,n_S \tag{2.67}$$

$\boldsymbol{M}_{AC}^{P_e}$ 为 $n_{AC} \times n_{AC}$ 矩阵，矩阵元素的具体形式为

$$\left[\boldsymbol{M}_{AC}^{P_e} \right]_{i,j} = \frac{\rho}{4\pi} \left(\frac{1}{|r_{ij}|} + \frac{1}{|r'_{ij}|} \right),\ i \in 1,2,\cdots,n_{AC};j \in 1,2,\cdots,n_{AC};i \neq j \tag{2.68}$$

$$\left[\boldsymbol{M}_{AC}^{P_e} \right]_{i,i} = 0,i \in 1,2,\cdots,n_{AC} \tag{2.69}$$

$\boldsymbol{M}_{DC}^{P_e}$ 为 $n_{AC} \times n_{DC}$ 矩阵，矩阵元素的具体形式为

$$\left[\boldsymbol{M}_{DC}^{P_e} \right]_{i,j} = \frac{\rho}{4\pi} \left(\frac{1}{|r_{ij}|} + \frac{1}{|r'_{ij}|} \right),i \in 1,2,\cdots,n_{AC};j \in 1,2,\cdots,n_{DC} \tag{2.70}$$

4. 计算公式汇编

把 $\varepsilon_0 \rho P_e$ 的矩阵形式代入 Q_{AC} 中，有

$$\varepsilon_0 \rho P_e = \boldsymbol{M}_S^{P_e} \boldsymbol{Q}_S + \boldsymbol{M}_{AC}^{P_e} \boldsymbol{Q}_{AC} + \boldsymbol{M}_{DC}^{P_e} \boldsymbol{Q}_{DC} \tag{2.71}$$

$$Q_{AC} = \varepsilon_0 \rho I_e = -\varepsilon_0 \rho \times B' \times G_b \times B \times (R \times I_e + P_e)$$
$$= -B' \times G_b \times B \times (R \times Q_{AC} + \varepsilon_0 \rho P_e) \tag{2.72}$$

写成矩阵形式为

$$\boldsymbol{M}_S^{AC} \boldsymbol{Q}_S + \boldsymbol{M}_{AC}^{AC} \boldsymbol{Q}_{AC} = \boldsymbol{M}_{DC}^{AC} \boldsymbol{Q}_{DC} \tag{2.73}$$

式中：$\boldsymbol{M}_S^{AC}$ 为 $n_{AC} \times n_S$ 矩阵，矩阵表达式为 $\boldsymbol{M}_S^{AC} = B' \times G_b \times B \times \boldsymbol{M}_S^{P_e}$；$\boldsymbol{M}_{AC}^{AC}$ 为 $n_{AC} \times n_{AC}$ 矩阵，矩阵表达式为 $\boldsymbol{M}_{AC}^{AC} = E + B' \times G_b \times B \times (R + \boldsymbol{M}_{AC}^{P_e})$；$\boldsymbol{M}_{DC}^{AC}$ 为 $n_{AC} \times n_{DC}$ 矩阵，矩阵表达式为 $\boldsymbol{M}_{DC}^{AC} = -B' \times G_b \times B \times \boldsymbol{M}_{DC}^{P_e}$。

最终推导结果为

$$\boldsymbol{M}_S^S \boldsymbol{Q}_S + \boldsymbol{M}_{DC}^S \boldsymbol{Q}_{AC} = \boldsymbol{M}_{DC}^S \boldsymbol{Q}_{DC} \tag{2.74}$$

$$\boldsymbol{M}_S^{AC} \boldsymbol{Q}_S + \boldsymbol{M}_{AC}^{AC} \boldsymbol{Q}_{AC} = \boldsymbol{M}_{DC}^{AC} \boldsymbol{Q}_{DC} \tag{2.75}$$

用矩阵形式表示为

$$\begin{bmatrix} \boldsymbol{M}_S^S & \boldsymbol{M}_{AC}^S \\ \boldsymbol{M}_S^{AC} & \boldsymbol{M}_{AC}^{AC} \end{bmatrix} \begin{bmatrix} \boldsymbol{Q}_S \\ \boldsymbol{Q}_{AC} \end{bmatrix} = \begin{bmatrix} \boldsymbol{M}_{DC}^S \\ \boldsymbol{M}_{DC}^{AC} \end{bmatrix} \boldsymbol{Q}_{DC} \tag{2.76}$$

式 (2.76) 改写为

$$\begin{bmatrix} \boldsymbol{M}_S^S & \varepsilon_0 \rho \boldsymbol{M}_{AC}^S \\ \boldsymbol{M}_S^{AC} & \varepsilon_0 \rho \boldsymbol{M}_{AC}^{AC} \end{bmatrix} \begin{bmatrix} \boldsymbol{Q}_S \\ \boldsymbol{I}_{AC} \end{bmatrix} = \varepsilon_0 \rho \begin{bmatrix} \boldsymbol{M}_{DC}^S \\ \boldsymbol{M}_{DC}^{AC} \end{bmatrix} \boldsymbol{I}_{DC} \tag{2.77}$$

式中：I_{DC} 为直流极入地电流的列向量；I_{AC} 为变电站入地电流的列向量。

由于各系数矩阵可以计算求取，而直流极入地电流的列向量也是已知量，故 Q_S 和 I_{AC} 可以通过求解上述的 $(n_S + n_{AC})$ 个方程求得。

2.1.5　复镜像法与边界元法的对比

面对大范围的复杂接地问题，复镜像和边界元法优缺点比较如下：

(1) 复镜像法相对边界元法简单，无需统计山脉、河流、海洋等地质信息，只是简单地确定大地的结构参数即可，无需进行边界剖分，程序实现相比边界元法简单，程序消耗的内存和运算时间均远小于边界元法。

(2) 从理论上讲，边界元法可以把现实中所有复杂的地质情况都考虑到计算程序中去，从而达到真正的仿真效果。边界元法需要针对复杂的地质条件进行剖分，剖分程序相对复杂，而且边界元素的数量相当庞大，边界元模型需要计算边界面元素之间的耦合，极大地占用计算机的内存和计算时间。大范围的边界元程序在一般的个人电脑上运行也是一个问题。以国际上通用的接地计算软件 CDEGS 为例，在个人电脑上运行时其边界元数量的上限为 7000 个；而从实际来看，广东省的地质情况不是 7000 个边界元可以描述的。

鉴于上述两点，本书在求解大范围接地问题上，分别运用两种模型对兴安直流输电系统单极大地运行方式进行仿真计算，并与实测结果作对比，以取得有效的建模方法。运用复镜像法及边界元法进行仿真的算例分别见本章 2.3 节和 2.4 节。

2.1.6　结合实测数据的自修正模型

由于地质条件的复杂性及多样性，近似的仿真模型将导致计算结果的准确度降低，最终导致仿真结果受到质疑而变得不可用。

广东电网公司建立了变压器中性点直流电流监测系统并积累了大量的现场数据，包括 HVDC 单极大地回线运行时变压器中性点直流电流的量值及方向数据。这些数据为计算模型的修正提供了宝贵的现场资料，本书首次提出结合变压器中性点直流电流实测值的自修正模型，以达到更准确求解问题的目标。

修正模型的核心思想就是结合变压器中性点直流电流实测值修正变电站的原始电位系数 P_{ei}。对于部分接地电阻测量值存在问题的变电站，用户也可以通过手动修改变电站接地电阻的方法以进一步调整 P_{ei} 使其修正值符合电磁场理论和规律。

自修正算法流程图如图 2.11 所示。自修正算法采用优化理论和数值计算相结合的思想。在工程实践中，常常会碰到一种特殊类型的函数求值问题，如目标函数为平方和形式的问题，即

$$f(x)=\frac{1}{2}\sum_{i=1}^{m}r_i^2(x),\ x\in R^n;\ m\geqslant n \tag{2.78}$$

通常 $r_i(x)$（$i=1,2,\cdots,m$）是非线性函数，式（2.78）为非线性最小二乘问题。设直流接地极入地电流为 x，若存在 m 个待修正变电站，则 $r_i(x)=I_i(x)-J_i(x)$，其中 $I_i(x)$ 为测量值，$J_i(x)$ 为计算值。

虽然，非线性最小二乘问题属于无约束最优化问题，针对这种特殊形式，本书介绍如下行之有效的方法。为了讨论方便，令

$$r(x)=[r_1(x),r_1(x),\cdots,r_m(x)]^T \tag{2.79}$$

因此，目标函数式（2.78）可改写为

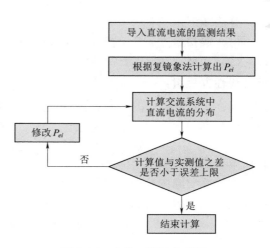

图 2.11　自修正算法流程图

$$f(x)=\frac{1}{2}r(x)^T r(x) \tag{2.80}$$

定义 $r(x)$ 的 Jacobi 矩阵 $\boldsymbol{J}$ 为

$$\boldsymbol{J}(x)=\begin{bmatrix}\frac{\partial r_1}{\partial x_1}&\frac{\partial r_1}{\partial x_2}&\cdots&\frac{\partial r_1}{\partial x_n}\\\frac{\partial r_2}{\partial x_1}&\frac{\partial r_2}{\partial x_2}&\cdots&\frac{\partial r_2}{\partial x_n}\\\vdots&\vdots&\ddots&\vdots\\\frac{\partial r_m}{\partial x_1}&\frac{\partial r_m}{\partial x_2}&\cdots&\frac{\partial r_m}{\partial x_n}\end{bmatrix}=\begin{bmatrix}\boldsymbol{\nabla}r_1(x)^T\\\boldsymbol{\nabla}r_2(x)^T\\\vdots\\\boldsymbol{\nabla}r_m(x)^T\end{bmatrix} \tag{2.81}$$

$f(x)$ 的梯度可以写为

$$\boldsymbol{\nabla}f(x)=\sum_{i=1}^{m}\boldsymbol{\nabla}r_i(x)r_i(x)=\boldsymbol{J}(x)^T r(x) \tag{2.82}$$

Hesse 矩阵可以写为

$$\boldsymbol{\nabla}^2 f(x)=\sum_{i=1}^{m}\boldsymbol{\nabla}r_i(x)\boldsymbol{\nabla}r_i(x)^T+\sum_{i=1}^{m}r_i(x)\boldsymbol{\nabla}^2 r_i(x)$$

$$=\boldsymbol{J}(x)^T\boldsymbol{J}(x)+\sum_{i=1}^{m}r_i(x)\boldsymbol{\nabla}^2 r_i(x) \tag{2.83}$$

在 Newton 法中，需要求解 Newton 方程 $\boldsymbol{\nabla}^2 f(x^{(k)})d=-\boldsymbol{\nabla}f(x^{(k)})$，这里需要计算 $r_i(x)$ 的 Hesse 矩阵，计算量大，为了简化计算，略去式（2.83）中的第二项，即求解方程组：

$$J(x^{(k)})^T J(x^{(k)})d^{(k)}=-J(x^{(k)})^T r(x^{(k)}) \tag{2.84}$$

得 $d^{(k)}$，然后置

$$x^{(k+1)}=x^{(k)}+d^{(k)} \tag{2.85}$$

这样就得到 Gauss-Newton 法。

算法如下：

(1) 取初始点 $x^{(1)}$，置精度要求 ε，置 $k=1$。

(2) 如果 $\| J(x^{(k)})^{\mathrm{T}} r(x^{(k)}) \| \leqslant \varepsilon$，则停止计算（$x^{(k)}$ 作为无约束问题的解）；否则求解线性方程组：

$$J(x^{(k)})^{\mathrm{T}} J(x^{(k)}) d^{(k)} = -J(x^{(k)})^{\mathrm{T}} r(x^{(k)})$$

(3) 置

$$x^{(k+1)} = x^{(k)} + d^{(k)}, \ k = k+1$$

转回第（2）步。

在许多实际问题中，当局部解 x^* 对应的目标函数值 $f(x^*)$ 接近于 0，这时，如果当迭代点 $x^{(k)}$ 接近 x^* 时，$\| r(x^{(k)}) \|$ 较小，或曲线 $r_i(x)$ 接近直线（$\nabla^2 r_i(x) \approx 0$）时，采用 $\nabla^2 f(x^{(k)}) \approx J(x^{(k)})^{\mathrm{T}} J(x^{(k)})$ 的 Gauss-Newton 法可望有较好的效果；但当 $\| r(x^{(k)}) \|$ 较大时，或曲线 $r_i(x)$ 的曲率较大时，作 $\nabla^2 f(x^{(k)})$ 近似略去不容忽视的项 $\sum_{i=1}^{m} r_i(x) \nabla^2 r_i(x)$，因而难于期待 Gauss-Newton 会有较好的效果。

显然，矩阵 $J(x^{(k)})^{\mathrm{T}} J(x^{(k)})$ 是半正定矩阵。当 Jacobi—矩阵 $J(x^{(k)})$ 为列满时，矩阵 $J(x^{(k)})^{\mathrm{T}} J(x^{(k)})$ 是正定矩阵，因此由式（2.67）得到的 $d^{(k)}$ 是 $f(x)$ 的下降方向，但仍不能保证有 $f(x^{(k+1)}) < f(x^{(k)})$，因此可以采用类似于修正 Newton 法的方法，增加一维搜索策略。

2.2　复镜像法算例

兴安直流输电系统是从贵州兴仁至深圳宝安的 ±500kV 直流输电系统，输电线路总长约为 1194km。单极额定输送功率为 1500MW，额定功率下单极大地回线方式运行时，入地电流为 3000A。兴安直流广东侧接地极位于清远市清侨镇，距离深圳宝安换流站约 190km。

针对 2007 年 4 月广东电网的接线运行方式，不考虑直流电流抑制措施的投入和电网运行方式的改变，在兴安直流极 600A 的入地电流情况下（受端 600A 电流入地，其他直流极电流为 0A），按水平分层的土壤模型计算广东省境内的变电站直流电流分布情况。兴安直流极的等效水平 4 层结构土壤参数见表 2.1。

表 2.1　　　　　　　　　　　兴安直流极的等效水平 4 层结构土壤参数

层数	电阻率/(Ω·m)	厚度/m	层数	电阻率/(Ω·m)	厚度/m
1	235	30	3	14100	50000
2	5900	1000	4	120	∞

2.2.1　输电线路的电压电流

清远、佛山和广州地区部分输电线路的直流电压电流计算结果参见表 2.2，电压值为正表示起点站电压高于终点站电压，电流从起点站流向终点站。

表 2.2 　　　　　　　　　　　　　输电线路的电压电流分布

线　　路	电压/V	电流/A	线　　路	电压/V	电流/A
鹿鸣站—罗涌站	0.7	3.2	螺阳电厂—清远站	−34.1	−13.5
瑞宝站—广南站	1.4	17.7	韶关电厂—英德站	−6.5	−5.9
安峰站—螺阳电厂	−4.2	−5.8	英德站—长湖电厂	−3.3	−11.4
飞来峡水电站—清远站	89.7	148.4	长湖电厂—湛江站	−6.5	−15.4
连州电厂—安峰站	−0.9	−1.5	清远站—回澜站	9.5	39.2
连州电厂—阳山站	−0.9	−1.2	北郊站—罗涌站	2.8	21.3
螺阳电厂—回澜站	−24.6	−11.6	北郊站—花都站	−1.7	−11.8
砚都站—花都站	−8.2	−11.6	北郊站—罗洞站	3.8	20.3
横沥站—增城站	−2.9	−10.7	北郊站—从化站	−9.3	−22.6
增城站—北郊站	−4.7	−21.3	莞城站—增城站	−2.5	−9.9
北郊站—石井站	1.1	8.5	西江站—竹园站	0.2	13.1
石井站—桃源站	1.6	9.9	西江站—罗洞站	−2.5	−20.5
罗洞站—桃源站	−1.1	−9.8	西江站—江门站	2	7.6
罗洞站—镭岗站	1.4	6.1	红星站—紫洞站	1.2	12.2
罗洞站—红星站	0.6	17.3	西江站—紫洞站	−0.7	−8.8
罗洞站—郭塘站	−3.9	−7.4	清远站—康乐站	26.6	74.3
罗洞站—三水站	−3.1	−22.8	康乐站—三水站	5	40.6

2.2.2　变电站的电压电流

电压值为接地变压器的中性点对无穷远处（零位点）的电压。电流值为流过变压器中性线的总电流，正值表示流入大地，计算结果参见表 2.3。

表 2.3 　　　　　　　　　　　　　变电站的电压电流分布

变电站名	电压/V	电流/A	变电站名	电压/V	电流/A
500kV 北郊站	9.6	−17.5	220kV 康乐站	13.9	33.8
220kV 林益站	14.9	−8.8	220kV 鹿鸣站	7.5	−11.9
220kV 麒麟站	8.8	7	220kV 郭塘站	9.6	−9.3
220kV 芳村站	3.8	−4.8	220kV 花地站	5.5	7
220kV 伍仙门站	5.9	−8	220kV 安峰站	2.2	4.3
500kV 花都站	11.3	−31.4	220kV 阳山站	2.2	1.1
220kV 从化站	18.9	−12.2	220kV 回澜站	31	27.7
220kV 田心站	13.3	−22.4	220kV 英德站	12.4	5.5
220kV 三水站	8.8	17.8	220kV 清远站	40.5	21.4
500kV 罗洞站	5.8	1.1	飞来峡水电站	130.1	−148.4
500kV 西江站	3.3	7	220kV 湛江站	22.2	−25.7
500kV 砚都站	3.1	4.6	螺阳电厂	6.4	19.3

2.2.3　直流电流超标站

表 2.4 给出了变压器中性线直流电流超出允许值的变电站，超标站点主要分布在直流接地极 150 km 内的地区，尤其是清远、佛山、广州地区的变电站。

表 2.4　　　　　　　　　　　超 标 站 的 信 息

变电站名	电流/A	变电站名	电流/A
220kV 花地站	7	220kV 回澜站	27.7
220kV 郭塘站	−9.3	220kV 林益站	−8.8
220kV 从化站	−12.2	220kV 麒麟站	7
220kV 田心站	−22.4	220kV 鹿鸣站	−11.9
220kV 湛江站	−25.7	220kV 伍仙门站	−8
500kV 北郊站	−17.5	飞来峡水电站	−148.4
220kV 三水站	17.8	螺阳电厂	19.3
220kV 清远站	21.4	500kV 花都站	−31.4
500kV 西江站	7	220kV 柏山站	7.1
220kV 康乐站	33.8		

2.2.4　计算结果与实测值的对比

计算结果与实测值对比见表 2.5。

表 2.5　　　　　　　　　　　计算结果与实测值的对比

变电站名	计算值/A	测量值/A	变电站名	计算值/A	测量值/A
220kV 湛江站	25.7	25.9	220kV 康乐站	33.8	7.5
220kV 英德站	11.5	12.0	500kV 北郊站	17.5	6.0
220kV 从化站	12.2	12.9	500kV 罗洞站	1.0	9.0
220kV 三水站	17.8	3.0	220kV 清远站	21.4	3.0
220kV 仙溪站	0.4	1.0			

从表 2.5 可以看出：

（1）英德站—湛江站—从化站的计算结果较为准确，而北郊站的计算结果与实测值相差较大。从总体上看，采取水平四层结构大地可以较为准确地模拟当地的地质情况。

（2）飞来峡水电站—清远站—康乐站—三水站—罗洞站—仙溪站的计算与实测值相差较大，原因是当时在进行数据实测时，附近的天广直流输电系统也存在 400MW 的不平衡功率，并对清远站—康乐站—三水站—罗洞站—仙溪站一线的变电站影响较大，这导致实测数据不能单独反映兴安直流对清远站—康乐站—三水站—罗洞站—仙溪站路径各站的影响。

2.2.5　隔直措施的有效性

当一个变电站内变压器中性点全部断开时，其直流的等效电路网络与投入电容隔直装置时是一样的。

下面以湛江站和从化站为例说明变压器采取电容隔直措施后的计算情况。

计算分三种情况：（a）系统正常运行方式；（b）湛江站采取电容隔直措施；（c）湛江站、从化站同时采取电容隔直措施。上述三种情况变压器偏磁电流计算结果见表 2.6。

表 2.6　　　　　　　　　　变压器偏磁电流计算结果　　　　　　　　单位：A

变电站名	（a）	（b）	（c）
220kV 英德站	11.43	6.67	3.78
长湖电厂	4.00	−2.06	−5.74
220kV 湛江站	−25.70	0	0
220kV 从化站	−12.20	−21.59	0
500kV 北郊站	−17.50	−18.39	−20.78

在不采取变压器直流偏磁抑制措施的情况下，兴安直流大地回流方式对英德站—长湖电厂—湛江站—从化站—北郊站输电路径沿线各变电站变压器的影响较大。若只在直流偏磁电流较大的湛江站装设电容隔直装置，则从化站变压器直流偏磁电流大幅增加，影响加重。因此对从化站也需采取抑制措施。计算结果表明，在湛江站和从化站均采用电容隔直措施后，给其他变电站带来的影响很小。影响较大的北郊站直流偏磁电流也只增加了 3A，在湛江站和从化站同时采用电容隔直措施是有效的。

2.2.6　兴安直流的自修正算例

按照 2007 年 4 月广东电网的运行方式，结合兴安直流 2007 年 5 月底、6 月中旬、11 月上旬单极大地回线方式调试时的记录数据，运用自修正模型，计算结果参见表 2.7。

表 2.7　　　　　　　　　自修正模型计算结果（2007 年 4 月）

变电站名	修正系数	电流/A	变电站名	修正系数	电流/A
220kV 林益站	0.654	−6.22	500kV 罗洞站	2.268	−14.56
220kV 清远站	0.625	0.58	220kV 湛江站	0.923	−27.13
220kV 阳山站	1.743	−0.42	220kV 英德站	0.947	7.92
220kV 康乐站	1.931	−7.50	220kV 从化站	0.903	−13.18
220kV 三水站	2.161	−2.41	飞来峡水电站	0.292	−31.16
220kV 仙溪站	1.098	−2.26	500kV 北郊站	0.672	−5.35
220kV 田心站	0.485	−3.94			

按照 2008 年 5 月广东电网的运行方式，结合自修正模型的计算结果参见表 2.8。

表 2.8　　　　　　　　自修正模型计算结果（2008 年 5 月）

站名	修正系数	电流/A	站名	修正系数	电流/A
220kV 林益站	0.654	−6.22	500kV 罗洞站	2.268	−14.56
220kV 清远站	0.625	0.58	220kV 湛江站	0.923	−28.20
220kV 阳山站	1.743	−0.42	220kV 英德站	0.947	2.84
220kV 康乐站	1.931	−7.50	220kV 从化站	0.903	−13.80
220kV 三水站	2.161	−2.41	飞来峡水电厂	0.292	−31.16
220kV 仙溪站	1.098	−2.27	500kV 北郊站	0.672	−5.40
220kV 田心站	0.485	−3.96	220kV 朗新站	0.947	8.57

计算结果表明兴安直流 GR 方式对清远站的影响并不严重。根据自修正结果对英德站采用分母方式运行的情况进行仿真计算时发现，英德站两变压器分别承受来自英德站—朗新站线路（16.41A）和长湖电厂—英德站线路（19.25A）的直流电流，有必要采取抑制措施对直流电流加以限制。仿真采用的抑制措施是阻容抑制装置，选取的电阻为 16Ω。

在英德变电站两台变压器母线分段运行时，分别对两台变压器安装阻容抑制装置、接英德站—朗新站线路的变压器安装阻容抑制装置、接英德站—长湖电厂的变压器安装阻容抑制装置的三种情况进行了仿真，结果参见表 2.9。

表 2.9　　　　　英德站不同抑制措施的电流仿真结果　　　　　单位：A

英德站运行方式	长湖电厂	英德站	朗新站
母线分段运行	0.46	19.25/−16.41	8.57
两台变压器采用阻容抑制措施	9.92	0.54/−0.22	2.24
一台变压器采用阻容抑制措施（接英德—朗新线）	3.75	11.18/−0.47	2.08
一台变压器采用阻容抑制措施（接英德—长湖线）	9.85	0.66/−5.79	1.48

从仿真计算结果可以看出：若只在一台变压器处安装阻容抑制装置，则在英德站—长湖电厂线路对应的变压器装设阻容抑制装置可以有效地限制英德站的直流电流。无论是两变压器中性点均接阻容抑制装置或在英德站—长湖电厂线路对应的变压器装设阻容抑制装置，长湖电厂都会受到影响，直流电流增大至 10A 左右。

2.3　边界元法算例

2.3.1　边界划分方案

河流边界按 10km 一段进行细分；海岸线边界按 5km 一段进行细分；第一层土壤与第二层土壤的边界面为 900km×350km 的矩形，按矩形方式划分，细分面积取 20km×10km 至 40km×15km 不等；海洋与第二层土壤的边界面为 900km×350km 的矩形，按矩形方式划分，细分面积取 20km×10km 至 40km×15km 不等；第二层土壤与第三层土壤的边界面为 900km×700km 的矩形，按矩形方式划分，细分面积取 30km×28km。

参数选取：河水的电阻率取 20Ω·m，海水电阻率取 0.25Ω·m，第一层土壤电阻率

取 $5900\Omega \cdot m$，第二层土壤电阻率取 $14100\Omega \cdot m$，第三层土壤电阻率取 $120\Omega \cdot m$。

2.3.2　计算结果

清远、佛山、广州地区部分边界元法计算结果见表 2.10。

表 2.10　　　　　　　　　　　　　边界元法计算结果

变电站名	电流/A	变电站名	电流/A	变电站名	电流/A
220kV 增城站	−19.33	220kV 安峰站	6.59	220kV 旭升站	−13.85
220kV 瑞宝站	−24.00	220kV 阳山站	0.74	220kV 南海站	−36.73
220kV 花地站	−49.56	220kV 回澜站	93.79	220kV 三水站	25.52
220kV 泮塘站	−17.59	220kV 英德站	3.90	500kV 罗洞站	1.62
220kV 潭村站	−33.34	飞来峡水电站	−64.15	220kV 风田站	33.99
220kV 从化站	3.51	220kV 浈江站	−8.25	220kV 北栅站	−14.36
220kV 田心站	−27.63	螺阳电厂	18.49	220kV 景湖站	−23.55
220kV 开元站	−25.48	220kV 清远站	33.77	220kV 平胜站	−23.50
220kV 郭塘站	36.56	500kV 花都站	−20.75	220kV 鹿鸣站	−96.57
220kV 新塘站	−29.21	220kV 芳村站	−39.19	220kV 砚都站	20.62
220kV 天河站	−33.01	220kV 同益站	19.29	220kV 康乐站	37.23
220kV 伍仙门站	−17.40	500kV 北郊站	−23.08	220kV 广南站	−22.14
220kV 腾飞站	−33.21	220kV 林益站	−107.51	220kV 丹桂站	20.28
220kV 珠钢站	−26.37	220kV 茶山站	43.75	220kV 东岸站	45.99
220kV 广铁站	−35.34	220kV 麒麟站	−23.97	220kV 赤沙站	−28.55
220kV 棠下站	−29.54	220kV 碧山站	−49.96		

从仿真计算的过程及结果，采用边界元法存在以下问题：

（1）边界的划分还比较粗糙、简单，未能完全模拟出地质环境，特别是水系和海岸线，致使计算结果存在较大误差。

（2）占用的计算机内存较大，求解速度缓慢，大大限制了边界元素的数量。

（3）未掌握或未取得广东省境内的地质信息实际情况，大地模型参数只能取估算值，这也是影响计算精度的一个原因。

2.4　4 个直流输电工程对广东电网直流电流的分布影响

2.4.1　基本情况简介

直流偏磁电流分布计算软件集成了电力系统分析软件 BPA 的接口，通过该接口可读取电网的设备参数及运行方式数据。根据 2008 年 5 月广东电网的变电站信息（站名、母线结点数目）和输电线路信息（起点和终点母线名、回线长度和线型），最终整理出 320 个变电站和 691 回线路作为 4 个直流工程对广东电网的地中直流分布计算的原始材料。

直流偏磁电流分布计算软件自修正模型的原始数据取自 2008 年上半年的电网直流分布的实测数据，以确保电网运行方式与测量数据一致。

广东省境内直流输电系统接地极位置示意图如图 2.12 所示。

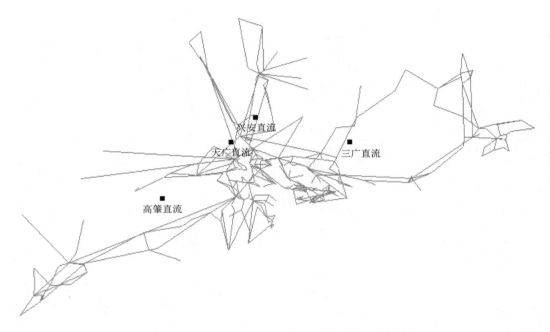

图 2.12　广东省境内直流输电系统接地极位置示意图

计算时直流极入地电流的取值为历史监测数据的最大值，三广直流取 2000A，三广直流取 3000A，兴安直流取 1000A，高肇直流取 540A。根据 2008 年 5 月的电网运行方式，运用计算软件分析四个直流极对广东电网地中直流分布的影响。

下面以三广直流输电系统为例，列出计算条件及仿真结果，其他 3 个直流输电系统大地回流在交流系统的分布仿真结果在此省略。

2.4.2　三广直流大地回流在交流系统的分布仿真

三广直流输电系统在广东省境内的直流接地极按 3000A 直流入地电流。4 层水平结构的大地模型参数见表 2.11。

表 2.11　　　　　　　　　　　　三广直流大地模型参数

层数	电阻率/(Ω·m)	厚度/m	层数	电阻率/(Ω·m)	厚度/m
1	100	30	3	10000	50000
2	3000	1000	4	120	∞

单极大地运行 3000A 情况下三广计算结果及变电站地表电势修正系数见表 2.12。

表 2.12　　单极大地运行 3000A 情况下三广计算结果及变电站地表电势修正系数

变电站名	电流/A	修正系数	变电站名	电流/A	修正系数
220kV 仰天站	−87.4	1.26	220kV 板桥站	−18.9	1.90
220kV 九潭站	−80.9	1.84	220kV 马坳站	−13.5	1.46
220kV 联禾站	−72.5	1.24	220kV 信垅站	−10.4	1.45
220kV 东澎站	−66.1	1.78	220kV 李朗站	9.4	1.13
220kV 金源站	−63.2	0.80	220kV 增城站	−8.7	1.41
220kV 铁涌站	53.9	0.88	220kV 葵湖站	−7.4	1.29
220kV 三栋站	−51.1	1.06	220kV 荔城站	7.1	0.99
220kV 湖滨站	−40.2	0.85	220kV 镇隆站	−9.62	1.00
220kV 仲凯站	30.2	0.65	500kV 惠州站	−30.75	1.00
220kV 风田站	−25.0	1.66	220kV 义和站	−18.38	1.00
500kV 罗洞站	9.34	1.00	500kV 博罗站	−47.94	1.00
220kV 花地站	11.67	1.00	220kV 跃立站	10.78	1.00
220kV 潭村站	11.34	1.00	220kV 西乡站	10.15	1.00
220kV 棠下站	11.73	1.00	220kV 梅林站	−14.22	1.00
500kV 北郊站	13.10	1.00	220kV 水贝站	−15.75	1.00
220kV 田心站	9.23	1.00	220kV 平安站	−23.44	1.00
500kV 花都站	18.05	1.00	220kV 白玉站	−10.11	1.00
500kV 曲江站	10.05	1.00	220kV 莆心站	10.83	1.00
220kV 松山站	−10.58	1.00	铜鼓电厂	7.0	1.95
220kV 寒溪站	26.84	1.00	昭阳电厂	11.34	1.00
220kV 龙川站	15.85	1.00	红海湾电厂	25.85	1.00
220kV 塔岭站	28.67	1.00	岭澳核电站	43.05	1.00
220kV 景湖站	9.69	1.00	大亚湾电站	18.18	1.00
220kV 陈屋站	14.63	1.00	前湾电厂	24.98	1.00
220kV 大朗站	−13.41	1.00	广蓄电厂	−17.13	1.00
220kV 下沙站	10.60	1.00	220kV 中航站	9.30	1.00
500kV 深圳站	11.91	1.00			

2.4.3　结果分析

由直流输电系统导致变压器直流偏磁电流较大的变电站可分为两种：一种是地理位置靠近直流接地极，地表电势高；一种是地理位置不在直流接地极附近，地表电势低（尤其沿海或沿江），但是与地表电势高的变电站有电气连接。前一种变电站的问题最为严重，后一种变电站是前一种变电站问题的延伸，其直流电流问题不会像前一种变电站那样严重。后一种变电站从地理位置上也分两种情况：一种是输电线路走向是从接地极附近向临海或临江地区，在这种线路上的变电站，越是靠海或靠江的终端站，直流偏磁电流越大；

另一种是输电线路走向是从接地极附近向山区，在这种线路上的变电站，除了线路始端的站点，其他站点的地中直流电流都不太大。

2.4.3.1　受天广直流大地回流影响的输电路径及变电站

500kV 罗洞站、220kV 三水站、220kV 仙溪站、220kV 郭塘站均距天广直流接地极较近，这 4 个站的变压器直流偏磁问题较为突出，地中直流从这些变电站向有电气连接的远方变电站传播，表 2.13 列出了受天广直流输电系统大地回流影响较典型的输电路径及变电站。除此之外，与 500kV 罗洞站有电气连接的还有 500kV 北郊站、220kV 桃源站、220kV 旺新站和 220kV 四会站，这些站受到不同程度的直流偏磁电流影响。

表 2.13　　　　　　　受天广直流输电系统大地回流影响的输电路径及变电站

序号	输电路径及相关变电站
路径 1	清远站→康乐站→三水站→罗洞站→丹桂站→镭岗站→平胜站
路径 2	罗洞站→红星站→紫洞站→西江站→汾江站
路径 3	罗洞站→西江站→江门站→开平站→台山站→唐美站（临海）
路径 4	台山站→圣堂站

2.4.3.2　受三广直流大地回流影响的输电路径及变电站

三广直流接地极附近地区的土壤电阻率较低。直流电流更倾向于向江河（东江等水系）和海洋等低阻地区分流。接地极附近的 220kV 九潭站和 220kV 仰天站两个变电站的变压器中性点直流电流问题在三广直流影响范围内相对最突出。表 2.14 列出了受三广直流输电系统大地回流影响较典型的输电路径及变电站。路径 1 及路径 2 受三广直流的影响很明显，其他路径受影响也较明显。博罗站→横沥站→东莞站→鲲鹏站→岭澳站这条 500kV 线路，由于岭澳核电站临海，地表电势可视为零，最终直流流入岭澳站，其直流电流问题尤为突出。

表 2.14　　　　　　　受三广直流输电系统大地回流影响的输电路径及变电站

序号	输电路径及变电站
路径 1	仰天站→联禾站→河源站→龙川站
路径 2	九潭站→荔城站→陈屋站→板桥站
路径 3	博罗站→横沥站→东莞站→鲲鹏站→岭澳站（临海）
路径 4	金源站→湖滨站→仲恺站→惠州站→秋长站
路径 5	湖滨站→三栋站→惠州站→凤田站
路径 6	惠州站→东莞站→葵湖站

2.4.3.3　受高肇直流大地回流影响的输电路径及变电站

高肇直流接地极附近地区的土壤电阻率是 4 个直流输电系统接地极中最高的。表 2.15 列出了受高肇直流输电系统大地回流影响较典型的输电路径及变电站。路径 1 在地理位置上从接地极附近向海边延伸，这些站点的中性点直流偏磁问题非常明显。除去铜鼓电厂，唐美站是这条线路的末端，距离海洋最近，其直流问题在高肇直流影响范围内相对最为严重。路径 2~5 在地理位置上从接地极附近向西江两岸延伸，受高肇直流的影响也较明显。

表 2.15　　　　　　　　　受高肇直流输电系统大地回流影响的输电路径及变电站

序　号	输电路径及变电站
路径 1	春城站→恩平站→圣堂站→开平站→台山站→唐美站→铜鼓电厂
路径 2	天马站→砚都站→东岸站→红星站→罗洞站→三水站
路径 3	罗洞站→郭塘站
路径 4	罗洞站→四会站
路径 5	罗洞站→丹桂站→镭岗站

2.4.3.4　受兴安直流大地回流影响的输电路径及变电站

位于接地极附近的湛江站、从化站、罗洞站和英德站有明显的直流偏磁问题。表 2.16 列出了受兴安直流输电系统大地回流影响较典型的输电路径及变电站。兴安直流对路径 2 和路径 3 的 500 kV 输电线路上的变电站有一定影响；与这几个 500 kV 站有电气连接的部分 220 kV 站，也有一定的直流电流，如与莞城站相连的信垃站、景湖站和北栅站，与罗洞站相连的路径 4、路径 5 上的站点。

表 2.16　　　　　　　受兴安直流输电系统大地回流影响的输电路径及变电站

序　号	输电路径及变电站
路径 1	从化站→湛江站→长湖站→英德站→朗新站
路径 2	罗洞站→北郊站→花都站→贤令山站
路径 3	北郊站→增城站→莞城站
路径 4	罗洞站→三水站→康乐站→清远站→回澜站
路径 5	罗洞站→仙溪站→阳山站→贤令山站→安峰站

2.5　抑制措施实施后直流分布研究

根据上一节对广东电网地中直流分布规律的分析可见，在交流电网中出现大范围直流偏磁电流的根源，在于直流接地极附近处于高地表电势的变电站。应首先对这些变电站实施直流偏磁抑制措施。根据仿真结果、监测情况及投资选出 13 个站点，拟于 2009 年完成抑制措施的实施（湛江站已投入电容隔直装置）。这 13 个变电站均距直流接地极很近，直流偏磁问题亦非常突出。一期抑制措施计划表见表 2.17。

表 2.17　　　　　　　　　　　　　　一期抑制措施计划表

序号	站点	电压等级/kV	抑制措施	产生影响的直流系统	与接地极的距离/km
1	罗洞站	500	反向直流注入装置	天广直流、高肇直流、兴安直流	27.1（天广直流）
2	三水站	220	电容隔直/阻容抑制	天广直流、高肇直流、兴安直流	23.6（天广直流）
3	仙溪站	220	电容隔直/阻容抑制	天广直流、高肇直流、兴安直流	30.4（天广直流）
4	康乐站	220	电容隔直/阻容抑制	天广直流	15.3（天广直流）
5	春城站	220	电容隔直/阻容抑制	高肇直流	61.4（高肇直流）
6	恩平站	220	电容隔直/阻容抑制	高肇直流	52.1（高肇直流）

续表

序号	站点	电压等级/kV	抑制措施	产生影响的直流系统	与接地极的距离/km
7	圣堂站	220	电容隔直/阻容抑制	高肇直流	52.6（高肇直流）
8	仰天站	220	电容隔直/阻容抑制	三广直流、天广直流、高肇直流	30.0（三广直流）
9	九潭站	220	电容隔直/阻容抑制	三广直流、天广直流、高肇直流	66.9（三广直流）
10	金源站	220	电容隔直/阻容抑制	三广直流	30.0（三广直流）
11	湛江站	220	电容隔直/阻容抑制	兴安直流	24.4（兴安直流）
12	从化站	220	电容隔直/阻容抑制	兴安直流	33.7（兴安直流）
13	英德站	220	电容隔直/阻容抑制	兴安直流	52.6（兴安直流）

取罗洞站和补偿接地间的等效土壤电阻率为 $235\Omega \cdot m$，其余站点采用电容抑制装置，由于阻容隔制装置的电阻较大（ $16\Omega \cdot m$ ），其抑直效果与电容隔直相近，在此不作重复计算。

2.5.1 三广直流

罗洞站反向注入装置不运行。三广接地极入地电流 3000 A 时，直流抑制措施实施后，地中直流超标站点参见表 2.18。

表 2.18 抑制措施实施后受三广接地极影响的超标站点

变电站名	电流/A	修正系数	与三广直流极的距离/km	变电站名	电流/A	修正系数	与三广直流极的距离/km
联禾站	−87.70	1.25	27.64	水贝站	−15.81	1.00	79.16
博罗站	−69.60	1.00	43.47	谷饶站	15.47	1.00	189.06
东澎站	−67.12	1.79	63.54	龙川站	15.06	1.00	102.60
三栋站	−55.55	1.06	43.84	马坳站	−14.40	1.46	85.26
湖滨站	−55.49	0.85	36.25	花都站	14.26	1.00	153.30
铁涌站	53.25	0.10	76.79	梅林站	−14.25	1.00	92.59
岭澳核电站	38.62	0.96	87.71	寒溪站	14.23	1.00	77.24
义和站	−34.70	1.00	47.24	大朗站	−13.85	1.00	82.31
惠州站	−32.76	1.00	52.41	深圳站	11.84	1.00	108.01
红海湾电厂	28.24	1.00	125.50	花地站	11.20	1.00	143.76
塔岭站	27.40	1.00	91.45	镇隆站	−11.17	1.00	58.09
凤田站	−25.99	1.66	71.14	松山站	−10.80	1.00	101.03
前湾电厂	24.93	1.00	123.05	北郊站	10.62	1.00	135.70
仲凯站	24.44	0.51	49.63	信垅站	−10.57	1.44	102.06
平安站	−23.46	1.00	79.20	葵湖站	−10.46	1.30	75.47
板桥站	−21.57	1.85	87.28	汕头站	10.20	1.00	206.02
广蓄电厂	−18.48	1.00	76.63	白玉站	−10.15	1.00	85.76
大亚湾电站	17.38	1.00	88.39	西乡站	10.13	1.00	115.53
昭阳电厂	10.39	1.00	69.69				

对比抑制前后的计算结果发现：联禾站的直流电流从 15A 增大至 88A，博罗站从 26A 增大到 70A，湖滨站从 18A 增大至 55A，三栋站从 5A 增大至 55A，其余站点的地中直流分布基本不变。比较严重的站点有联禾站、东澎站、三栋站、湖滨站、铁涌站、仲凯站等。

2.5.2　天广直流

设定罗洞站反向注入直流电流为－120A。天广接地极入地电流 540A 时，抑制措施实施后，对比抑制前后的计算结果发现：清远站的直流电流从 10A 增大到 22A，西江站从 10A 增大至 23A，旺新站从 3A 增大至 47A，其余站点的地中直流分布基本不变。比较严重的站点有花都站、北郊站、旺新站、田心站、郭塘站等。

2.5.3　高肇直流

设定罗洞站反向注入直流电流为 40A。天广接地极入地电流 540A 时，抑制措施实施后，对比抑制前后的计算结果发现：除了采取抑制措施的 10 个站点外，其余站点的地中直流分布基本不变。比较严重的站点有天马站、砚都站、圣堂站、东岸站等。

2.5.4　兴安直流

设定罗洞站反向注入直流电流为－130A。兴安接地极入地电流 1000A 时，抑制措施实施后，对比抑制前后的计算结果发现：花都站的直流电流从 6A 增大至 52A，北郊站从 4A 增大至 46A，英德站从 12A 增大至 25A，清远站从 3A 增大至 21A，其余站点的地中直流分布基本不变。比较严重的站点有花都站、北郊站、田心站、英德站、郭塘站等。

2.6　500kV 显联站直流电流分布计算

为达到给新建变电站选址提供参考依据的目标，需要提供以下的仿真结果：

（1）确定在天广直流单极大地回线运行方式下，在 3 个站址及其主（备用）接线方式条件下，500 kV 显联变电站变压器直流偏磁电流的大小，以及对周边变电站的变压器直流偏磁电流的影响情况。

（2）由于显联 3 个备选站址均距天广直流接地极很近，预期会出现较严重的直流偏磁问题。需要评估显联站采用直流偏磁电流抑制措施的有效性及其对周边变电站的影响。

（3）通过仿真结果对比提出显联站变压器直流偏磁综合影响最小的方案。

2.6.1　显联站相关参数

按广东省境内变电站接地电阻的平均值，新建变电站接地电阻取为 0.3Ω。对于新站的原始电位 P_a 的修正系数取地理位置最近站的修正系数。新建站的经纬度信息、接线方式及新建、改建线路信息按设计资料确定。新建站的修正系数取附近变电站的修正系数。根据 2007 年 4 月的系统接线方式和现场监测数据，运用修正模型计算的结果见表 2.19，修正系数 P_a 见表 2.20。

表 2.19 部分站点的计算结果

站名	电流/A	站名	电流/A	站名	电流/A	站名	电流/A
西江站	21.9	唐美站	−4.5	三水站	−9.5	红星站	6.7
罗洞站	−81.3	康乐站	−18.6	仙溪站	−15.9	桃源站	−9.5
北郊站	−18.6	湛江站	−4.5	镭岗站	3.5	田心站	4.1
九潭站	8.1	林益站	−21.9	四会站	−7.4	从化站	4.4
仰天站	6.3	阳山站	−7.3	清远站	9.2	郭塘站	−27.3

表 2.20 部分站点的修正系数 P_{ei}

站名	修正系数 P_{ei}	站名	修正系数 P_{ei}	站名	修正系数 P_{ei}	站名	修正系数 P_{ei}
西江站	0.701317	唐美站	10.42792	三水站	0.555721	红星站	0.545001
罗洞站	1.758576	康乐站	0.3406	仙溪站	0.752718	桃源站	0.655132
北郊站	0.709115	湛江站	2.290519	镭岗站	0.804289	田心站	0.584355
九潭站	−1.32784	林益站	0.716791	四会站	0.53298	从化站	1.282831
仰天站	−4.83285	阳山站	14.49389	清远站	0.438841	郭塘站	0.811867

2.6.2 500kV 显联站选址方案的仿真评估

假设天广直流输电系统单极大地回线方式运行,并有 540A 入地电流。

拟建显联 500kV 变电站的备选站址有 4 个:下坑站址、大塘站址、显学岗站址和石塘站址,距天广直流莘田接地极的距离分别为 10.15km、13.31km、9.53km 和 18.58km(图 2.13)。

显联变电站按 2 台主变并联运行,仿真结果中的变压器直流偏磁电流为 2 台主变中性点的直流电流之和。流入每台主变中性点的直流电流遵循电阻并联原理。

仿真中采用的直流抑制措施包括串接小电阻、电容隔直和反向直流注入法。3 种直流电流抑制措施均效果明显。串接小电阻时以将偏磁电流限制至 10A 以下为准。

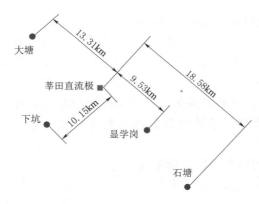

图 2.13 500kV 显联变电站的 4 个预选址地点与莘田接地极的地理位置

2.6.3 仿真结果分析

在 4 个备选站址中,按直流偏磁电流绝对值由小到大的顺序排列为石塘站址、大塘站址、下坑站址和显学岗站址。在莘田接地极入地电流为 540A 时,各站址的计算结果参见表 2.21。显学岗站址是该地区距离莘田接地极最近的变电站,其主变直流偏磁电流绝对值最大。

表 2.21　　　　　　　　　　　　　4 个站址的直流偏磁电流绝对值　　　　　　　　　　　　单位：A

站　　址	推荐接线方式	备用接线方式	站址	推荐接线方式	备用接线方式
石塘站址	26.1	30.7	下坑站址	60.4	56.4
大塘站址	56.1	52.2	显学岗站址	90.3	92.8

石塘站址距离莘田接地极相对较远，其地电位相对其他站址在理论上较低些；同时康乐站和永丰站距离莘田接地极比石塘站址近些，与石塘站址有电气连接。仿真结果表明，石塘站址的直流偏磁电流绝对值最小。

下坑站址和显学岗站址距离莘田接地极相近，但其临近西江，河流的低地电势降低了下坑站址的原始地电势，该站址的直流偏磁电流较显学岗站址小。

采用梧州站—罗洞站或贺州站—罗洞站解口，较之砚都站—花都站解口，地中直流计算值偏低些。

显联变电站的建设对附近变电站的直流偏磁电流有较大影响，如罗洞站、西江站、三水站、康乐站等。罗洞站受莘田接地极的影响严重（现直流偏磁电流为 81.3A，为三台主变直流偏磁电流之和），显联站的建立建设一定程度上降低了罗洞站的直流偏磁电流，当 500kV 接线采用梧州站—罗洞站或贺州站—罗洞站解口入显联站时，罗洞站的直流偏磁电流可降低 21%～42%。西江站的直流偏磁电流（现为 21.9A）在显联站建成后可降低 21%～33%。而三水站则由现在的 9.5A 上升了 50%～140%。康乐站（现为 18.6A）在显联站采用大塘站址时会升高 20%～80%，而在显联站采用下坑站址、显学岗站址和石塘站址时对康乐站的影响不大。

显联站不管是采用石塘站址、下坑站址、大塘站址和显学岗站址中的哪个站址，变压器直流偏磁电流都将超标，需采取抑制措施。串联小电阻或电容都可起到良好的抑制效果，但附近的罗洞站、三水站、康乐站和桃源站的直流偏磁电流都将增大。建议采用反向直流注入装置，不改变主变压器原有的接线方式，安全性良好。

4 个站址串联 3Ω 以下电阻，都可将显联站的直流偏磁电流限制在 10A 以下。西江站的直流偏磁电流略有降低，罗洞站则有所上升。若采用梧州站—罗洞站或贺州站—罗洞站解口接入显联站的方案，罗洞站直流偏磁电流略有减小；若采用砚都站—花都站解口接入的情况，罗洞站的直流偏磁电流变化不大。三水站、康乐站和桃源站的直流偏磁电流在显联站串联电阻后都将增大。显联站串联电阻对周围变电站影响较小。

显联站若采用电容隔直措施，周围变电站直流偏磁电流变化情况与串联电阻的情况相似。在显联站、旺新站或永丰站、康乐站和三水站都串联电容前后，周围变电站的直流偏磁电流变化情况与串联电阻前后的情况相似。西江站直流偏磁电流降低的幅度较大，罗洞站的直流偏磁电流则有所增大。

2.7　本章小结

本章通过分析复镜像法、边界元法算例及广东电网监测系统的实际数据得出以下结论：

（1）针对大范围复杂地质环境的地电势分布问题，建立了变电站原始电位的场模型，并依据场路结合的思想，实现交流系统中直流电流分布问题的求解。

（2）通过将实测数据与复镜像法、边界元法的仿真计算结果进行比较，指出边界元法暂时受制于个人计算机内存和 CPU 运算速度，尚未能取得满意的计算结果；复镜像法虽然未能完全体现复杂的地质因素，但在合理选取参数的基础上也可以较准确地模拟大范围内局部区域的情况。

（3）结合变压器中性点直流电流的实测数据，提出了变电站原始电位的修正方法，对直流偏磁抑制措施效果评估、新建变电站的直流分布预测的仿真准确度提高具有重要意义。

（4）通过对广东电网直流电流分布的仿真分析，指出因直流输电系统引起变压器直流偏磁问题的典型路径：当地理位置靠近直流接地极，地表电势高的变电站与地理位置远离直流接地极、但地表电势低的变电站（尤其是海洋或河系附近）有电气联系时，沿途路径的变电站变压器会受到不同程度的直流偏磁影响。

（5）在规划实施变压器直流偏磁抑制措施时，应遵循首先对地表电势绝对值高的变电站采取直流抑制措施的原则。

（6）开发的直流电流分布仿真软件，用于广东电网直流电流分布的计算，取得了大量的仿真结果；同时集成了多种直流偏磁抑制措施模型，使采取直流偏磁抑制措施后的仿真评估成为可能，进而可实现抑制措施实施方案的优化，为电网全面有效地开展抑制工作提供了有效手段，也为预测新建变电站的变压器直流偏磁电流提供了手段。

第 3 章

大地电阻率的深度勘测及反演

在大地电阻率过高的情况下，直流输电系统的大地回流会令地表电位梯度变大，导致交流电网内的直流电流分布显著。我国不同地区大地电阻率不同，交流电网遭受直流偏磁风险程度也大不相同，如沿海的广东和浙江地区是目前两个遭受直流偏磁危害的高发区域，但与浙江相邻的江苏和上海地区却未见大范围变压器遭受直流偏磁危害的现象。目前，虽然在浅层大地电阻率测量方面已有成熟的方案和现场经验，但在电力系统研究分析方面，深层大地电阻率的测量鲜有报道。由于缺少现场数据，无法从实际地中电流场的角度给出变压器直流偏磁量化分析结果。下面介绍本书关于大地电阻率的深度勘测及反演的相关工作。

3.1 南方电网广域大地电阻率的勘测

3.1.1 大地电阻率测量的历史演变

在电力系统应用范围，现场测量土壤电阻率的理论基础源自法国学者 Wenner 在 1916 年提出的四极法。国外接地学界在 20 世纪 70—80 年代开始了最简单的不规则土壤——水平双层结构土壤参数的反演研究[79-85]。Sunde 在 1968 年出版了专著《Earth Conduction Effects in Transmission Systems》[86]，系统论述了传输系统中大地传导效应的理论问题。早期的研究中，除了四极法外，J. Zou 等提出了通过测量埋地接地棒接地电阻反推土壤电阻率的方法，并讨论了不同埋地金属棒布置形式与土壤结构参数情况下接地电阻与土壤参数的数值关系[87]。相似地，徐华等推导了水平两层土壤情况下不同布置形式埋地金属棒的接地电阻与土壤参数的理论表达式[88]。在四极法视在电阻率反演方面，何金良等使用镜像法推导了水平双层土壤情况下的视在电阻率表达式，表达式内含有无穷多项[89]；付龙海等认为可以取有限项近似计算视在电阻率且不会造成明显的误差[90]。1984 年，Dawalibi 提出使用现代优化方法进行土壤参数反演的工作，并推导了等距四极法情况下视在电阻率的表达式及其对土壤参数的偏导，为最速下降法的应用扫清了理论障碍。目前在接地界广泛使用的由加拿大 SES 公司开发的接地计算软件 CDEGS 中的土壤反演模块

RESAP 正是基于该文献方法开发而成的。在水平多层格林函数的计算方法方面，清华大学于刚等在 2004 年提出计算点源格林函数的向量矩阵束方法，取得了和商用接地计算软件 CDEGS 相似的结果[91]。武汉大学潘卓洪等在水平多层结构土壤和垂直多层结构土壤的已有理论推导和数值计算基础上提出了符号方程法，并利用高阶复镜像法进一步提高计算精度，取得了比商用接地软件 CDEGS 更准确的结果[92,93]。

而对大地电磁法测量数据，大地电磁测深数据处理主要是指由采集的时间序列计算得到频率域的传递函数的过程（Transfer Function，阻抗张量、倾子信息等）[94-97]。通常，可把地球设为线性系统，以交变的磁场、电场作为该线性系统的输入、输出信号，则传递函数即为该线性系统的系统参数构成，可由输入、输出信号的比值计算得到。大地电磁测深的数据处理大致可分为数据预处理和传递函数估算两部分。

黄兆辉等利用曲线平移法对 MT 法测量数据进行静校正，取得了很好的效果[98]。梁生贤等提出得利用相位对静态效应进行校正，原理是利用希尔伯特变换，根据相位特征达到消除静态体产生的影响[99]。孙娅等提出得相权静校正法，能有效地压制静态效应[100]。F. X. Bostick（1986）发明的电磁阵列剖面法（EMAP），应用在静态效应的校正，经过模型的计算能很好地压制静态效应的影响，在实际资料的处理结果表明其是一种很有效的方法[101-104]。Sternberg 等提出了用 TEM 数据对静态体进行静校正的方法，其原理是利用 TEM 法在横向上受影响较小，可把它看成不受静态体影响[105,106]。于生宝等提出了基于小波分析理论对静态效应进行校正的方法，达到对其有效的识别、分离、压制[107-109]。相似地，张旭提出了用首支重合法进行静态效应的校正方法[110]。

利用大地电磁法测量大地电阻率一般用于石油勘探、矿产勘探等领域，目前在阿尔巴尼亚、希腊、意大利、伊朗、日本、玻利维亚、荷兰、利比亚、中国、罗马尼亚、波兰和德国，该方法被广泛应用于石油勘探，尤其是中国，是将 MT 用于石油勘探的最大用户。

3.1.2　当前我国华南地区的测量成果

虽然国内外已多次将大地电磁法进行石油勘探、矿产勘探等应用，并且《大地电磁测探法技术规程》（DZ/T 0173—1997）中给出了详细的勘探流程[111]，但大地电磁法在电力系统中的应用仍很少见。

我国电力行业标准《高压直流输电大地返回系统设计技术规程》（DL/T 5224—2014）中推荐了利用大地电磁法进行深层土壤电阻率的勘测，但并未给出应用案例，也未给出应用流程[112]。

在国内的地质学研究方面，"中国深部探测实验 SinoProde"项目有两项成果可供参考，即"华南地区岩石圈电性特征及其地球动力学意义"[113]和"华南地区大地电磁测深观测实验与壳/幔电性勘探。"

　　1. 华南地区岩石圈电性特征及其地球动力学意义

该成果获得了华南地区 4°×4° 网格的高质量大地电磁测深数据。根据一维地电结构将华南地区岩石圈划分为 5 种类型：以湖南邵阳和贵州施秉为代表的克拉通型；以四川达州和彭州及湖北荆门为代表的构造边界型；以浙江湖州和广东云浮为代表的岩石圈中等改造型；以江西赣州、广东揭阳及福建霞浦为代表的岩石圈强烈改造型；以湖北英山为代表的造山带型。除湖南邵阳、贵州施秉及广东揭阳外，华南地区岩石圈厚度为 60～145km。该研究表明华南地区岩石圈显示出南北两侧上抬、中部下凹、东部受不均匀改造的趋势，这一结果与之前研究认为的华南地区岩石圈东薄西厚的典型特征是不同的。研究结果反映华南地区岩石圈稳定性较好，晚中生代以来的构造伸展作用对岩石圈的改造程度有限，可能主要以不同形式的软流圈底辟为主。

根据 4°×4°网格长周期 MT 一维反演结果，华南地区壳内和上地幔一般存在 4 个高导层：第一个高导层的深度为 10～25km，电阻率为 10～60Ω·m，为壳内高导层，主要与发育壳内剪切带产生蛇纹岩化及含盐流体相关，第二个高导层的深度为 25～50km，电阻率约 10Ω·m；除湖南邵阳和贵州施秉及广东揭阳测点外，第三个高导层的深度为 60～145km，电阻率低，小于或等于 10Ω·m，对应于电性软流圈边界；第四个高导层的深度为 200～350km，电阻率为 10～30Ω·m，为幔内高导层，推测为幔内熔融体。沿北纬 27°线测点的软流圈边界深度较大，为 120～230km；沿 31°线测点的软流圈边界深度次之，为 60～120km。

湖南邵阳（图 3.1）和贵州施秉（图 3.2）测点实测视在电阻率曲线类型属于克拉通类型，估计的软流圈边界分别为 238.5km 和 183.2km，岩石圈平均电阻率分别达到 3223Ω·m 和 1489Ω·m。地热学研究表明，湖南邵阳和贵州施秉测点均位于平均热流值等于或小于 50mW·m^{-2} 区域，在华南地区属于"冷"岩石圈。

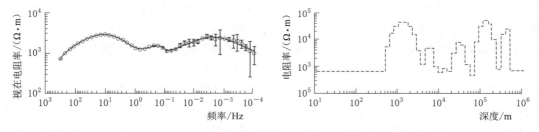

图 3.1　湖南邵阳的大地电阻率分布

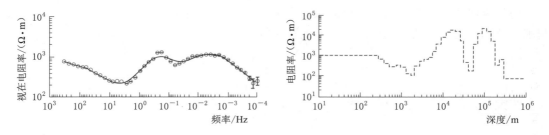

图 3.2　贵州施秉的大地电阻率分布

岩石圈中等改造型电性结构以浙江湖州和广东云浮（图 3.3）测点为代表，主要特征为岩石圈导电性好（平均电阻率小于 60Ω·m）、上地壳电阻率远高于下地壳、软流圈边界以下电阻率中等（20～50Ω·m）。这种类型岩石圈的地壳由强的上地壳和弱的下地壳组成，推测上地壳与下地壳在力学性质上解耦。地热学研究指示浙江湖州和广东云浮测点均位于热流值 60～70mW·m^{-2} 区域，暗示岩石圈遭受热侵蚀，或有局部软流圈底辟。浙江湖州和广东云浮代表一类岩石圈中等改造型电性结构。

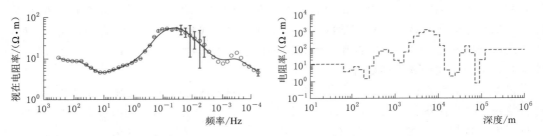

图 3.3　广东云浮的大地电阻率分布

广东揭阳（图 3.4）属于岩石圈强烈改造型电性结构，主要特征为岩石圈导电性中等（平均电阻率为 $400\sim1200\Omega\cdot m$）、中下地壳高导层不发育、电性 Moho 不明显而软流圈边界清晰、岩石圈厚度偏大、软流圈边界以下电阻率高（均值大于 $100m$）。实测大地电阻率曲线的尾支明显上升，指示这种类型岩石圈对应的软流圈较薄。地热学研究指示上述测点均位于平均热流值大于 $70mW\cdot m^{-2}$ 的区域，暗示岩石圈遭受强烈热侵蚀。值得注意的是上述测点位于前人所称的华夏岩石圈强减薄区域，但长周期 MT 资料揭示其电性岩石圈厚度均超过 $130km$，与中扬子正常岩石圈厚度相当。刘国兴等完成的华南沿海地区MT 二维反演结果也揭示江西赣州和会昌之间及潮州附近岩石圈厚度在 $100km$ 以上。如果用大洋板块俯冲时刮削下来的洋壳沉积物叠置在岩石圈下部导致岩石圈增厚机制来解释福建霞浦和广东揭阳测点的电性结构，则无法解释这两处偏高的岩石圈平均电阻率。另外，江西赣州测点的电性结构不符合造山带"厚壳薄圈"特征，因而不能用陆内造山机制来解释。一种可能的机制是福建霞浦、江西赣州及广东揭阳测点在晚中生代末期以来构造伸展背景下发生了岩石圈底部的拆沉和垫托作用，并伴随有大规模岩浆侵入事件，造成改造后的岩石圈厚度增大而软流圈变薄，同时由于壳内大量侵入岩和超镁铁质岩石的板底垫托使得岩石圈的平均电阻率偏高。东南沿海地区岩石圈遭受上述改造作用在时间和空间上极不均一，某些区域的岩石圈拆沉作用可能还在进行之中，如梅州—平和—长泰一带显示明显的软流圈物质上升，而另一些区域已完成岩石圈的"新生"，因此简单的"减薄"机制难以解释东南沿海地区现今的岩石圈电性结构。

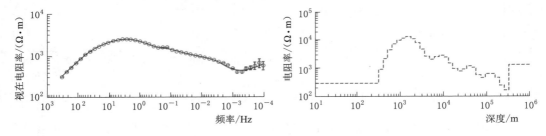

图 3.4　广东揭阳的大地电阻率分布

2. 华南地区大地电磁测深观测实验与壳/幔电性勘探[114-123]

利用 2009 年 4 月已完成的桂东—厦门 MT 实测剖面数据（图 3.5），通过处理、反演结合以往地质地球物理研究工作，解释推断桂东—厦门剖面的壳/幔电性结构，建立该剖

面的地电结构解释模型（图 3.6），并通过正演模拟手段研究沿海、内陆岩石圈及幔内高
导层的特点。

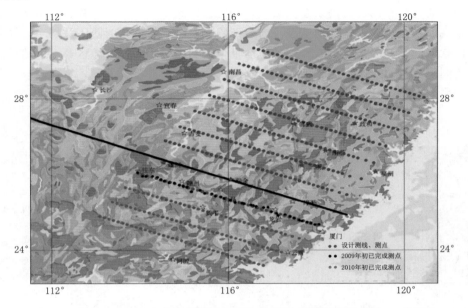

图 3.5 华南地区大地电磁测深观测实验与壳/幔电性勘探结部署的 11 条测线

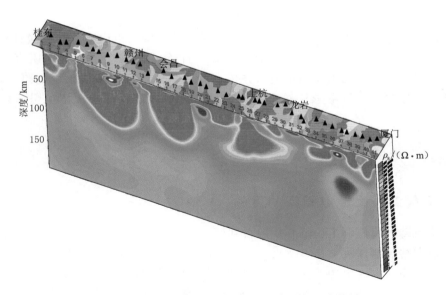

图 3.6 华南地区大地电磁测深观测实验的反演结果

桂东—厦门剖面的岩石圈埋深在内陆地区（除湘赣边界）较平缓，从 100～110km 变
化。湘赣边界处由于软流圈隆起形成该处岩石圈减薄至 50km。沿海地区同样受软流圈隆
起影响，岩石圈埋深较浅，约为 50km。桂东—厦门剖面内有断续的壳内高导层发育，厚
10～20km，主要分布于中、下地壳。桂东—厦门剖面内壳/幔的电性结构明显为横向不均

45

一（图 3.7），并呈非层状结构。大范围高阻花岗岩占据大部分岩石圈。桂东—厦门剖面内大断裂发育，岩浆活动多沿断裂带分布，受断裂构控制程度高。剖面内共发育 7 条大断裂，走向主要为北东向，有两条超壳断裂，分别为邵武—河源断裂和福安—南靖断裂，以及 1 条基底断裂，为政和—大埔断裂。断裂破碎带电阻率值低，为几十欧姆米。桂东—厦门剖面内软流圈隆起区多位于岩石圈减薄地带，剖面内显示为桂东地区及沿海地区。长泰地区软流圈隆起且位于高导层之下，其余软流圈隆起区高导层不发育。软流圈平缓分布区域，高导层发育良好且连续。

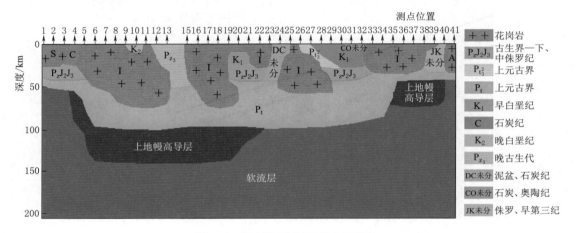

图 3.7　华南地区壳/幔的电性结构

针对直流输电工程接地极，国内外也未能对接地极深层电阻率分布测量进行相关研究。即使国内有单位使用大地电磁法取得了地下十余千米深度的大地电阻率分布，但受制于土壤层数太多，无法使用接地软件仿真测量得到详细的多层土壤电阻率。因此，如何合理有效地利用大地电磁法对直流接地极附近地区进行深层土壤电阻率勘测仍有待研究。

3.2　深层大地电阻率的测量原理

3.2.1　测量深层大地电阻率的目的

我国长距离直流输电工程具有从数百到两千多千米的传输距离，故直流输电的地中电流具有很大的传播深度（图 3.8）。显然，在这样大的深度下，必须考虑大范围土壤的不均匀性。如果大地电阻率参数不再是均匀分布，则需要新的测量方法获取深层大地电性参数，相关的理论模型也需要改进。下面先从电阻率分布的角度介绍地球的地质构成。

当直流输电入地电流一定时，大地电阻率分布是交流系统变电站接地电阻和电位分布的主要影响因素。由于深层大地电阻率分布存在不确定性，目前也缺乏准确的深层大地电阻率数据，所以无法准确计算变电站的地表电位。

为了弥补目前研究的不足，本书分别通过 MT 法测量浅层至深层大地的视在电阻率

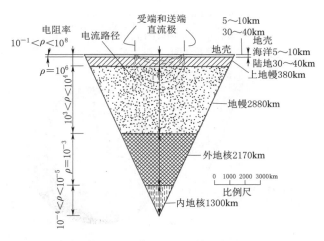

图 3.8 直流输电大地回流在地中的分布路径及大地电阻率分布

分布，然后利用共轭梯度法、信赖域法和粒子群法等优化算法进行电阻率水平多层分布大地的参数（层电阻率和厚度）反演，从而构建适用于交流电网地区的大地等效模型，为准确计算大地地表电位分布提供基础数据。深层大地电阻率的获取方案示意图如图 3.9所示。

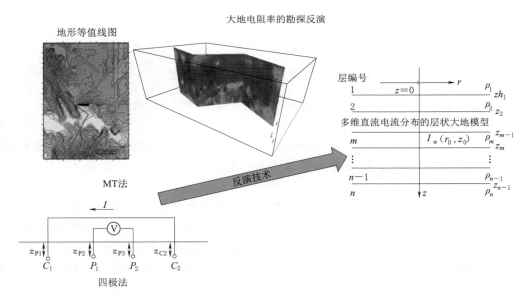

图 3.9 深层大地电阻率的获取方案示意图

3.2.2 地球的地质构成

地质学的研究结果表明：整体上看，地球可分为地壳、上地幔、地幔、地核外核、地核内核 5 个部分。地球内部的大致构造和电阻率参数示意图如图 3.10 所示。

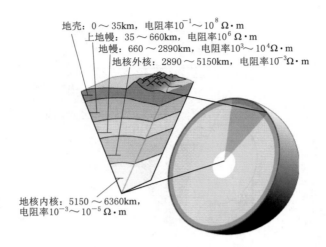

地壳：$0\sim35$km，电阻率$10^{-1}\sim10^{8}\,\Omega\cdot m$
上地幔：$35\sim660$km，电阻率$10^{6}\,\Omega\cdot m$
地幔：$660\sim2890$km，电阻率$10^{3}\sim10^{4}\,\Omega\cdot m$
地核外核：$2890\sim5150$km，电阻率$10^{-3}\,\Omega\cdot m$

地核内核：$5150\sim6360$km，
电阻率$10^{-3}\sim10^{-5}\,\Omega\cdot m$

图 3.10　地球内部的大致构造和电阻率参数示意图

直流输电的入地电流主要在地壳和上地幔区域内传播，所以研究这两个区域的大地电阻率结构参数对避免变压器直流偏磁风险具有十分重要的意义。

地壳是指地球地表至莫霍界面之间主要由火成岩、变质岩和沉积岩构成的薄壳。地壳下面的是地幔，上地幔大部分由橄榄石构成。地壳和地幔之间的分界线被称为莫氏不连续面。大陆地壳有硅酸铝层（花岗岩质）和硅酸镁层（玄武岩质）双层结构，大陆地壳平均厚度有 33km。

下面讨论深层大地电性结构的现场测量方法。

3.2.3　深层大地电性结构的现场测量和数据处理

为了能正确评估直流接地极入地电流对周边交流电网内变压器直流偏磁的影响，在选择接地极极址时，需要测量接地极极址数十千米甚至过百千米深度范围内的大地电性参数及其分布。虽然在电力系统中广泛利用传统的四极法进行大地电阻率的测量，但对于如此大深度范围的大地电阻率测量是无能为力的，想要获得深层大地电阻率，需要使用 MT 法。

MT 法已经广泛应用于矿产勘探，其为测量接地极附近的深层大地电阻率提供了方便。该方法是建立在大地电磁感应原理基础上的电磁测量方法，场源是天然的交变电磁场。MT 法工作时，在同一点和同一时刻连续记录电场的两个相互垂直的水平分量 E_x 和 E_y，以及磁场三个互相垂直的分量 H_x、H_y 和 H_z，然后通过计算处理得到该点的波阻抗 Z。

MT 法测量电极布置示意图如图 3.11 所示。

当大地电磁呈各向同性和水平层状分布时，阻抗为

$$Z = \frac{E}{H} \tag{3.1}$$

式（3.1）经变换后求得地壳阻抗与周期 T 的变化关系（视在电阻率曲线）：

$$\rho_s = 0.2 \mid Z \mid^2 \tag{3.2}$$

　　此方法利用趋肤效应原理，将趋表深度视为勘探深度，见式（3.3）：

$$H = 503\sqrt{\frac{\rho_s}{f}} \qquad (3.3)$$

式中：H 为勘探深度，m；ρ_s 为视在电阻率，$\Omega \cdot m$；f 为频率，Hz。

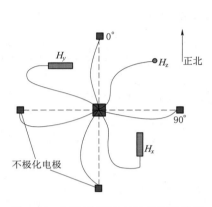

图 3.11　MT 法测量电极布置示意图

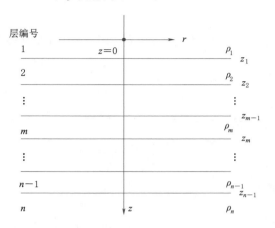

图 3.12　水平多层结构大地模型示意图

　　MT 法是以天然电磁场为场源来研究地球内部电性结构的一种重要的地球物理手段。其基本原理是：依据不同频率的电磁波在导体中具有不同趋肤深度的原理，在地表测量由高频至低频的地球电磁响应序列，经过相关的数据处理和分析来获得大地由浅至深的电性结构。此时的大地模型变成水平多层结构，示意图如图 3.12 所示。

　　从麦克斯韦方程出发，电磁场的表达式为

$$\nabla^2\vec{H} = \sigma\mu\frac{\partial\vec{H}}{\partial t} + \varepsilon\mu\frac{\partial^2\vec{H}}{\partial t^2}$$

$$\nabla^2\vec{E} = \sigma\mu\frac{\partial\vec{E}}{\partial t} + \varepsilon\mu\frac{\partial^2\vec{E}}{\partial t^2} \qquad (3.4)$$

式中：$\vec{H}$ 为磁场强度矢量；$\vec{E}$ 为电场强度矢量；σ 为电导率；μ 为磁导率；ε 为介电常数；t 为时间。

　　为简单起见，仅讨论谐变场问题，即设

$$\vec{H} = \vec{H}_0 e^{-i\omega t}, \quad \vec{E} = \vec{E}_0 e^{-i\omega t} \qquad (3.5)$$

式（3.5）代入电磁场方程中，可得

$$\nabla^2\vec{H} - K^2\vec{H} = 0$$

$$\nabla^2\vec{E} - K^2\vec{E} = 0 \qquad (3.6)$$

式中：$K = \sqrt{-\omega^2\varepsilon\mu - i\omega\sigma\mu}$，为波的传播系数，即波数。若 $\sigma/\omega\varepsilon \gg 1$，即忽略介质的位移电流时，$K = \sqrt{-i\omega\sigma\mu}$。

下面讨论平面电磁波在均匀介质中的传播问题，假设波的方向垂直于地面，$E_z = H_z = 0$。

$$\frac{\partial^2 H_y}{\partial Z^2} - K^2 H_y = 0$$

$$\frac{\partial^2 E_x}{\partial Z^2} - K^2 E_x = 0 \tag{3.7}$$

当 $Z \to \infty$ 时，E_x 和 H_y 均 $\to 0$，则可得到式（3.7）的解为

$$\begin{cases} H_y = H_{y0} \mathrm{e}^{-KZ} \\ E_y = E_{x0} \mathrm{e}^{-KZ} \end{cases} \tag{3.8}$$

波数 K 为复数，设 $K = b - ai$，代入 $K = \sqrt{-\omega^2 \varepsilon \mu - i\omega\sigma\mu}$ 中，可得

$$\begin{cases} b^2 - a^2 = -\omega^2 \varepsilon \mu \\ 2ab = \omega\sigma\mu \end{cases} \tag{3.9}$$

解得

$$\begin{cases} a = \omega\sqrt{\varepsilon\mu}\sqrt{\frac{1}{2}\left(\sqrt{1 + \left(\frac{\sigma}{\omega\varepsilon}\right)^2} + 1\right)} \\ b = \omega\sqrt{\varepsilon\mu}\sqrt{\frac{1}{2}\left(\sqrt{1 + \left(\frac{\sigma}{\omega\varepsilon}\right)^2} - 1\right)} \end{cases} \tag{3.10}$$

式（3.10）称为电磁波的趋肤深度，也叫穿透深度，b 为电磁波的衰减系数，也称吸收系数。在无磁性介质中，穿透深度为

$$\delta \approx 503\sqrt{\rho / f} = 503\sqrt{\rho T} \tag{3.11}$$

可见，穿透深度随电磁波频率的减小而增大。

由电磁学中波阻抗的定义，波阻抗为

$$\frac{E_x}{H_y} = -\frac{i\omega\mu}{K} \tag{3.12}$$

在不考虑位移电流的情况下，$K = \sqrt{-i\omega\mu\sigma}$ 代入式（3.12），可得

$$\frac{E_x}{H_y} = \sqrt{\frac{\omega\mu}{\sigma}}\mathrm{e}^{-i\frac{\pi}{4}} \tag{3.13}$$

式（3.13）说明均匀介质中，电场和磁场之间有 $45°$ 的相位差，对式（3.13）平方后，可得电阻率 ρ：

$$\rho = \frac{1}{\omega\mu}\left|\frac{E_x}{H_y}\right|^2 \tag{3.14}$$

在非均匀介质中，有

$$\rho_T = \frac{1}{\omega\mu}\left|\frac{E_x}{H_y}\right|^2 \tag{3.15}$$

因此，当改变电磁波的频率时，也就改变了电磁波的探测深度，若用不同频率的电磁场来测量视在电阻率值，就反映了不同深度的电性不均匀情况，从而达到探测的目的。

MT 法通过改变电磁波频率获取不同勘探深度及其视在电阻率参数，然后再通过计算机软件进行地质参数的反演，可得到大地电性参数模型。MT 法由于利用交变电磁场的感应耦合作用，可以穿透四极法勘探难以穿透的高阻层，因此只要选择合适的频段，MT 法可以探测地下数百千米深度范围内的电性变化。这些优良的特性使 MT 法成为寻找石油等矿产的勘探、特别是研究大地深部电性分层的一种十分有效的方法。MT 法主要有以下的技术主要特点：

（1）不需要人工场源激发，省去了笨重的电磁法发射设备，使施工更为方便，降低成本。

（2）天然电磁场频率丰富，只要选择合适的天然电磁场频率区间，就可探测从地面几十米到地幔数百千米深处的各点电性分布，为浅层工程勘察、矿产能源勘探及深部地壳结构调查提供服务。

（3）电磁波对高阻岩层的穿透能力强，对低电阻率地层的分辨率高，可在碳酸盐岩、火山岩、逆掩推覆构造带等地震勘探困难区开展工作。

3.2.4　MT 法勘测大地电阻率的等效性分析

在交变电磁场中的介质，其介电系数和导电率均视为复数形式，其值与 σ、ω 和 ε 有关，引入介质的电磁系数 m：

$$m = ty\delta = \frac{|j_C|}{|j_D|} = \frac{1}{\omega \varepsilon_r \rho} = \frac{1.8}{\{f\}_{Hz} \varepsilon_\gamma \{\rho\}_{\Omega \cdot m}} \times 10^{10} \tag{3.16}$$

若 $m > 10$，为导电介质；$m < 0.1$，为介电介质。在实际勘查中的介质 $\varepsilon_r = 5 \sim 50$，$f \leqslant 10^4 \text{Hz}$，$\rho < 10^5 \Omega \cdot \text{m}$，视为导电介质处理，不考虑位移电流的影响，介质的导电性与 ω 和 ε 无关。

我国电力行业标准《高压直流输电大地返回运行系统设计技术规定》（DL/T 5224—2014）中认为"为了正确评价地电流对系统、地下金属管道、地下电缆等设施产生的影响，一般应对极址大地电性特性及其结构进行勘探。大地电性特性及其结构，探测范围应是极址附近数平方千米甚至更大，勘探深度一般应至数十千米或者直至地壳，勘探方法可采用 MT 法或电位拟合法"。可以看出，电力行业标准 DL/T 5224—2014 已提及 MT 法在测量深层大地电阻率方面的有效性。

3.3　层状大地结构模型的反演技术研究

3.3.1　四极法的反演

水平多层土壤的视在电阻率正演是指已知水平多层土壤参数和四极法极距布置参数，计算不同四极法电极布置情况下的视在电阻率。水平多层土壤的视在电阻率正演模型是水平多层土壤的视在电阻率反演的基础，反演其实就是由优化方法控制的正演迭代。由于四极法是点源激励，故水平多层土壤视在电阻率正演模型的核心就是水平多层土壤格林函数推导和计算的问题。

地理理论中定义格林函数为单位点源对应的空间电位函数，而使用格林函数求解接地问题的方法称为格林函数法。格林函数法属于解析法，即针对具体规则的土壤结构导出其封闭表达式，再使用数值方法进行求解，故水平多层土壤的视在电阻率正演模型中的格林函数涉及两个问题：一是格林函数的理论推导；二是格林函数的数值计算。

无论使用何种优化方法，水平多层土壤参数反演问题总是按照迭代的方式进行，迭代过程中每次计算就是根据优化方法和根据目标函数及其梯度来调整土壤数，再重新计算目标函数，直到满足停止迭代条件，故水平多层土壤参数反演可以看成"目标函数（及其梯度）＋优化方法"模式进行。

3.3.2　反演目标函数及其梯度

针对如图 3.13 所示的四极法，两电压极间的电位差为

$$V_{P1} - V_{P2} = \phi_1(r_{C1} - r_{P1}, z_{P1}, z_{C1}) - \phi_1(r_{C1} - r_{P2}, z_{P2}, z_{C1})$$
$$- \phi_1(r_{C2} - r_{P1}, z_{P1}, z_{C2}) + \phi_1(r_{C2} - r_{P2}, z_{P2}, z_{C2}) \tag{3.17}$$

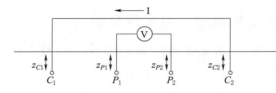

图 3.13　四极法配置示意图

依据视在电阻率与 $P_1 P_2$ 电势差的关系，有

$$V_{P1} - V_{P2} = \frac{\rho_a I}{4\pi}(D_{C1-P2} + D_{C2-P1} - D_{C1-P1} - D_{C2-P2}) \tag{3.18}$$

式中：ρ_a 为视在电阻率；D_{A-B} 由式（3.19）定义：

$$D_{A-B} = \frac{1}{\sqrt{(r_A - r_B)^2 + (z_A - z_B)^2}} + \frac{1}{\sqrt{(r_A - r_B)^2 + (z_A + z_B)^2}} \tag{3.19}$$

于是有

$$\rho_a = \frac{4\pi(V_{P1} - V_{P2})}{I(D_{C1-P2} + D_{C2-P1} - D_{C1-P1} - D_{C2-P2})} \tag{3.20}$$

水平多层结构土壤反演的目标函数一般用均方根误差函数来表示：

$$f_{\text{RMS-error}}(\rho_1, \cdots, \rho_n, h_1, \cdots, h_{n-1}) = \sqrt{\frac{\sum\limits_{i=1}^{m}\left(\frac{\rho_{ai} - \rho_{Mi}}{\rho_{Mi}}\right)^2}{m}} \tag{3.21}$$

式中：ρ_M 为 m 组视在电阻率的测量数据；ρ_a 为水平多层土壤的视在电阻率正演值。

式（3.21）对土壤参数的偏导形式为

$$f_{\text{RMS-error}}(\rho_1, \cdots, \rho_n, h_1, \cdots, h_{n-1})' = \frac{\sum\limits_{i=1}^{m}(\frac{\rho_{ai} - \rho_{Mi}}{\rho_{Mi}})\rho_{ai}'}{m f_{\text{RMS-error}}(\rho_1, \cdots, \rho_n, h_1, \cdots, h_{n-1})} \tag{3.22}$$

土壤参数反演问题属于小规模的优化问题（变量一般只有几个），但是土壤参数反演问题的非线性程度较高，反演方法要花费大量的计算时间进行求解空间的搜索，同时也容

易陷入局部解。

另外，迭代初值对于土壤反演来说是一个十分重要的参数。直接影响反演精度和收敛速度。

3.3.3　传统反演方法的对比研究

鉴于现场土壤电阻率结构千差万别，现场测量数据的反演解释是整个反演过程最困难和最抽象的部分。多数情况下，人们总是采用等效简化的思想进行土壤参数的反演，所以在电力系统中应用最多的是两层或者三层土壤，以两层或者三层土壤作为大地电阻率结构的近似，既可以保留一定的精度，又可以避免太多复杂的数学推导。

尽管两层或者三层土壤的简化比较合理有效，但仍然会出现复杂土壤参数的情况。随着现代优化理论技术的发展，已有部分成熟的计算机优化算法可供借鉴调用。这些优化算法是公认的标准算法库，同时也极大地减轻了使用者编程和数学理论方面的压力。这些数学优化的函数库包括 IMSL、MKL 和 MATLAB。从优化理论的角度看，上述优化函数库的优化方法可分为以下两种方法：

（1）直接搜索法：只需要使用目标函数值的方法。

（2）梯度法：可能需要目标函数的一阶或者二阶偏导数信息的方法。

优化方法结合水平多层土壤视在电阻率的计算模型是反演过程的核心，本节的重点是使用不同的直接搜索法和梯度优化方法来进行土壤参数反演，对比不同方法的性能和合理高效地选取优化方法，就反演结果的奇异性问题提出了带约束优化的反演方案，使土壤参数的反演结果更加合理。

3.3.3.1　传统优化方法简介

过往的研究中极少提到不同优化方法在土壤参数反演方面的性能对比，仅有 Alamo 在 1991 年对两层土壤情况下的最速下降法、共轭梯度法、拟牛顿法等方法的性能对比可供参考，故传统优化方法和新型优化方法在水平多层结构土壤参数反演的性能表现自然就成为本节关心的问题。

由于优化方法众多，本节不可能兼顾所有的方法，故只选取一些有代表性的方法，选取原则主要考虑以下 3 个方面：①有些方法的历史地位比较重要，虽然已经逐渐退出历史舞台，但仍然具有一定的研究价值，如最速下降法，它是首个应用于土壤反演的优化方法，虽然性能存在一定的局限，但其历史地位比较重要，至今仍然被 IEEE 规程和商用接地计算软件 CDEGS 采用[119]；②很多经典的优化方法如遗传算法[120,121]、BFGS 拟牛顿法[122] 和最小二乘法[123] 都是被认为具有高效反演土壤参数能力，故有必要进行较深入的对比研究；③有一些未被应用的方法，如信赖域法[124] 和单纯形法[125] 有待进行反演算例的研究，从而可望取得一些有价值的结论。

本节将对比不同方法的特性，讨论这些方法在土壤参数反演的性能。尽管算例数量和代表性有待深入，但本节将对土壤反演方法的应用有较全面的对比和分析。另外，为提供更多的对比数据，加拿大 SES 公司的接地计算软件 CDEGS（使用 SES 公司自身开发的最速下降法和最小二乘法）的反演结果也作为对比分析的依据。同时文献使用的 BFGS 拟牛顿法、遗传算法提供的部分有代表性的算例也作为分析对比的对象。总体来说，根据优化方法的分类，可以将本书的方法分成直接搜索算法和梯度型算法两大类。

直接搜索算法包括：①Nelder-Mead 单纯形法（为 IMSL 和 MATLAB 采用）；②遗传算法（为 MATLAB 采用）。

梯度型算法包括：①最速下降法（为 CDEGS 采用）；②最小二乘法（CDEGS 的最小二乘法，IMSL 和 MATLAB 的最小二乘法）；③共轭梯度法（为 IMSL 和 MATLAB 采用）；④BFGS 拟牛顿法（为 IMSL 和 MATLAB 采用）；⑤信赖域法（为 MKL 和 MATLAB 采用）。

由于 IMSL、MKL 和 MATLAB 的语言平台不尽相同，故本书的反演计算程序也相应地存在 C++、FORTRAN 和 MATLAB 语言的版本。

3.3.3.2　对比算例

目前的研究中极少提及反演方法在不同反演算例的表现，而反演程序的使用者却是认为反演程序应该提高鲁棒性和执行效率。从优化理论的性能分析来讲，以下几个方面是量化评价优化算法性能的标准：①CPU 时间；②优化结果的精度；③迭代次数；④鲁棒性；⑤函数调用次数。从不同方法的原理对比来看，除了遗传算法外，其他方法的鲁棒性是一样的。由于遗传算法无须设置初值，所以遗传算法是比较容易实现程序自动化，故其鲁棒性更优。本书的研究更重视算法的计算速度和效率，故只选取①~③作为评价标准。

假设 a 是等距四极法的极距，ρ_M 是视在电阻率测量值。算例 1~算例 3 的测量数据参见表 3.1~表 3.3。为了令不同方法对比的结论更有代表性和典型性，本书选取的 3 个算例均是采用不同的极距布置方式，测量的视在电阻率分布代表不同的复杂结构参数的水平多层土壤，而且有的算例数据来自过往的文献，还有的算例数据是现场实测的结果。

表 3.1　　　　　算例 1 的土壤视在电阻率测量数据（遗传算法[120,121]）

a/m	1	3	6	8	15	20	40	60
$\rho_M/(\Omega \cdot m)$	138.0	79.0	71.0	67.0	88.0	99.0	151.0	170.0

表 3.2　　　　　算例 2 的土壤视在电阻率测量数据（BFGS 拟牛顿法[122]）

a/m	1	2	3	4	6	10	12	14	20
$\rho_M/(\Omega \cdot m)$	74.5	84.6	78.6	66.9	50.9	55.3	54.3	56.3	61.6

表 3.3　　　　　算例 3 的土壤视在电阻率测量数据

a/m	1.0	1.4	2.0	3.2	5.0	7.0	10.0	14.0	20.0
$\rho_M/(\Omega \cdot m)$	208.0	194.0	164.0	140.0	112.0	94.0	78.0	66.0	56.0
a/m	32.0	50.0	70.0	100.0	140.0	200.0	300.0	500.0	
$\rho_M/(\Omega \cdot m)$	48.0	47.0	48.0	53.0	60.0	71.0	85.0	102.0	

1. 算例 1

算例 1 的反演结果见表 3.4，性能对比见表 3.5 和图 3.14。

表 3.4　　　　　　　　　　　不同方法的反演结果（算例 1，$n=3$）

方　　法	均方根误差/%	$\rho_1/(\Omega \cdot m)$ /h_1/m	$\rho_2/(\Omega \cdot m)$ /h_2/m	ρ_3 /$(\Omega \cdot m)$
信赖域法、BFGS 拟牛顿法、最小二乘法、CDEGS 最小二乘法	2.7	160.9/1.0	61.7/11.6	245.6
共轭梯度法	4.9	355.4/0.5	68.4/14.5	263.1
单纯形法	2.6	160.6/1.0	61.6/11.5	245.6
最速下降法	2.7	158.2/1.1	60.8/11.1	241.3
遗传算法[123]	12.8	164.5/1.2	71.6/10.6	203.7
遗传算法[121]	44.0	461.6/0.4	62.8/4.5	246.5

表 3.5　　　　　　　　　　　不同方法的性能对比（算例 1，$n=3$）

方　　法	单纯形法	最速下降法	CDEGS 最小二乘法	最小二乘法
均方根误差/%	2.5	2.7	2.7	2.7
迭代次数	548	168	36	14
时间/s	4	2	1	1
方　　法	共轭梯度法	信赖域法	BFGS 拟牛顿法	
均方根误差/%	4.9	2.7	2.7	
迭代次数	109	15	82	
时间/s	2	1	2	

　　表 3.4 和图 3.14 表明遗传算法的反演结果[121,123] 比标准软件 CDEGS 要大 10％以上。除了共轭梯度法以外，单纯形法、最速下降法、最小二乘法、CDEGS 最小二乘法、BFGS 拟牛顿法、信赖域法取得非常相近的结果。信赖域法和遗传算法在表 3.5 的对比表明两者性能的差异，遗传算法较信赖域法容易陷入局部收敛，反演的精度也较低。综合各种方法的反演结果，MATLAB 的单纯形法取得了较优解（但所得解不一定是全局最优）。

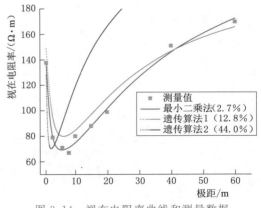

图 3.14　视在电阻率曲线和测量数据
（算例 1，$n=3$）

　　图 3.14 表明遗传算法[121] 的反演结果有悖于常理，而且实际反演的误差也达到了 44％。事实上，文献［121］结果有误的原因是 Sunde 算法执行的问题。

　　从反演误差来看，结果为遗传算法＞共轭梯度法＞最速下降法≈CDEGS 最小二乘法 ≈最小二乘法≈BFGS 拟牛顿法≈信赖域法＞单纯形法，从计算耗时来看，结果为最小二乘法＜信赖域法＜CDEGS 最小二乘法＜BFGS 拟牛顿法＜共轭梯度法＜最速下降法＜单纯形法。所有优化方法的计算时间均小于 5s。

2. 算例 2

对算例 2，文献 [122] 的反演结果见表 3.6；本书的反演结果参见表 3.7；不同方法的性能对比参见表 3.8 和图 3.15。

表 3.6　　　　　　　文献 [122] 的反演结果（$n=6$，均方根误差：3.1%）

编号 i	1	2	3	4	5	6
$\rho_i/(\Omega \cdot m)$	68.0	627.9	7.3	387.3	7.0	125.4
h_i/m	1.1	0.3	1.2	2.6	3.2	∞

表 3.7　　　　　　　不同方法的反演结果（算例 2，$n=4$）

方　　法	均方根误差 /%	$\rho_1/(\Omega \cdot m)$ /h_1/m	$\rho_2/(\Omega \cdot m)$ /h_2/m	$\rho_3/(\Omega \cdot m)$ /h_3/m	ρ_4 /$(\Omega \cdot m)$
信赖域法	2.7	32.6/0.9	206.5/1.1	0.9/0.1	72.4
BFGS 拟牛顿法	2.7	31.8/0.4	200.9/1.1	10.2/1.0	72.4
最小二乘法	2.7	28.5/0.3	318.4/0.7	5.7/0.6	72.1
共轭梯度法	2.7	37.2/0.4	202.7/1.1	5.4/0.6	72.7
单纯形法	3.2	64.3/0.9	383.9/0.4	24.1/2.8	73.2
最速下降法	3.5	70.0/1.0	188.7/0.9	15.3/1.7	74.0

表 3.8　　　　　　　不同方法的性能对比（算例 2，$n=4$）

方　　法	单纯形法	最速下降法	CDEGS 最小二乘法	最小二乘法	共轭梯度法	BFGS 拟牛顿法	信赖域法
均方根误差/%	3.2	3.5	2.7	2.7	2.7	2.7	2.7
迭代次数	980	119	507	106	414	64	39
时间/s	8	2	2	1	4	3	1

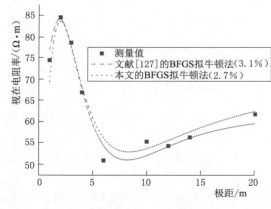

图 3.15　视在电阻率与反演结果的对比
（算例 2）

图 3.15 的结果表明，文献 [122] 的 BFGS 拟牛顿法 6 层土壤反演结果比本书 BFGS 拟牛顿法 4 层土壤的反演结果（表 3.8）误差大 0.4%。从优化问题的角度看，仅仅从 9 组测量数据反演 6 层土壤的 11 个参数是数值奇异的。甚至在 4 层土壤的情况下，不同方法取得水平 4 层土壤反演结果差别也较大。在表 3.7 中，不同反演方法取得的结果中，前 3 层土壤的结果差异很大，但是深层土壤的信息却具有较高的一致性。由于浅层土壤参数对接触电压和跨步电压的影响较大，所以从应用的

要求看，土壤反演的算法应该具有更稳定解释浅层土壤参数的能力。

从反演误差来看，结果为最小二乘法≈信赖域法≈共轭梯度法≈BFGS拟牛顿法＜单纯形法＜最速下降法，从计算耗时来看，结果为信赖域法，最小二乘法＜最速下降法，CDEGS最小二乘法＜BFGS拟牛顿法＜共轭梯度法＜单纯形法。

在土壤参数反演的过程中，反演是带参数约束的辨识过程，例如土壤电阻率不能太高也不能太低，厚度不能太厚也不能太薄。IEEE Std—81—2012 中对反常土壤电阻率的定义是小于等于 10Ω 或者大于等于 $10000\Omega\cdot m$ 的情况。而在表 3.7 中，信赖域法反演得到的第 3 层土壤的电阻率/厚度仅为 $0.9\Omega\cdot m/0.1m$。造成此种结果的原因是优化方法仅仅按照反演精度更优的要求进行参数反演的迭代计算，所以有一定的概率落入不合理参数的区间。所以，对土壤参数的反演理应沿用带约束的方法进行，以取得合理的反演结果，避免由于内部不同搜索机制导致的反演结果奇异化和差异化。带约束的土壤参数反演方法研究将在 3.4 节进行介绍。

3. 算例 3

算例 3 的 $n＝3$ 层时本书的反演结果参见表 3.9；$n＝4$ 层时本书的反演结果参见表 3.10；不同方法的性能对比结果参见表 3.11。

表 3.9　　　　　　不同方法的反演结果（算例 3，$n＝3$）

均方根误差	信赖域法，最小二乘法，共轭梯度法，最小二乘法，单纯形法，BFGS拟牛顿法：7.15%			CDEGS最速下降法：7.16%		
编号 i	1	2	3	1	2	3
$\rho_i/(\Omega\cdot m)$	180.9	48.8	146.2	180.7	48.6	138.4
h_i/m	3.7	135.6	∞	3.7	127.5	∞

表 3.10　　　　　　不同方法的反演结果（算例 3，$n＝4$）

方　　法	均方根误差/%	$\rho_1/(\Omega\cdot m)$ /h_1/m	$\rho_2/(\Omega\cdot m)$ /h_2/m	$\rho_3/(\Omega\cdot m)$ /h_3/m	ρ_4 /$(\Omega\cdot m)$
信赖域法，共轭梯度法，最小二乘法，CDEGS最小二乘法	1.4	219.5/1.4	103.5/6.0	44.1/101.9	132.0
BFGS拟牛顿法	1.9	212.6/1.7	90.0/7.4	42.5/92.2	128.4
单纯形法	6.3	184.5/2.8	97.2/2.1	48.2/127.2	140.7
CDEGS最速下降法	1.5	220.0/1.3	108.0/5.6	44.8/107.7	135.6

表 3.11　　　　　　不同方法的性能对比（算例 3，$n＝3$）

方　　法	单纯形法	最速下降法	CDEGS最小二乘法	最小二乘法
均方根误差/%	6.3	1.5	1.4	1.4
迭代次数	4470	489	39	16
时间/s	12	2	1	

续表

方法	共轭梯度法	BFGS 拟牛顿法	信赖域法	
均方根误差/%	1.4	1.9	1.4	
迭代次数	556	232	85	
时间/s	6	3	2	

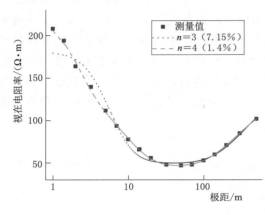

图 3.16　视在电阻率曲线和测量结果（算例 3）

根据文献 [122] 的结论，图 3.16 显示了典型的水平 3 层土壤视在电阻率曲线，反演结果参见表 3.9。所有的反演方法都可以取得十分近似的结果。按照文献 [121] 的做法，进一步增大土壤层数来降低反演误差，结果参见表 3.10。与算例 2 不同的是，不同方法均取得了十分相近的结果。这表明测量数据的数量和质量对反演结果的数值稳定性具有十分重要的意义。由于不同方法均可以取得一致性的结果，所以表 3.11 的反演结果是更可信的。

从反演精度来看，结果为最小二乘法≈CDEGS 最小二乘法≈信赖域法≈共轭梯度法＜最速下降法＜BFGS 拟牛顿法＜单纯形法，从计算耗时来看，结果为最小二乘法＜CDEGS 最小二乘法＜信赖域法＜BFGS 拟牛顿法＜最速下降法＜共轭梯度法＜单纯形法。在土壤层数较多的情况下，单纯形法需要更多的 CPU 时间以完成优化搜索。

　　4. 不同方法的性能对比

不同优化方法的性能对比如图 3.17 所示。

由于直接搜索法要使用更多的函数调用次数和占用更多的计算时间方能取得相近精度的反演结果，所以直接搜索法应用较少。不过直接搜索法、特别是仿生型直接搜索法由于其鲁棒性和易用性得到了广泛的关注。但对土壤反演的问题而言，这些方面的性能表现是相近的，都很容易收敛到局部较优解。尽管文献 [122] 提供了反演初始值的设置方法，但是这并不能保证最终的反演结果是全局最优解。从梯度法的性能表现来看，信赖域法和最小二乘法的优化性能是最好的。

3.3.4　水平多层土壤反演的群智能方法

土壤反演属于非线性优化问题，传统优化方法多为导数方法，虽然收敛速度较快，但容易陷入局部较优解且是需要指定初值，有时反演的结果与初值设置相关。最近，群智能优化方法是数学界研究的热点，已有蚁群算法、粒子群算法、人工萤火虫算法和人工蜂群算法在不同实际问题中的应用，不过未见上述方法在土壤反演问题中的应用。本书研究粒子群算法、人工萤火虫算法和人工蜂群算法在土壤反演问题的应用。

3.3.4.1　粒子群算法

粒子群算法（Particle Swarm Optimization，PSO）是无导数方法。它通过群体中个体

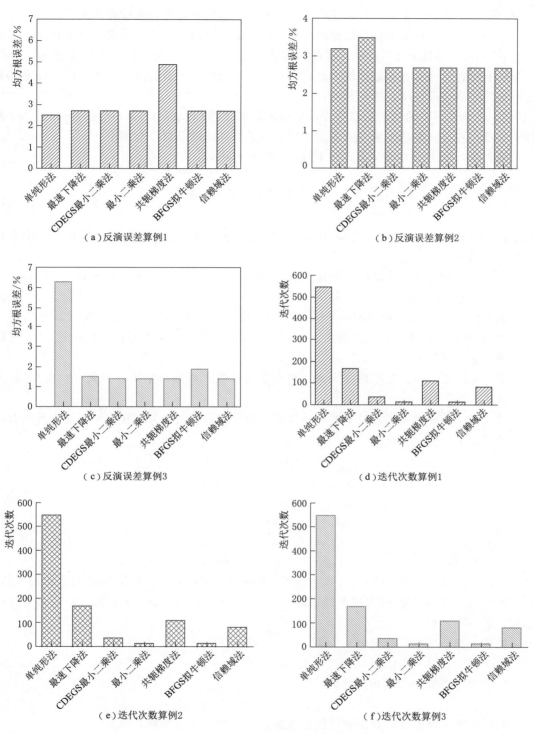

图 3.17　不同优化方法的性能对比

之间的协作和信息共享来寻找最优解,是一种基于群体智能的优化计算方法[126,127]。

粒子群算法中粒子的运动以定向移动和随机搜索进行:每个粒子向当前所有粒子的最优解 g^* 和自身最优解 x_i^* 移动,而且在移动的过程中对粒子附近位置作随机搜索。如果一个粒子找到比自身当前最优解更好的位置,则更新其当前最优解;如果当前全局最优解优于过往的全局最优解,则作替换。

设 x_i^* 为粒子 i 的当前最佳位置,全局最优解 $g^* \approx \min f(x_i)$, $i=1,2,\cdots,n_p$。 n_p 为粒子数量,对于一般的土壤参数反演问题,粒子群算法的算法流程如下。

第 1 步,定义均方根误差为粒子群算法的目标函数:

$$f(x) = \sqrt{\frac{\sum_{i=1}^{m}\left[(\rho_{ai} - \rho_{Mi})^2 / \rho_{Mi}^2\right]}{m}} \qquad (3.23)$$

式中: $x=(x_1,\cdots,x_{np})$; ρ_M 为 m 个视在土壤电阻率测量数据; ρ_{ai} 为反演迭代过程中求得的视在电阻率。

第 2 步,初始化粒子的位置和速度,并取得起始的全局最优解 $g^* = \min[f(x_1),\cdots, f(x_{np})]$, $t=0$。

第 3 步, $t=t+1$,对所有 n_p 个粒子,使用式(3.31)产生新的速度 v_i^t,然后按式(3.24)更新粒子位置,并计算每个粒子的目标函数,更新每个粒子的最优位置 x_i^*,并取得当前的全局最优解 g^*。

第 4 步,若目标函数不再减少或者超出迭代次数,则输出结果,否则 $t=t+1$,转入第 3 步。

对土壤反演问题来说,粒子的起始位置和速度应当均匀地分布在整个反演参数的有效值域之中:

$$x_i^{t=0} = \begin{cases} \rho_{\min} + \eta_i(\rho_{\max} - \rho_{\min}), & i \leqslant n \\ a_{\min} + \eta_i(a_{\max} - a_{\min}), & i > n \end{cases} \qquad (3.24)$$

$$\rho_{\min} = \min(\rho_1,\rho_2,\cdots,\rho_m)/\zeta \qquad (3.25)$$

$$\rho_{\max} = \zeta \cdot \max(\rho_1,\rho_2,\cdots,\rho_m) \qquad (3.26)$$

$$a_{\min} = \min(a_1,a_2,\cdots,a_m)/\zeta \qquad (3.27)$$

$$a_{\max} = \max(a_1,a_2,\cdots,a_m) \qquad (3.28)$$

式(3.24)~式(3.28)中: $\rho_{\max}$ 和 $\rho_{\min}$ 分别为视在土壤电阻率测量值的最大值和最小值; $a_{\max}$ 和 $a_{\min}$ 分别为极距的最大值和最小值; η_i 为 0~1 之间的随机数; ζ 为一个远大于 1 的常数,本书取 $\zeta=20$。

粒子的起始速度一般设为 0,即

$$v_i^{t=0} = 0 \qquad (3.29)$$

粒子的位置按式(3.30)更新:

$$x_i^{t+1} = x_i^t + v_i^{t+1} \qquad (3.30)$$

对标准粒子群算法,每个粒子的速度按式(3.31)进行更新:

$$v_i^{t+1} = \theta v_i^t + \alpha \varepsilon_1 \odot [g^* - x_i^t] + \beta \varepsilon_2 \odot [x_i^* - x_i^t] \qquad (3.31)$$

式中: x_i 和 v_i 分别为粒子 i 的速度和位置; θ 为惯性权重,其作用是保持粒子运动的惯性，使算法具有扩展搜索空间的趋势并有能力探索新的区域，$\theta \in [0.5,0.9]$，本书取 $\theta=$ 0.7；ε_1 和 ε_2 为两个 $2n-1$ 维的 $0\sim1$ 之间的随机向量；$x \odot y$ 表示 $[x \odot y]_{ij}=x_{ij}y_{ij}$，相当于 MATLAB 的点乘；$\alpha$ 和 β 为加速系数，一般情况下 $\alpha=\beta=2$。另外，v_i 可能任意取值，但在实际中应设置如式（3.24）～式（3.28）的上下限来防止发散。

3.3.4.2　人工萤火虫算法

人工萤火虫算法的思想源于对萤火虫发光求偶与觅食行为的研究[127,128]：萤火虫个体利用荧光素诱导其他萤火虫个体发光来吸引伴侣，光强越强，荧光素的数值越高，各个萤火虫个体向荧光素值高的位置移动。人工萤火虫算法通过在动态决策域内寻找最高荧光素值的位置从而确定目标函数的最优解。

设在 n 层水平多层土壤反演的 $2n-1$ 维的目标搜索空间有 w 个萤火虫组成一个群体，根据荧光素值的相近程度将该群体分成 w_{ei} 个邻域。每个邻域内萤火虫 i 以概率 P_{ij} 在决策域范围内（$0<R_d^i<R_s$）向萤火虫 j 移动，其中 R_s 是萤火虫 i 的感知范围半径。第 i 个萤火虫的位置取为 $x_i (x_i \in R^m, i=1,2,\cdots,n)$，$x_i$ 就是一个潜在反演最优解，将 x_i 代入一个目标函数就可以算出其目标函数值 $f(x_i)$ 和新的荧光素值 l_i，再根据荧光素值大小衡量解的优劣性。

人工萤火虫算法主要通过荧光素值和萤火虫位置的更新来进行迭代，每次迭代过程中每个萤火虫均按式（3.32）对荧光素值进行更新。

$$l_i(t) = \max\{[(1-\rho)l_i(t-1)+\gamma f(x_i(t))]\} \tag{3.32}$$

式中：$l_i(t)$ 为第 t 代第 i 个萤火虫的荧光素值；ρ 为决定算法是否呈现记忆性的常量，当 $\rho=0$ 时代表算法存在无记忆性，此时每个萤火虫的荧光素值只与萤火虫当前位置的目标函数值有关，当 $\rho \in (0,1]$ 时，每个萤火虫要记下当前位置的荧光素累积值好的路径；γ 为可缩放函数适应度值的常量；s 为萤火虫移动的步长。本书取 $\rho=0.5$，$\gamma=0.2$。

每次迭代过程中，每个萤火虫以某一概率 P 向下一个位置移动，概率 P_j 的更新公式如式（3.33）所示，每个萤火虫的下一个位置由式（3.34）决定，局部决策域范围更新公式如式（3.35）所示。

$$P_j(t) = \frac{l_j(t)}{\sum_{k \in N_i(t)} l_k(t)} \tag{3.33}$$

$$x_i(t+1) = x_i(t) + s\left[\frac{x_j(t)-x_i(t)}{\| x_j(t)-x_i(t) \|}\right] \tag{3.34}$$

$$r_d^i(t+1) = \frac{r_s}{1+\beta D_i(t)} \tag{3.35}$$

式中：$N_i(t)=\{j: \| x_j(t)-x_i(t) \| < r_d^i(t); l_i(t)<l_j(t)\}$，即当萤火虫 j 的荧光素值大于萤火虫 i 的荧光素值，且萤火虫 j 与萤火虫 i 之间的距离小于萤火虫 i 所在邻域的决策范围时，将萤火虫 j 划分到萤火虫 i 所在的邻域；$D_i(t)=\dfrac{N_i(t)}{\pi r_s^2}$ 为萤火虫 i 的邻域密度；β 为常量，本书取 $\beta=1.0$。

人工萤火虫群优化算法的基本流程图如图 3.18 所示。

3.3.4.3　人工蜂群算法

人工蜂群算法（Artificial Bee Colony algorithm，ABC 算法）是由 Karaboga 于 2005

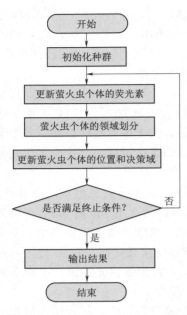

图 3.18　人工萤火虫群优化
算法的基本流程图

年提出的一种新颖的群智能优化算法[127,129]。算法通过模拟蜂群的采蜜行为实现优化问题的求解，蜜蜂根据各自分工进行合作采蜜活动，并实现蜜源信息的共享和交流。

在 ABC 算法中，人工蜂群由采蜜蜂、观察蜂和侦察蜂等 3 种蜜蜂组成，它们各自分工如下：采蜜蜂负责外出寻找蜜源；观察蜂负责在舞蹈区内等待选择蜜源；侦察蜂负责随机搜索蜜源。蜂群采蜜过程中，采蜜蜂和观察蜂负责执行采摘任务，而侦察蜂执行探索任务。群体的一半由采蜜蜂构成，另一半由观察蜂构成，侦察蜂是由采蜜蜂按一定概率转化而成，人工蜂群算法假设采蜜蜂的个数与蜜源的个数相等。本书的反演算法中取蜂群数量为 100 只，采蜜蜂 50 只。

蜜蜂执行搜索活动的过程可概括为：①由采蜜蜂确定蜜源，并对蜜源进行采摘和记忆蜜源信息，再与观察蜂共同分享蜜源信息；②观察蜂按一定选择策略在邻近蜜源里作出选择；③被放弃蜜源处的采蜜蜂转变为侦察蜂并随机搜索新蜜源。

ABC 算法中，每个蜜源的位置代表优化问题的一个可行解。算法首先随机产生初始群体 P，每个解 $X_i(i=1,2,\cdots,S_N)$ 是一个 D 维的向量，D 为优化参数的个数。初始化完成，采蜜蜂、观察蜂和侦察蜂开始进行循环搜索。采蜜蜂根据它记忆中的局部信息产生一个新的候选位置并检查新位置的花蜜量，如果新位置优于原位置，则该蜜蜂记住新位置且忘记原位置。所有的采蜜蜂完成搜索过程后，它们将记忆中的蜜源信息通与观察蜂共享。观察蜂根据从采蜜蜂处得到信息后按照与花蜜量相关的概率选择一个蜜源位置，并像采蜜蜂那样对记忆中的位置做一次更新。

观察蜂根据与蜜源相关的概率值 P_i 选择蜜源，P_i 根据式（3.36）来计算：

$$p_i = \frac{fit}{\sum\limits_{i=1}^{s_N} fit_i} \tag{3.36}$$

式中：fit_i 为解 X_i 的目标函数值，$i=1,2,\cdots,S_N$；S_N 为种群中解的个数，本书取 50。为了从原蜜源的位置产生一个候选位置，ABC 算法运用式（3.37）产生：

$$v_{ij} = x_{ij} + \phi_{ij}(x_{ij} - x_{kj}) \tag{3.37}$$

式中：k 为不同于 i 的蜜源编号；j 为随机选择的下标；ϕ_{ij} 为 $[0,1]$ 之间的随机数，主要用来控制 x 邻域内蜜源位置的产生；候选位置 v_{ij} 代表着原蜜源位置 x_{ij} 与邻域内随机的一个蜜源 x_{kj} 之间的对比关系。

假如蜜源位置 X_i 经过有限次 N_S 采蜜蜂和观察蜂的循环搜索之后，不能够被改进，那么该位置将被放弃，此时采蜜蜂转变为侦察蜂，并随机搜索一个蜜源替换原蜜源。N_S 是 ABC 算法中一个重要的控制参数，本书取 $N_S=100$ 次。侦察蜂按随机搜索确定新蜜源：

$$x_i^j = x_{\min}^j + \text{rand}(0,1)(x_{\max}^j - x_{\min}^j) \tag{3.38}$$

实际上，ABC 算法中包含 4 个选择过程：①观察蜂对蜜源的全局选择过程；②采蜜蜂和观察蜂的信息交流和局部选择过程；③所有人工蜜蜂保留较好蜜源的贪婪选择过程；④侦察蜂搜索新蜜源的随机选择过程。

由以上的分析可知，ABC 算法作为一种新型的群智能随机优化算法，能够实现模拟蜂群的高效采蜜行为，而且在全局搜索能力和局部搜索能力之间有较好的兼顾平衡，从而使算法性能得到很大提升。

3.3.4.4　蜂群智能方法算例

本书在研究过程中按照群智能方法的原理编制了 Visual C++程序用于土壤参数反演计算，选取不同算例与已有方法作对比。

1. 群智能方法与 CDEGS 软件的对比

湖北省境内某变电站站址视在电阻率的测量值见表 3.12。

表 3.12　　视在电阻率的测量值

a/m	1.0	1.4	2.0	3.2	5.0	7.0	10.0	14.0	20.0
$\rho_a/(\Omega \cdot \text{m})$	20.8	19.4	16.4	14	11.2	9.4	7.8	6.6	5.6
a/m	32.0	50.0	70.0	100.0	140.0	200.0	300.0	500.0	
$\rho_a/(\Omega \cdot \text{m})$	4.8	4.7	4.8	5.3	6.0	7.1	8.5	10.2	

依据经验，从表 3.12 视在电阻率数据初步推断站址土壤为水平 3 层结构。使用粒子群算法、人工萤火虫算法、人工蜂群算法和 CDEGS 软件对水平 3 层土壤反演的结果参见表 3.13 和表 3.14。

表 3.13　　粒子群算法与 CDEGS 软件的土壤参数反演结果对比

均方根误差	粒子群算法：8.33%			CDEGS 软件：7.17%		
编号 i	1	2	3	1	2	3
$\rho_i/(\Omega \cdot \text{m})$	19.00	4.92	27.33	18.07	4.86	13.84
h_i/m	3.25	198.80	∞	3.69	127.47	∞

表 3.14　　人工萤火虫算法与人工蜂群算法的土壤参数反演结果对比

均方根误差	人工萤火虫算法：13.65%			人工蜂群算法：7.20%		
编号 i	1	2	3	1	2	3
$\rho_i/(\Omega \cdot \text{m})$	16.86	3.85	7.66	18.41	4.86	14.09
h_i/m	4.73	30.05	∞	3.58	129.63	∞

从表 3.13 和表 3.14 可以看出，人工蜂群算法和粒子群算法的结果与商用软件 CDEGS 的结果较为接近，而人工萤火虫算法的反演结果存在一定误差。由此看出人工蜂群算法和粒子群算法的性能要优于人工萤火虫算法。

2. 人工蜂群算法与 BFGS 拟牛顿法的对比

视在电阻率的测量值参见表 3.15：

表 3.15 视在电阻率的测量值

测点编号 i	1	2	3	4	5	6	7	8	9
d_i/m	1	2	3	4	6	10	12	14	20
ρ_{ai}/(Ω·m)	74.46	84.57	78.60	66.85	50.89	55.29	54.29	56.30	61.58

文献［122］的反演结果参见表 3.16，均方根误差为 3.13%。

表 3.16 土壤参数反演结果

编号 i	1	2	3	4	5	6
ρ_i/(Ω·m)	68.00	627.92	7.29	387.29	7.03	125.36
h_i/m	1.08	0.29	1.21	2.64	2.98	∞

采用人工蜂群算法的水平 4 层土壤参数反演结果见表 3.17，均方根误差为 3.37%。

表 3.17 土壤参数反演结果

编号 i	1	2	3	4
ρ_i/(Ω·m)	8.36	1000.0	38.13	75.31
h_i/m	0.10	0.16	5.68	∞

对比表 3.16 和表 3.17，人工蜂群算法仅使用水平 4 层土壤就取得了与文献［122］6 层土壤误差相近的结果，证明了人工蜂群算法的有效性。

3. 人工蜂群算法与遗传算法、模拟退火算法的对比

以算例 2 为例，针对水平 4 层土壤，运用 MATLAB 8.0 的优化工具箱内的遗传算法、模拟退火算法进行参数反演，结果参见图 3.19～图 3.21。

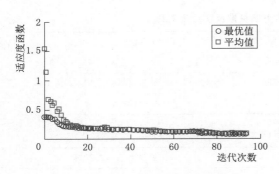

图 3.19　遗传算法的收敛情况

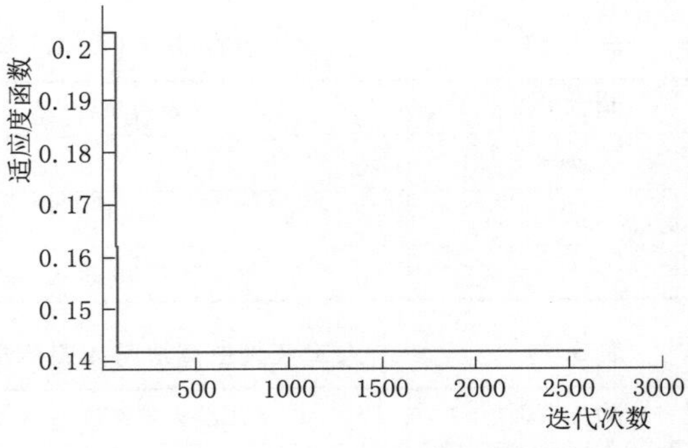

图 3.20　模拟退火算法的收敛情况

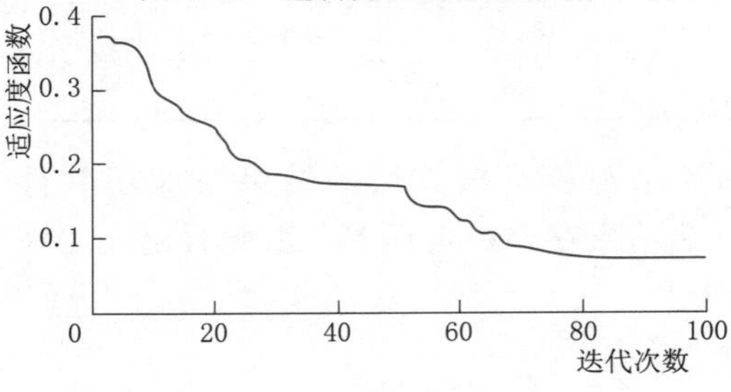

图 3.21　人工蜂群算法的收敛情况

对比图 3.19～图 3.21，遗传算法最小均方根误差为 8.29%，平均均方根误差为 8.43%；模拟退火算法的最小均方根误差为 14.18%；遗传算法和模拟退火算法收敛速度较慢且容易陷入局部收敛，人工蜂群算法较遗传算法、模拟退火算法具有计算速度快和精度高的优点。

　　综合上述反演算例，从性能上讲，人工蜂群算法比粒子群算法和人工萤火虫算法优胜，而粒子群算法较人工萤火虫算法优胜。本书在后面的研究中将重点研究人工蜂群算法和粒子群算法。

3.3.5　经典优化方法与群智能方法的联合应用

　　由于群智能方法计算速度缓慢，加上容易收敛于局部解，而经典优化方法虽然收敛速度快，但是需要指定初值，有时反演的结果与初值设置相关，故本书把两者结合起来，总体上采用群智能方法的思路，对于群智能方法的个体使用经典优化方法以增强算法的局部搜索能力和加快算法收敛速度。

　　由于最小二乘法和信赖域法的性能在经典优化方法中属于最好，而群智能方法中粒子群算法和人工蜂群算法是群智能方法中比较出色的，故按使用信赖域法、最小二乘法对粒子群算法、人工蜂群算法进行改进，以增强算法的局部搜索能力和加快算法收敛速度。

3.3.5.1　信赖域粒子群算法

　　信赖域粒子群算法的流程图如图 3.23（a）所示，反演算例按算例 2 的数据进行，取水平 4 层土壤的情况，计算结果参见表 3.18 和图 3.22，反演均方根误差为 2.67%，结果与经典方法结果一致且略优于经典方法。

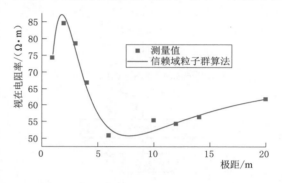

图 3.22　信赖域粒子群算法的反演结果

表 3.18　　　　　　　　　　信赖域粒子群算法的反演结果

编号 i	1	2	3	4
$\rho_i/(\Omega\cdot m)$	19.65	555.87	1.27	72.01
h_i/m	0.24	0.39	0.13	∞

3.3.5.2　最小二乘粒子群算法

　　最小二乘粒子群算法的流程图如图 3.23（b）所示，反演算例按算例 2 的数据进行，取水平 5 层土壤的情况，计算结果参见表 3.19 和图 3.24，反演均方根误差为 2.50%。

表 3.19　　　　　　　　　　最小二乘粒子群算法的反演结果

编号 i	1	2	3	4	5
$\rho_i/(\Omega\cdot m)$	50.14	501.60	7.39	823.10	52.34
h_i/m	0.68	0.41	1.20	0.85	∞

3.3.5.3　信赖域人工蜂群算法

　　信赖域人工蜂群算法的流程图如图 3.26 所示。反演算例按算例 2 的数据进行，取水平 5 层土壤的情况，可以反演取得一组均方根误差为 0.86% 的土壤参数，结果参见表 3.20，反演结果与测量值的对比如图 3.25 所示。

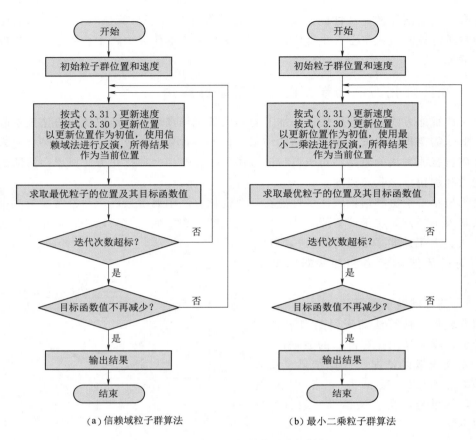

（a）信赖域粒子群算法　　　　　　　　（b）最小二乘粒子群算法

图 3.23　改进粒子群算法的流程图

表 3.20　　　　　　　　　　　　　　土壤参数的反演结果

编号 i	1	2	3	4	5
$\rho_i/(\Omega \cdot m)$	24.03	14.77	8.10	4.34	13.11
h_i/m	0.81	2.18	6.43	97.16	∞

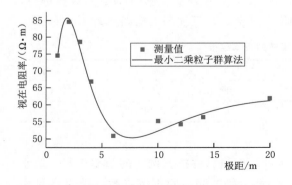

图 3.24　最小二乘粒子群算法的反演结果

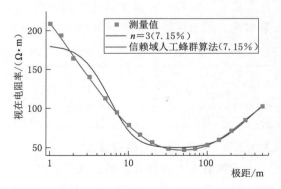

图 3.25　反演结果与测量值的对比

在水平 5 层土壤的情况下，使用 CDEGS 均未能取得比表 3.20 更优的结果，信赖域人工蜂群算法可以在土壤层数较多的情况下取得更精准的结果，而且在性能上优于 CDEGS。

3.3.5.4 最小二乘人工蜂群算法

最小二乘人工蜂群算法的流程图如图 3.26 所示。反演算例按算例 2 的数据进行。取水平 6 层的情况，使用最小二乘人工蜂群算法反演取得均方根误差为 2.50％ 的土壤参数，结果参见表 3.21。

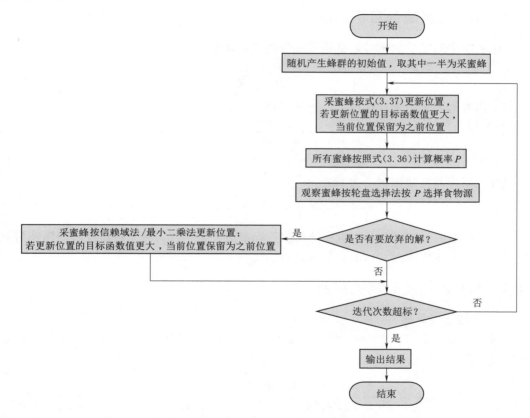

图 3.26 信赖域人工蜂群/最小二乘人工蜂群算法的流程图

表 3.21　土壤参数的反演结果

编号 i	1	2	3	4	5	6
$\rho_i/(\Omega \cdot m)$	56.15	500	4.64	299.74	7.05	111.18
h_i/m	0.79	0.41	0.77	3.90	3.46	∞

对于水平 6 层 11 个参数（6 个电阻率和 5 个层厚度）的反演问题，最小二乘人工蜂群算法使用了 45000 次目标函数的计算完成了反演，反演精度也优于文献 [122]。另外，表 3.20 的结果与表 3.21 的结果很接近，验证了经典优化方法与群智能方法在土壤参数反演问题方面联合应用的广泛有效性。

本书综合 4 个群智能算法结合经典优化方法的算例可以看出，信赖域粒子群算法、最小二乘粒子群算法、信赖域人工蜂群算法和最小二乘人工蜂群算法可以取得比单纯地使用传统经典优化方法或群智能算法更好的效果，精度有了进一步的提高。群智能算法结合经典优化方法对于处理带有现场干扰的测量数据是十分有效的。

3.4　MT 法反演技术研究

3.4.1　MT 法反演的目标函数

由电磁学中波阻抗的定义，每层大地的波阻抗幅值为

$$z_i = \frac{E_{xi}}{H_{yi}} = \frac{\omega\mu}{K_i} \tag{3.39}$$

各层大地的向量阻抗存在以下的递推关系：

$$\vec{z}_i = z_i \frac{\vec{z}_{i+1} + z_i \tanh(jK_ih_i)}{z_i + \vec{z}_{i+1} \tanh(jK_ih_i)}, \quad i = 1, \cdots, n-1 \tag{3.40}$$

$$\vec{z}_n = z_n \tag{3.41}$$

视在电阻率与向量阻抗的关系为

$$\rho_a(f) = \frac{|\vec{z}_1(f)|^2}{2\pi f\mu} \tag{3.42}$$

MT 法反演的目标函数与四极法的反演目标函数完全一致，只是将四极法的极距替换成频率，把视在电阻率按式（3.42）取即可。

3.4.2　MT 法反演的测试算例

3.4.2.1　3 层土壤算例

土壤分层结构取表 3.22 所示的 3 层土壤，其 MT 法分层模型对应的 3 层土壤视在电阻率曲线如图 3.27 所示。

表 3.22　　　　　　　　　　　　　3 层 土 壤 结 构 参 数

层数	电阻率/(Ω·m)	厚度/m	深度/m
1	20	10	10
2	100	50	60
3	50		

由于趋肤效应，频率越高，土壤的透深越小，反映的是浅层土壤的信息；频率越低，土壤透深越高，反映的是深层土壤的信息。从图 3.27 中可以看到，在频率很低时，土壤的视在电阻率趋于 50m，即分层结构的第 1 层土壤。当频率升高为数十千赫兹时，土壤视在电阻率趋近于土壤最底层的电阻率 20m。如果把低频对应大极距，高频对应小极距，其曲线与四极法的分层模型的视在电阻率随极距变化的曲线相似。

按图 3.27 的数据，使用信赖域粒子群算法进行 MT 法测量数据的反演，结果参见表3.23。对比图 3.27 和表 3.23，反演结果与原始数据完全一致，证明信赖域粒子群算法具

有很高的精度。

表 3.23　　　　　　　　　　　3 层结构土壤的 MT 法反演结果

层数	电阻率/(Ω·m)	厚度/m	深度/m
1	20	10	10
2	100	50	60
3	50		

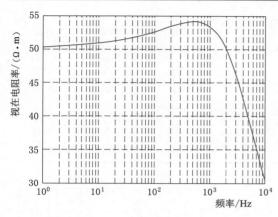
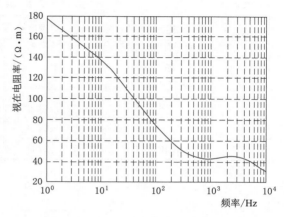

图 3.27　MT 法 3 层土壤视在电阻率曲线　　　　　图 3.28　MT 法 4 层土壤视在电阻率曲线

3.4.2.2　4 层土壤算例

运用表 3.24 所示的水平 4 层土壤结构，得到 MT 法 4 层土壤视在电阻率曲线如图 3.28 所示。

表 3.24　　　　　　　　　　　4 层 土 壤 结 构 参 数

层数	电阻率/(Ω·m)	厚度/m	深度/m
1	20	10	10
2	100	50	60
3	30	50	110
4	200		

按图 3.27 数据，使用信赖域粒子群算法进行 MT 法测量数据的反演，结果参见表 3.25。对比表 3.25 和表 3.24，反演结果与原始数据完全一致，证明本书中采用的反演方法具有很高的精度。

表 3.25　　　　　　　　　　　4 层结构土壤的 MT 法反演结果

层数	电阻率/(Ω·m)	厚度/m	深度/m
1	20	10	10
2	100	50	60
3	30	50	110
4	200		

3.4.2.3 十层土壤算例

由于 MT 方法一般用于测量深层土壤的结构。取一个 10 层土壤结构（表 3.26），该土壤结构下的土壤视在电阻率曲线如图 3.29 和图 3.30 所示。其中，图 3.29 给出频率在 $10 \sim 10 \times 10^3 \, \mathrm{Hz}$ 的土壤视在电阻率曲线；图 3.30 给出了频率为 $0.001 \sim 10 \, \mathrm{Hz}$ 的土壤视在电阻率曲线。从图 3.29 和图 3.30 可以看到，频率接近 0Hz 时，视在电阻率趋近于底层土壤电阻率；频率足够高时，视在电阻率趋近于顶层土壤的电阻率。

表 3.26　　　　　　　　　　　　10 层 土 壤 结 构 参 数

层数	电阻率 /(Ω·m)	厚度 /m	深度 /m	层数	电阻率 /(Ω·m)	厚度 /m	深度 /m
1	20	100	100	6	300	400	2100
2	100	500	600	7	60	800	2900
3	30	500	1100	8	2000	600	3500
4	200	300	1400	9	1000	300	3800
5	1000	300	1700	10	700		

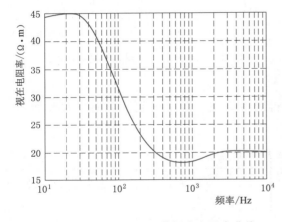

图 3.29　MT 法 10 层土壤视在电阻率曲线
（10Hz 以上）

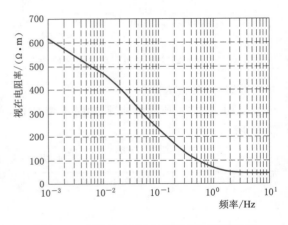

图 3.30　MT 法 10 层土壤视在电阻率曲线
（10Hz 以下）

按图 3.29 的数据，使用信赖域粒子群算法进行 MT 法测量数据的反演，结果见表 3.27。对比表 3.27 和表 3.26，反演结果与原始数据完全一致，证明本书中采用的反演方法具有很高的精度，土壤电阻率的最大误差仅为 1.5%，厚度的最大误差小于 1%。

表 3.27　　　　　　　　　　　　10 层 土 壤 结 构 参 数

层数	电阻率 /(Ω·m)	厚度 /m	深度 /m	层数	电阻率 /(Ω·m)	厚度 /m	深度 /m
1	20.3	99.9	99.9	4	200.0	297.4	1400.8
2	100.8	500.1	600.0	5	1000.1	300.5	1701.3
3	30.2	503.4	1103.4	6	300.2	400.5	2101.8

续表

层数	电阻率/(Ω·m)	厚度/m	深度/m	层数	电阻率/(Ω·m)	厚度/m	深度/m
7	58.9	799.1	2900.9	9	1002.8	299.5	3800.4
8	1994.7	600.0	3500.9	10	699.1		

3.5　大地电阻率测量反演实例

为方便读者了解南方电网直流偏磁电流分布计算模型，本书以贵州省的大地电阻率测试数据为例，介绍了四极法和 MT 法的测试结果，为直流偏磁电流计算分析软件的模型参数校核、修正提供依据。限于本书的篇幅，云南省、广西壮族自治区、广东省的大地电阻率测量结果不在此列出，仅给出反演结果，根据大地电阻率的反演结果在直流偏磁评估软件中建立大地电阻率模型。

3.5.1　贵州省大地电阻率测试与反演

贵州省境内选择了绥阳测点、兴仁测点和新化测点 3 个大地电阻率测量点。绥阳测点位于贵州北部，兴仁测点位于贵州西南部，新化测点位于贵州东部。基于兴仁测点距离贵州安顺接地极约 20km，其余两个测点均远离已有的直流极。

3.5.1.1　大电阻率测试

1. 绥阳测点

绥阳测点的位置经纬度为 107.21800，27.99511。

（1）AMT 测量结果。

1）$X-Y$ 向测量结果。大地电阻率 AMT 测量的 $X-Y$ 向视在电阻率计算结果参见表 3.28。

表 3.28　　　　　　$X-Y$ 向 视 在 电 阻 率

编号	1	2	3	4	5	6	7	8	9
t/s	0.0000188	0.0000284	0.000043	0.0000682	0.000114	0.000181	0.000291	0.000455	0.000655
$\rho/(Ω·m)$	2.9718	3.2489	3.7639	4.9128	10.4748	31.6001	102.3638	268.0522	235.8964
编号	10	11	12	13	14	15	16	17	18
t/s	0.001091	0.001821	0.002904	0.004661	0.007281	0.01049	0.01745	0.02914	0.04648
$\rho/(Ω·m)$	95.33	41.5746	35.8539	53.1308	77.7182	104.3577	139.8576	152.534	148.1275
编号	19	20	21	22	23	24	25	26	27
t/s	0.07458	0.1165	0.1678	0.2793	0.4661	0.7436	1.1925	1.8632	2.683
$\rho/(Ω·m)$	140.7536	158.8492	253.9424	562.5304	1135.599	1271.261	1015.667	815.2095	687.6237
编号	28	29	30	31	32	33	34	35	36
t/s	4.469	7.4584	11.8956	19.0882	29.8225	42.9549	71.5039	119.2464	190.44
$\rho/(Ω·m)$	595.2719	568.6041	562.2544	564.7441	581.2159	876.6069	3191.678	12400.71	40324.94

编号	37	38	39	40	41	42	43	44	45
t/s	305.5504	477.4225	686.9641	1144.469	1908.816	3045.936	4887.408	7635.264	11004.01
$\rho/(\Omega \cdot m)$	81233.8	69663.87	43538.83	19996.11	8896.495	4250.341	2129.383	1610.095	2617.159

2）$Y-X$ 向测量结果。大地电阻率 AMT 测量的 $Y-X$ 向视在电阻率计算结果参见表 3.29。

表 3.29　　　　　$Y-X$ 向视在电阻率

编号	1	2	3	4	5	6	7	8	9
t/s	0.0000188	0.0000284	0.000043	0.0000682	0.000114	0.000181	0.000291	0.000455	0.000655
$\rho/(\Omega \cdot m)$	59.0042	62.6339	71.4502	98.3559	237.9678	698.2787	2128.4	3546.411	2237.838
编号	10	11	12	13	14	15	16	17	18
t/s	0.001091	0.001821	0.002904	0.004661	0.007281	0.01049	0.01745	0.02914	0.04648
$\rho/(\Omega \cdot m)$	878.9275	445.9164	390.9258	388.2166	374.9573	330.574	250.8352	225.2336	275.3197
编号	19	20	21	22	23	24	25	26	27
t/s	0.07458	0.1165	0.1678	0.2793	0.4661	0.7436	1.1925	1.8632	2.683
$\rho/(\Omega \cdot m)$	352.1665	436.9142	433.5642	316.7856	220.7857	206.8878	357.4973	679.4742	1012.681
编号	28	29	30	31	32	33	34	35	36
t/s	4.469	7.4584	11.8956	19.0882	29.8225	42.9549	71.5039	119.2464	190.44
$\rho/(\Omega \cdot m)$	1064.055	938.6008	837.8207	1319.639	3539.138	7930.117	23504.37	58857.11	96091.17
编号	37	38	39	40	41	42	43	44	45
t/s	305.5504	477.4225	686.9641	1144.469	1908.816	3045.936	4887.408	7635.264	11004.01
$\rho/(\Omega \cdot m)$	96597.24	62461.04	35459.36	15108.66	6693.522	5182.33	6042.962	7125.981	8211.288

（2）MT 测量结果。

1）$X-Y$ 向测量结果。大地电阻率 MT 测量的 $X-Y$ 向视在电阻率计算结果参见表 3.30。

表 3.30　　　　　$X-Y$ 向视在电阻率

编号	1	2	3	4	5	6	7	8	9
t/s	0.004819	0.007281	0.01103	0.01745	0.02914	0.04648	0.07458	0.1165	0.1678
$\rho/(\Omega \cdot m)$	81.3482	87.2975	105.5039	133.7958	171.6129	168.7352	134.4341	112.2877	104.5011
编号	10	11	12	13	14	15	16	17	18
t/s	0.2793	0.4661	0.7436	1.1925	1.8632	2.683	4.469	7.4584	11.8956
$\rho/(\Omega \cdot m)$	100.0016	84.4039	54.6019	32.0392	40.5722	107.2001	462.8092	1881.275	4169.539
编号	19	20	21	22	23	24	25	26	27
t/s	19.0882	29.8225	42.9549	71.5039	119.2464	190.44	305.5504	477.4225	686.9641
$\rho/(\Omega \cdot m)$	5022.224	4837.749	4376.767	3710.343	3187.129	2968.918	2855.212	2734.275	2284.703

编号	28	29	30	31	32	33	34	35	36
t/s	1144.469	1908.816	3045.936	4887.408	7635.264	11004.01	18306.09	30520.09	48708.49
$\rho/(\Omega\cdot m)$	1467.092	951.5396	654.6504	467.9368	368.5624	357.6327	523.1742	1043.371	2131.561
编号	37	38	39	40	41	42	43		
t/s	78176.16	122080.4	175812.5	292897.4	488740.8	779865.6	1252161		
$\rho/(\Omega\cdot m)$	4457.92	5079.453	3413.765	1893.145	1075.164	688.7006	474.3518		

2）$Y-X$ 向测量结果。大地电阻率 MT 测量的 $Y-X$ 向视在电阻率计算结果参见表 3.31。

表 3.31　　　　　　　　　　　　　$Y-X$ 向 视 在 电 阻 率

编号	1	2	3	4	5	6	7	8	9
t/s	0.004819	0.007281	0.01103	0.01745	0.02914	0.04648	0.07458	0.1165	0.1678
$\rho/(\Omega\cdot m)$	1271.629	1189.297	1094.992	974.943	825.4495	693.8279	574.7222	475.2689	399.3684
编号	10	11	12	13	14	15	16	17	18
t/s	0.2793	0.4661	0.7436	1.1925	1.8632	2.683	4.469	7.4584	11.8956
$\rho/(\Omega\cdot m)$	288.0627	180.4981	111.696	68.4348	47.5435	54.7611	92.4064	152.4536	239.3064
编号	19	20	21	22	23	24	25	26	27
t/s	19.0882	29.8225	42.9549	71.5039	119.2464	190.44	305.5504	477.4225	686.9641
$\rho/(\Omega\cdot m)$	389.1823	619.4062	772.9905	900.72	1113.295	1437.312	1730.219	1163.269	622.6388
编号	28	29	30	31	32	33	34	35	36
t/s	1144.469	1908.816	3045.936	4887.408	7635.264	11004.01	18306.09	30520.09	48708.49
$\rho/(\Omega\cdot m)$	257.047	107.5	80.6566	214.6052	753.6911	1991.669	4730.542	6445.917	7406.99
编号	37	38	39	40	41	42	43		
t/s	78176.16	122080.4	175812.5	292897.4	488740.8	779865.6	1252161		
$\rho/(\Omega\cdot m)$	7754.203	6931.95	5661.38	4045.249	2786.21	1811.654	972.8351		

2. 兴仁测点

兴仁测点的位置经纬度为 105.25569，25.39000。

MT 测量结果如下。

1）$X-Y$ 向测量结果。大地电阻率 MT 测量的 $X-Y$ 向视在电阻率计算结果参见表 3.32。

表 3.32　　　　　　　　　　　　　$X-Y$ 向 视 在 电 阻 率

编号	1	2	3	4	5	6	7	8	9	10
t/s	0.004819	0.007281	0.01103	0.01745	0.02914	0.04648	0.07458	0.1165	0.1678	0.2793
$\rho/(\Omega\cdot m)$	560.662	244.9595	157.9999	119.6579	94.1251	82.3007	82.2552	85.4881	86.6295	80.3708
编号	11	12	13	14	15	16	17	18	19	20
t/s	0.4661	0.7436	1.1925	1.8632	2.683	4.469	7.4584	11.8956	19.0882	29.8225
$\rho/(\Omega\cdot m)$	71.1425	69.2679	88.4525	118.9762	144.5147	127.0504	86.0816	60.2648	45.4368	57.0739

续表

编号	21	22	23	24	25	26	27	28	29	30
t/s	42.9549	71.5039	119.2464	190.44	305.5504	477.4225	686.9641	1144.469	1908.816	3045.936
$\rho/(\Omega \cdot \text{m})$	91.4832	179.1952	347.9284	588.4342	554.2893	344.3294	235.2533	150.235	103.4671	72.4918
编号	31	32	33	34	35	36	37	38	39	
t/s	4887.408	7635.264	11004.01	18306.09	30520.09	48708.49	78176.16	145313.4	358801	
$\rho/(\Omega \cdot \text{m})$	49.8899	35.5383	59.3924	346.3506	1952.654	4355.743	3719.434	2622.181	1442.674	

2）Y-X 向测量结果。大地电阻率 MT 测量的 Y-X 向视在电阻率计算结果参见表 3.33。

表 3.33　　　　　　　　　　Y-X 向视在电阻率

编号	1	2	3	4	5	6	7	8	9	10
t/s	0.004819	0.007281	0.01103	0.01745	0.02914	0.04648	0.07458	0.1165	0.1678	0.2793
$\rho/(\Omega \cdot \text{m})$	1173.074	1088.959	1019.412	962.8466	1063.242	1654.73	2914.855	4944.79	6328.393	6883.299
编号	11	12	13	14	15	16	17	18	19	20
t/s	0.4661	0.7436	1.1925	1.8632	2.683	4.469	7.4584	11.8956	19.0882	29.8225
$\rho/(\Omega \cdot \text{m})$	7494.511	8193.527	9070.581	9391.631	7137.358	4059.842	2417.492	2112.158	2354.756	2541.216
编号	21	22	23	24	25	26	27	28	29	30
t/s	42.9549	71.5039	119.2464	190.44	305.5504	477.4225	686.9641	1144.469	1908.816	3045.936
$\rho/(\Omega \cdot \text{m})$	2204.106	1425.207	979.6508	877.1321	882.5107	880.7676	858.8917	745.8694	571.7098	434.487
编号	31	32	33	34	35	36	37	38	39	
t/s	4887.408	7635.264	11004.01	18306.09	30520.09	48708.49	78176.16	145313.4	358801	
$\rho/(\Omega \cdot \text{m})$	367.9309	617.1532	1249.69	3286.273	6541.688	7049.819	6006.589	4550.814	2807.965	

3. 新化测点

新化测点的位置经纬度为 109.189939，26.406323。

（1）AMT 测量结果。

1）X-Y 向测量结果。大地电阻率 AMT 测量的 X-Y 向视在电阻率计算结果参见表 3.34。

表 3.34　　　　　　　　　　X-Y 向视在电阻率

编号	1	2	3	4	5	6	7	8	9
t/s	0.0000188	0.0000284	0.000043	0.0000682	0.000114	0.000181	0.000291	0.000455	0.000655
$\rho/(\Omega \cdot \text{m})$	5.6251	33.814	68.8673	82.3037	83.9523	80.3961	75.9104	75.2843	87.8684
编号	10	11	12	13	14	15	16	17	18
t/s	0.001091	0.001821	0.002904	0.004661	0.007281	0.01049	0.01745	0.02914	0.04648
$\rho/(\Omega \cdot \text{m})$	123.2917	150.7678	140.5314	120.1241	102.0797	89.179	75.5912	72.4457	76.5344
编号	19	20	21	22	23	24	25	26	27
t/s	0.07458	0.1165	0.1678	0.2793	0.4661	0.7436	1.1925	1.8632	2.683
$\rho/(\Omega \cdot \text{m})$	86.3593	111.6899	150.1732	229.9038	363.2796	685.8401	1475.297	2873.285	3089.622

编号	28	29	30	31	32	33	34	35	36
t/s	4.469	7.4584	11.8956	19.0882	29.8225	42.9549	71.5039	119.2464	190.44
$\rho/(\Omega \cdot m)$	2189.478	1554.144	1143.246	1133.294	1648.579	2314.051	3045.367	2933.856	2717.045
编号	37	38	39	40	41	42	43	44	45
t/s	305.5504	477.4225	686.9641	1144.469	1908.816	3045.936	4887.408	7635.264	11004.01
$\rho/(\Omega \cdot m)$	2986.853	3881.044	4845.687	5742.946	5209.771	4563.463	4035.056	4078.996	5164.116

2）$Y - X$ 向测量结果。大地电阻率 AMT 测量的 $Y - X$ 向视在电阻率计算结果参见表 3.35。

表 3.35　　　　　　　　　$Y - X$ 向视在电阻率

编号	1	2	3	4	5	6	7	8	9
t/s	0.0000188	0.0000284	0.000043	0.0000682	0.000114	0.000181	0.000291	0.000455	0.000655
$\rho/(\Omega \cdot m)$	37.2003	60.8577	75.4479	80.6527	77.0866	64.5737	50.8248	42.5346	49.9441
编号	10	11	12	13	14	15	16	17	18
t/s	0.001091	0.001821	0.002904	0.004661	0.007281	0.01049	0.01745	0.02914	0.04648
$\rho/(\Omega \cdot m)$	76.1752	109.7185	144.6288	200.4018	291.4229	397.9917	428.1528	307.6231	228.1001
编号	19	20	21	22	23	24	25	26	27
t/s	0.07458	0.1165	0.1678	0.2793	0.4661	0.7436	1.1925	1.8632	2.683
$\rho/(\Omega \cdot m)$	170.3845	131.4819	160.0812	415.0157	1112.717	2528.479	3624.655	3417.648	3002.846
编号	28	29	30	31	32	33	34	35	36
t/s	4.469	7.4584	11.8956	19.0882	29.8225	42.9549	71.5039	119.2464	190.44
$\rho/(\Omega \cdot m)$	2458.862	2122.397	2232.203	2479.485	2737.323	2978.664	3863.545	5760.559	8271.966
编号	37	38	39	40	41	42	43	44	45
t/s	305.5504	477.4225	686.9641	1144.469	1908.816	3045.936	4887.408	7635.264	11004.01
$\rho/(\Omega \cdot m)$	11583.55	14812.38	15833.46	12465.11	8087.647	5360.132	3772.446	4097.756	8490.951

（2）MT 测量结果。

1）$X - Y$ 向测量结果。大地电阻率 MT 测量的 $X - Y$ 向视在电阻率计算结果参见表 3.36。

表 3.36　　　　　　　　　$X - Y$ 向视在电阻率

编号	1	2	3	4	5	6	7	8	9
t/s	0.004819	0.007281	0.01103	0.01745	0.02914	0.04648	0.07458	0.1165	0.1678
$\rho/(\Omega \cdot m)$	300.9072	491.5074	866.0654	1774.189	4127.358	8903.561	12218.33	10725.2	9678.027
编号	10	11	12	13	14	15	16	17	18
t/s	0.2793	0.4661	0.7436	1.1925	1.8632	2.683	4.469	7.4584	11.8956
$\rho/(\Omega \cdot m)$	9085.977	9435.701	9733.125	9292.989	8213.794	7907.687	8831.929	10374.07	12031.36

续表

编号	19	20	21	22	23	24	25	26	27
t/s	19.0882	29.8225	42.9549	71.5039	119.2464	190.44	305.5504	477.4225	686.9641
$\rho/(\Omega\cdot m)$	13843.1	14307.13	13240.23	11537.5	10948.41	12363.02	14638.14	12658.58	8848.617
编号	28	29	30	31	32	33	34	35	36
t/s	1144.469	1908.816	3045.936	4887.408	7635.264	11004.01	18306.09	30520.09	48708.49
$\rho/(\Omega\cdot m)$	5310.812	3416.345	2398.751	1378.249	623.9494	318.684	302.7754	784.0225	1913.192
编号	37	38	39	40	41	42	43	44	45
t/s	78176.16	122080.4	175812.5	292897.4	488740.8	779865.6	1252161	1954404	2815684
$\rho/(\Omega\cdot m)$	4351.258	4404.873	2568.164	1152.67	543.0384	341.0777	322.9746	500.6915	1094.629

2）$Y-X$ 向测量结果。大地电阻率 MT 测量的 $Y-X$ 向视在电阻率计算结果参见表 3.37。

表 3.37　　　　　　　　　　　　　　　$Y-X$ 向视在电阻率

编号	1	2	3	4	5	6	7	8	9
t/s	0.004819	0.007281	0.01103	0.01745	0.02914	0.04648	0.07458	0.1165	0.1678
$\rho/(\Omega\cdot m)$	445.8336	535.5308	646.2677	822.3664	1177.83	1672.699	2219.839	2493.684	2679.747
编号	10	11	12	13	14	15	16	17	18
t/s	0.2793	0.4661	0.7436	1.1925	1.8632	2.683	4.469	7.4584	11.8956
$\rho/(\Omega\cdot m)$	3214.78	4349.406	5793.603	7563.544	8952.51	9798.822	10774.84	10997.85	9131.562
编号	19	20	21	22	23	24	25	26	27
t/s	19.0882	29.8225	42.9549	71.5039	119.2464	190.44	305.5504	477.4225	686.9641
$\rho/(\Omega\cdot m)$	6784.968	5216.901	4966.737	5906.633	6016.035	4196.902	2507.779	1844.623	2165.763
编号	28	29	30	31	32	33	34	35	36
t/s	1144.469	1908.816	3045.936	4887.408	7635.264	11004.01	18306.09	30520.09	48708.49
$\rho/(\Omega\cdot m)$	3080.31	4163.321	3484.711	2059.406	1230.442	1083.028	1708.165	2879.013	4591.634
编号	37	38	39	40	41	42	43	44	45
t/s	78176.16	122080.4	175812.5	292897.4	488740.8	779865.6	1252161	1954404	2815684
$\rho/(\Omega\cdot m)$	6478.918	5042.018	2907.534	1309.616	626.367	336.3913	173.2543	65.394	16.6649

3.5.1.2　大电阻率反演及模型建立

根据贵州省 3 个测点的大地电阻率测量数据，利用前面章节研究的反演方法对贵州省境内的大地电阻率进行了反演计算，得到贵州省接地极附近的大地电阻率模型（表 3.38）。

表 3.38　　　　　　　　　　　　　　　贵州测点的反演结果

层编号	绥阳测点		兴仁测点		新化测点	
	电阻率/$(\Omega\cdot m)$	厚度/km	电阻率/$(\Omega\cdot m)$	厚度/km	电阻率/$(\Omega\cdot m)$	厚度/km
1	111.21	0.044	36.07	0.18	198.85	0.116
2	30.90	0.053	514.51	0.79	80.94	0.174

层编号	绥阳测点		兴仁测点		新化测点	
	电阻率/(Ω·m)	厚度/km	电阻率/(Ω·m)	厚度/km	电阻率/(Ω·m)	厚度/km
3	344.47	0.13	289.19	0.48	19.68	0.11
4	1687.8	3.86	38.91	0.38	196.4	0.207
5	482.90	2.15	893.16	1.33	41.48	0.81
6	118.52	5.43	3307.05	2.39	88.73	0.735
7	783.34	10.75	7341.6	5.73	2702.2	0.265
8	8248.18	12.42	4983.25	5.31	5417.5	0.615
9	4795.23	65.42	307.05	2.05	4186.3	2.89
10	165.75		1893.16	3.30	675.72	2.55
11			23.92	5.39	826.42	5.33
12			897.10	6.33	11108.7	16.9
13			407.05	11.39	14813.87	10.02
14			689.01	21.78	155.51	9.02
15			607.21	25.02	3179.89	7.54
16			5229			

3.5.2 云南省大地电阻率测试与反演

云南省境内选择了昆明测点、大理测点和普洱测点3个大地电阻率测点。昆明测点位于云南省东北部,大理测点位于云南省北部,普洱测点位于云南省南部。3个测点均在已有的直流极50km范围内。

根据云南省3个测点的大地电阻率测试结果,对云南省境内的大地电阻率进行了反演(表3.39),得到云南省接地极附近的大地电阻率模型。

表3.39 云南测点的反演结果

层编号	昆明测点		大理测点		普洱测点	
	电阻率/(Ω·m)	厚度/km	电阻率/(Ω·m)	厚度/km	电阻率/(Ω·m)	厚度/km
1	37.22	0.15	16.30	0.39	81.07	0.058
2	125.78	0.77	174.06	0.58	163.71	0.19
3	25.81	1.21	25.88	0.48	48.99	0.52
4	45.01	1.9	736.89	0.24	5.61	1.82
5	11.47	2.92	342.78	0.6	241.43	2.02
6	206.24	3.89	3118.20	1.68	37.37	2.79
7	32.76	8.17	235.99	8.73	61.77	2.22
8	227.42	3.69	541.17	1.46	110.97	7.95

层编号	昆明测点		大理测点		普洱测点	
	电阻率/(Ω·m)	厚度/km	电阻率/(Ω·m)	厚度/km	电阻率/(Ω·m)	厚度/km
9	175.24	18.32	9775.6	2.71	303.23	4.73
10	237.75	15.67	325.97	4.04	36.11	3.7
11	461.44	18.26	93.74	9.08	474.09	10.66
12	8451		8406.69	14.15	6973.07	10.89
13			3859.26	28.6	5008.23	20.49
14			1318.17	37.83	1312.71	18.46
15			169.95		10.30	

3.5.3　广西壮族自治区大地电阻率测试与反演

广西壮族自治区境内选择了那斌测点、罗金测点和江永测点 3 个大地电阻率测点。那斌测点位于广西壮族自治区东北部,罗金测点位于广西壮族自治区北部,江永测点位于广西壮族自治区中部。江永测点在直流极 100 km 范围内。

根据广西壮族自治区 3 个测点的大地电阻率测试结果,对广西壮族自治区内的大地电阻率进行了反演(表 3.40),得到广西壮族自治区接地极附近的大地电阻率模型。

表 3.40　　　　　　　　　　　　　　广西测点的反演结果

层编号	那斌测点		罗金测点		江水测点	
	电阻率/(Ω·m)	厚度/km	电阻率/(Ω·m)	厚度/km	电阻率/(Ω·m)	厚度/km
1	90.7	0.17	93.82	0.11	4.8	0.34
2	287.0	0.13	60.01	0.12	0.01	0.21
3	295.8	0.21	129.85	0.68	6.7	0.46
4	284.1	0.17	313.90	0.05	12.9	0.51
5	374.3	1.86	22.68	2.21	70.5	1.26
6	503.9	2.35	42.01	3.94	33.7	1.01
7	1010.2	4.57	97.50	1.76	10.0	1.75
8	1316.1	5.18	514.97	1.18	3.2	3.26
9	1604.2	8.18	156.04	2.81	1754.0	2.08
10	1920.3	3.89	484.02	0.86	2136.0	3.80
11	2136.2	14.46	4268.28	5.85	44.2	6.73
12	0.36	19.87	564.54	8.48	185.1	10.76
13	168.8	17.45	424.86	2.65	60.6	14.05
14	2.50	4.78	1268.0	1.44	89.5	15.52
15	119.8	16.67	2091.0	2.55	95.0	33.01

续表

层编号	那斌测点		罗金测点		江水测点	
	电阻率/(Ω·m)	厚度/km	电阻率/(Ω·m)	厚度/km	电阻率/(Ω·m)	厚度/km
16	3.40		2808.0	9.12	4.6	
17			542.6	0.16		
18			977.6	2.67		
19			83.5	8.81		
20			1113.2	4.48		
21			2488.9	6.79		
22			4212.1	7.48		
23			5906.0	3.04		
24			4559.2	9.14		
25			3640.9	30.09		
26			65.5			

3.5.4　广东省大地电阻率测试与反演

目前广东省境内共有 6 个直流接地极观音阁接地极位于广东省博罗县观音阁镇；鱼龙岭接地极位于广东省清远市飞来峡去江口镇鱼龙岭；莘田接地极位于广东省三水区莘田镇；天堂接地极位于广东省新兴县天堂镇；长翠村接地极位于广东省河源市连平县田源镇；莘田接地极位于广东省广州市莘田村。

鱼龙岭接地极采用目前广为接受的经典四层大地模型，长翠村直流极极址土壤模型是结合典型模型的一种大地参数，惠州地区大地电阻率则是现场测量值。具体的大地电阻率参数参见表 3.41。

表 3.41　　　　　　　　　　　广东省测点的反演结果

层编号	鱼龙岭测点		长翠村测点		惠州测点	
	电阻率/(Ω·m)	厚度/km	电阻率/(Ω·m)	厚度/km	电阻率/(Ω·m)	厚度/km
1	235	30	97	42	77.75388	61.68921
2	5900	1000	2643	352	37.84736	160.05443
3	14100	50000	126	1500	203.5087	256.97892
4	120		215	2340	390.3589	568.50922
5			325	5000	408.1901	1129.42072
6			167	7000	631.7108	1528.04642
7			14100	50000	2323.458	2053.84782
8			120		10984.28	7320.94882
9					1342.047	13256.37582

层编号	鱼龙岭测点		长翠村测点		惠州测点	
	电阻率/(Ω·m)	厚度/km	电阻率/(Ω·m)	厚度/km	电阻率/(Ω·m)	厚度/km
10					3194.759	16824.82382
11					58169.81	47079.56382
12					50957.56	81084.12382
13					191.8056	131797.85382
14					41.92101	∞

3.6　本章小结

本章通过介绍开展的深层大地电阻率的现场测量与反演，得到如下的结论：

（1）本章结合四极法和 MT 法原理特点，介绍了一种综合采用四极法和 MT 法测量由浅至深大地视在电阻率分布的现场测量新方法。

（2）本章介绍了一种考虑四极法埋深的反演目标函数及其偏导的理论方法，可以满足直接搜索或梯度优化方法的应用要求。使用单纯形法、最速下降法、最小二乘法、共轭梯度法、BFGS 拟牛顿法、信赖域法进行土壤反演算例，对比不同方法的性能差异，指出最小二乘法和信赖域法的数值稳定性和反演精度较佳。

（3）为方便读者了解南方电网直流偏磁电流分布计算模型，以贵州省的大地电阻率测试数据为例，介绍了四极法和 MT 法的测试结果，为南方电网直流偏磁电流计算分析软件的模型参数校核、修正提供依据。

（4）大地电阻率的实际测量中，所有测点的测量广度（即等值半径）均大于 50km，深度均大于 50km，每个省份均有一个测点的测深超过 100km。采用前面章节提到的大地电阻率反演方法，对测量结果进行反演计算，得到每个省份的大地电阻模型。

第 4 章

交流电网直流偏磁监测系统

4.1 广东电网变压器中性点直流电流监测系统的建立

4.1.1 监测系统建设目标

（1）实现对接地极周边及受影响严重地区 220kV 及以上电压等级的变压器中性点直流电流全面实时监测。

（2）建立报警机制，一旦监测到变压器中性点直流超过限值，监测系统自动通过邮件及短信向相关人员报警。

（3）建立变压器中性点直流电流数据库，对监测数据进行统计分析，并定期发布报告。

（4）掌握广东省内受直流偏磁影响的变压器的分布规律及受影响程度，为开展直流偏磁的治理决策提供实测依据。

4.1.2 直流电流测量传感器

变压器中性点直流电流传感器利用霍尔原理实现隔离测量，安装于变压器中性点接地引下线。专门用于测量变压器中性点直流电流的传感器没有成熟的产品，由于其工作在户外、高压电磁环境中，对可靠性要求很高，必须特殊研发。

考虑到使用环境的特殊性，在直流传感器内部电路的设计上考虑了对瞬时高电压、大电流冲击的耐受能力及电磁兼容性能。由于长期工作在户外，温差变化大，设计了温度补偿电路，确保传感器的精度在 1‰ 范围内。考虑到传感器安装地点与输出信号接入装置距离较远（几十米至一百米），为减小传感器输出信号的衰减及外部对其的干扰，输出信号采用 4～20mA 直流电流信号。选用铝合金制作传感器的外壳，在外壳和电路板间浇注绝缘树脂，加强防水性及提高耐用性。为安装方便，直流传感器为可拆卸的开口式，同时有防误装设计。同时还通过试验手段加强对直流传感器的质量检测。进行了 72 小时 0～70℃、100% 湿度高低温交变试验、电磁兼容试验、10000A 瞬时大电流冲击试验等。

4.1.3 监测点的规划

早期建立的广东省变压器中性点直流偏磁监测系统，综合考虑了四回直流输电系统在广东省境内接地极的地理位置、输电线路走向、变电站地理位置、电网运行方式及变压器运行噪声情况，对广东电网可能受直流偏磁影响较严重变压器的分布做了分析预测，据此规划安排变压器中性点直流电流监测站点，系统实现了对 500kV 变电站/220kV 变电站共 400 余台变压器中性点直流电流的在线监测。

4.1.4 监测数据传输

监测数据通过变电站综合自动化系统转发至省调 SCADA 系统，再实时转发至变压器中性点直流电流监测主站专用数据服务器。

4.1.5 监测主站

主站采用 C/S 方式搭建，远程用户通过运行客户端软件方式登录。

监测系统数据管理软件功能主要包括数据收发、历史记录保存、短信/EMAIL 报警、远程监视、设备管理等。监测系统数据管理系统结构如图 4.1 所示。

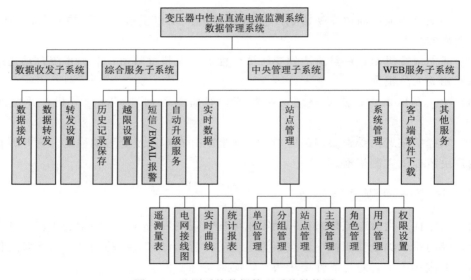

图 4.1 监测系统数据管理系统结构图

4.1.6 监测系统案例

广东电网是交直流混合的复杂电网，目前以广东为受端的直流输电系统已有 9 回：天广直流（天生桥—广州）、江城直流（湖北江陵—广东鹅城）、高肇直流（贵州高坡—广东肇庆）、兴安直流（贵州兴仁—深圳宝安）、楚穗直流（云南楚雄—广东穗东）、糯扎渡直流（云南普洱—广东江门）、双回溪洛渡直流（云南牛寨—广州从化）和滇西北直流输电工程。广东电网范围内的 9 回直流输电系统共有 6 个直流接地极，分别为天广直流接地极莘田、兴安直流与楚穗直流共用接地极鱼龙岭、高肇直流与糯扎渡直流共用接地极天堂、江城直流接地极观音阁、溪洛渡直流接地极翁源、滇西北直流接地极长翠村。直流输电系统单极大地运行时，对与接地极距离较近地区的变电站产生直流偏磁影响，影响区域参见表 4.1。

表 4.1　　　　　　　　　　受直流输电系统接地极电流影响的地区

直流输电系统	接地极位置	变压器中性点直流电流较大的地区
兴安直流 \ 楚穗直流	清远鱼龙岭	清远、广州、佛山、韶关、惠州
天广直流	广州莘田	广州、清远、佛山、肇庆
高肇直流	云浮天堂	肇庆、阳江、江门、云浮、佛山
江城直流	博罗观音阁	惠州、河源
糯扎渡直流（与高肇直流共用）	云浮天堂	肇庆、阳江、江门、云浮、佛山
溪洛渡直流（双回）	韶关翁源	韶关、河源
滇西北直流	河源长翠村	河源、清远、惠州、韶关

直流输电系统单极大地回线方式或双极不平衡运行可能会对广东省内中性点直接接地运行的变压器产生较严重的直流偏磁影响。为了电网的安全稳定经济运行，广东电网公司对直流偏磁分布情况进行实时监测，以便制定直流抑制措施。广东省的中性点直流监测系统能够监测直流分布情况和隔直装置的动作情况，截至 2018 年，中性点直流监测系统及隔直装置的运行情况分析如下。

4.1.7　监测装置运用情况

目前已经安装的变压器中性点直流监测装置共计 407 个（不包括广州、深圳），数量统计参见表 4.2；已安装的变压器直流偏磁抑制装置共计 211 台，数量统计参见表 4.3。

表 4.2　　　　　　　　变压器直流中性点监测装置数量和安装站点统计

直流监测装置数量和安装站点	500kV 变电站	220kV 变电站	110kV 变电站	共计监测装置数量
	64	326	17	407

表 4.3　　　　　　　　　　隔直装置调试投运站点数量统计

电压等级	已调试、已投运		未调试、待投运	
	站点数/个	台数/台	站点数/个	台数/台
500kV	19	43	3	6
220kV	114	129	8	11
110kV	24	24	1	1
合计	157	196	12	18

变压器直流偏磁问题受到了广东电网的重视。2008 年至今，在广东电网范围内的 177 个变电站预计投入共 232 台直流偏磁抑制装置，其中 163 个站点共计 211 台直流抑制装置已投运，其他尚未安装调试。在直流输电系统发生单极大地运行时，这些投运的隔直装置

有效阻止了直流电流流入变压器绕组，保证了变压器安全稳定运行。

4.1.8　装置动作情况

以 2018 年广东电网变压器中性点直流电流监测及隔直装置监测系统年报为例，全年共监测到 51 次直流输电系统单极大地运行，具体统计参见表 4.4。

表 4.4　　　　2018 年直流系统累计单极大地运行或双极不平衡运行统计

直流系统	2018 年累计单极大地运行次数	历史最大输送功率/MW	直流系统	2018 年累计单极大地运行次数	历史最大输送功率/MW
楚穗直流	3	1200	江城直流		
兴安直流	11	1574	溪洛渡直流	3	1385
高肇直流	14	700	糯扎渡直流	5	473
天广直流	12	不详	滇西北直流	3	3125

通过广东电网变压器中性点直流电流监测及隔直装置监测系统 2018 年全年运行数据分析，直流输电系统发生单极大地运行时，隔直装置均能可靠动作，以 2018 年 4 月 2 日 10：45—11：20 兴安直流输送功率 1574MW 发生单极大地运行为例，全省隔直装置动作情况参见表 4.5。

表 4.5　　　　兴安直流单极大地运行时隔直装置动作情况表

序号	供电局	电压/kV	变电站内变压器	动作情况 1 兴安直流输送功率 1574MW	
				2018 年 4 月 2 日 10：45—11：20	
				中性点直流/A	动作记录
1	佛山	500	罗洞 3 号变压器	−5.76	成功动作
2	佛山	500	罗洞 2 号变压器	−6.64	成功动作
3	佛山	220	永丰站变高	−15.83	成功动作
4	佛山	220	三水	−5.37	成功动作
5	佛山	220	康乐	−12.55	成功动作
6	佛山	220	瑶岗	6.56	成功动作
7	惠州	220	湖滨	5.96	成功动作
8	惠州	220	镇隆	−7.18	成功动作
9	惠州	220	昆山	−5.83	成功动作
10	清远	500	库湾 3 号变压器	−43.13	成功动作
11	清远	500	库湾 2 号变压器	−41.51	成功动作
12	清远	500	贤令山 2 号变压器	8.84	成功动作
13	清远	500	贤令山 1 号变压器	28.37	成功动作
14	清远	220	阳山	17.58	成功动作
15	清远	220	安峰	19.15	成功动作
16	清远	220	旗胜 1 号变压器	6.89	成功动作

续表

序号	供电局	电压/kV	变电站内变压器	动作情况 1 兴安直流输送功率 1574MW 2018 年 4 月 2 日 10：45—11：20	
				中性点直流/A	动作记录
17	清远	220	旗尾	6.89	成功动作
18	清远	220	潓江	−118.68	成功动作
19	清远	220	旗胜 2 号变压器	−13.58	成功动作
20	清远	220	堤岸	15.63	成功动作
21	清远	220	朗新	−8.72	成功动作
22	清远	110	黄花河	−64.52	成功动作
23	清远	110	源潭	−9.72	成功动作
24	清远	110	月亮湾	25.69	成功动作
25	清远	110	陂坑	−5.47	成功动作
26	韶关	220	云峰	5.91	成功动作
27	韶关	220	翁江	−12.26	成功动作
28	阳江	220	漠南	5.18	成功动作
29	云浮	220	仁安	7	成功动作
30	肇庆	220	封开	44.25	成功动作
31	肇庆	220	翠竹	51.87	成功动作
32	肇庆	220	榄州	−8.89	成功动作
33	肇庆	220	东岸	−5.72	成功动作

　　由于新建直流输电系统的投入及电网运行方式的改变，某些变电站的变压器中性点仍然监测到实测值 10A 以上的直流电流（表 4.6）。

表 4.6　　　　　　　　　　电流实测值超 10A 的变压器统计表

地区	变压器名	电流超 10A 次数	最大电流值/A
云浮	500kV 卧龙站 3 号变压器	6	41.45
	500kV 卧龙站 2 号变压器	4	25.41
韶关	220kV 关春站 2 号变压器	2	12.33
东莞	220kV 下沙站 1 号变压器	1	10.36
	220kV 跃立站 3 号变压器	1	19.05
	500kV 东莞站 2 号变压器	1	13.72
	500kV 东莞站 4 号变压器	1	13.88
肇庆	220kV 怀集站 1 号变压器	5	−19.52
河源	500kV 上寨站 2 号变压器	1	−14.39
	500kV 上寨站 3 号变压器	1	−12.36
	220kV 和平站 1 号变压器	1	−19.78
	220kV 龙川站 1 号变压器	1	−20.87

4.2　贵州省和广西壮族自治区中性点直流监测系统的建立

　　贵州省和广西壮族自治区尚未安装变压器中性点直流电流监测系统，为了保证研究结论的适用性，需要取得这两省份的变压器中性点直流电流监测数据，验证算法的可行性及适用性。在贵州省和广西壮族自治区地区电网直流极附近 6 个 220kV 变电站安装了基于特征电阻法测量运行变压器中性点直流电流的新型传感器，现场测试结果表明，传感器满足长期稳定、准确测量的要求，测量结果可以用于算法验证工作。

4.2.1　基于电阻取样的直流传感器

　　变压器处于正常运行工作状态时，必须保持中性点可靠接地，不便于在中性点安装穿芯式闭环霍尔传感器。为了避免变压器停电带来的经济损失，本书根据变压器中心点引下线的接地扁钢尺寸，截取合适的长度，选作标准电阻。由于只需测量变压器中性点接地引下线中的直流电流，不需要考虑接地扁钢的电感，那么通过监测标准电阻两端的电压，利用简单的欧姆定律，即可测量变压器中性点引下线中的直流电流，如式（4.1）所示。

$$I = \frac{U}{R} \tag{4.1}$$

式中：R 为标准接地扁钢电阻；U 为标准电阻两端电压。

　　为确保直流传感器测量的精确度，必须准确测量选取的标准电阻值，在现场施工时采用四极法对标准扁钢的电阻值进行标定，传感器电阻测量原理如图 4.2 所示。

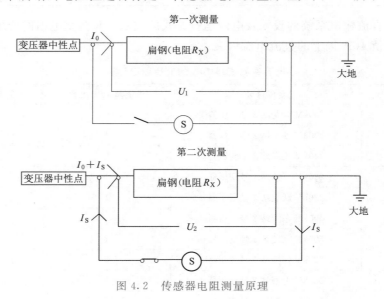

图 4.2　传感器电阻测量原理

4.2.2　直流监测数据传输网络

　　贵州省和广西壮族自治区的变压器中性点直流在线测量装置将在 6 个变电站内进行安

装，6 个变电站分别位于贵州省、广西壮族自治区地区直流接地极周围几十千米内。由于变电站距离相隔较远，如果采用有线数据传输方式，需掌握每个变电站网络配置情况，施工存在较大难度，且需要额外配置 6 台服务器及大量通信电缆用于有线通信及网络传输，布线复杂，系统硬件成本大幅增加。贵州省和广西壮族自治区直流在线测量系统采用 GSM/GPRS 无线通信方式进行数据传输（图 4.3），该无线通信方式技术比较成熟，已经在线路绝缘子在线监测装置中得到了应用，性能稳定可靠。

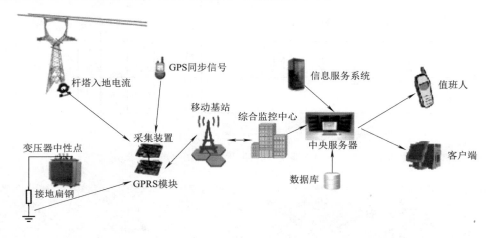

图 4.3　数据传输示意图

4.2.3　基于特征电阻法的直流传感器

变压器中性点直流在线监测系统主要包括硬件装置和软件系统两部分。本章主要从监测终端、设计图、信号采集、同步触发等功能模块以及实验室测试等硬件方面详细地介绍基于特征电阻法的直流传感器的开发与研制。

4.2.3.1　直流监测终端

通过选取变压器中性点接地刀闸下方的一段阻抗为 1m 的扁钢作取样电阻，当被测直流电流流过扁钢时，将在电压夹具上产生压降，按照欧姆定律，将电压除以提前测量并存储的扁钢电阻，可以计算出扁钢上直流电流大小。但是如果测量夹具与扁钢接触不良，或者接触电阻偏大，那么测量所得的直流电流值将偏大。因此，需要根据扁钢实际尺寸，设计相配合的测量夹具。

特征变电站变压器中性点扁钢宽度小于 80mm，厚度小于 13mm，需设计通用的扁钢夹具，安装到所有特征变电站接地扁钢上。同时如果测量夹具与扁钢接触不良，或者接触电阻过大，会造成测量的电流值不准确。并且在考虑扁钢尺寸基础上，需选用适合的材料进行扁钢夹具的加工。监测终端安装附件尺寸设计图如图 4.4 所示。

通过与夹具加工商沟通，扁钢夹具材料选用 6061 铝合金，夹具上的紧固件采用外六角铜螺栓。传感器安装夹具效果图如图 4.5 所示。

电压和电流测量夹具的安装工艺流程如下：

（1）按照扁钢规格表，确定电压夹具之间的距离。

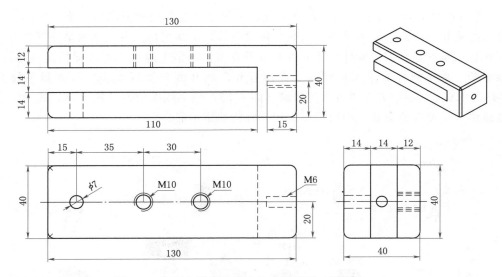

图 4.4　监测终端安装附件尺寸设计图（单位：mm）

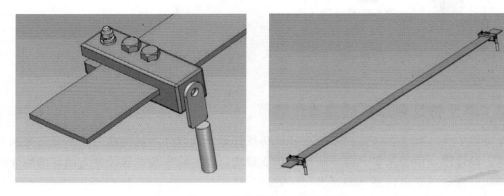

图 4.5　传感器安装夹具效果图

（2）传感器夹具固定到扁钢前，需用锉刀将扁钢接触面处的油漆锉掉，并用砂纸打磨光滑，保证接触良好。

（3）电流夹具安装在电压夹具外侧，便于阻抗测试时恒流源的接入（图 4.6）。

（4）夹具安装完后，为防止酸雨对扁钢的腐蚀，采用电缆专用的绝缘胶带对电压夹具之间的扁钢进行密封处理，减小腐蚀性液体对扁钢阻抗的影响。

直流传感器整体安装完成后，其效果图如图 4.7 所示。

4.2.3.2　电压电流信号测试线

由于直流传感器安装于变压器中性点的接地扁钢上，变电站电晕较为严重，电磁干扰强，为了准确采集测量信号，需要设计专用磁屏蔽电压和电流测试线。根据最远端夹具与采集装置之间的距离，加工四根单芯屏蔽导线。将任意两根屏蔽线进行双绞，制作成电压电缆和电流电缆，分别在电压和电流电缆线上缠绕锡箔屏蔽胶带，并使用尼龙浪管进行保护（图 4.8）。按照以上工艺制作测试电缆，能够提高传感器输出信号电磁防护及对共模干扰信号的抑制效果。

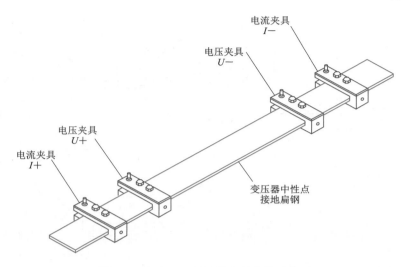

图 4.6　电流、电压测量夹具安装示意图

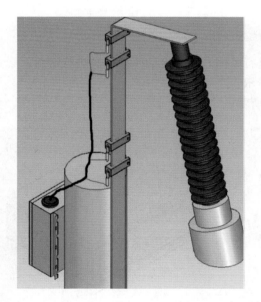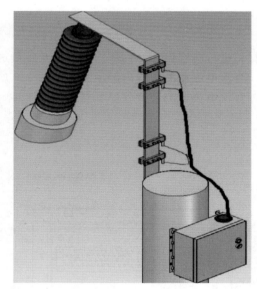

图 4.7　直流传感器安装效果图

4.2.3.3　监测装置结构

变压器中性点直流电流监测装置内部包括采集模块、工作电源、GSM/GPS 一体化天线、恒流源、空开及防雷模块组成。通过采用以下设计，使监测装置满足电磁兼容及防水、防尘要求。

直流电流监测装置外壳采用不锈钢机箱设计，内部各功能模块固定在一块 4mm 厚的环氧板上，保证装置内部与外壳的电气隔离。

不锈钢机箱通过钢扎带固定在圆形支撑柱上，也可通过螺栓固定到钢支架上，并通过引下线接到安全地。GSM/GPS 天线位于不锈钢机箱右上方，天线与不锈钢之间采用硅橡

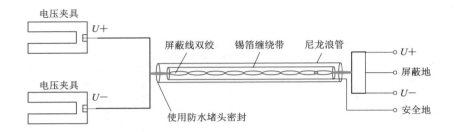

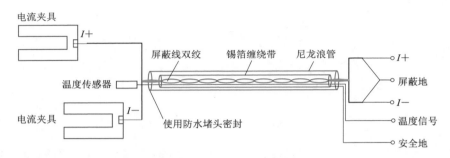

图 4.8　电压电流测试线制作示意图

胶材料进行防水设计，内部用大平垫及螺母进行紧固，并涂上 704 硅橡胶进行密封。

　　直流电流监测装置内部示意图如图 4.9 所示。

　　直流电流监测装置外部示意图如图 4.10 所示。

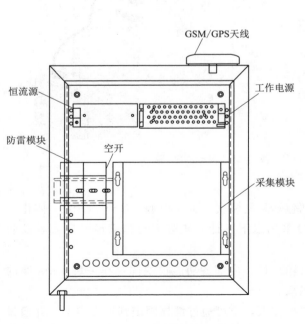

图 4.9　直流电流监测装置内部示意图

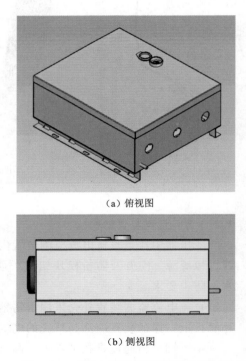

（a）俯视图

（b）侧视图

图 4.10　直流电流监测装置外部示意图

4.2.4　直流监测系统的安装调试

经过多次调研，组织安顺供电公司、柳州供电公司和武汉新电电气技术有限责任公司，在贵州安顺地区、广西柳州地区特征 220kV 变电站变压器中性点接地扁钢安装直流传感器，实现了对贵州地区、广西地区电网直流偏磁电流分布的测量。

4.2.4.1　直流测量装置安装

直流测量装置安装于变电站一次设备带电区域，需要根据变电站现场情况，选择合适的方位，尽量正东、正西、正南或者正北进行安装。采集装置机箱安装于距离支撑柱基座 2m 高的位置，与周围其他端子箱安装位置协调一致。采集装置的 GPS 和 GPRS 天线原则上应高于采集装置，为了确保接收卫星和传输数据信号良好，选择采集装置上方无明显遮挡物的位置安装。

直流在线监测系统选取变压器接地扁钢作为直流传感器输出源，由于每个变电站接地扁钢尺寸有所差异，需要根据现场扁钢尺寸，量取合适的长度，安装已经设计好的测量专用夹具。

由于变压器中性点接地扁钢经过防腐处理，其表面有一层防氧化的油漆，直接将夹具固定到扁钢上会使得接触电阻偏大，或者接触不良，严重影响传感器测量精度。因此，在传感器夹具固定到扁钢之前，必须用锉刀处理扁钢表面的防氧化油漆，露出扁钢的金属部分，保证金属部分压接良好。

根据四极法原理，在测量小电阻时，为了提高测量精度，电压信号取样点在电流信号取样点内侧。因此，安装电压电流测量夹具时，需要先安装电压信号（内侧）取样的夹具，后安装电流源（外侧）接入的夹具。

对贵州安顺地区、广西柳州地区多个交流变电站开展现场调研，确定变压器中性点、线路和避雷线直流传感器的安装位置。以 220kV 普定变电站变压器中性点直流传感器的安装位置为例（图 4.11），说明装置的安装地点。

安装位置

（a）变电站　　　　　　　　　（b）接地扁钢

图 4.11　变压器直流传感器的安装位置

4.2.4.2　测量信号电缆铺设

变电站内工作界面复杂，信号干扰源多，对直流在线监测系统的测量信号电缆敷设要求高。在现场安装信号电缆必须做好以下工作：

（1）线加工。先用软尺确定采集装置接到最远端夹具的长度，按照测量长度加工 3 根 $2mm^2$ 屏蔽电缆，分别为电流线（电流＋）1 根，电压线（电压＋和电压－）两根，用粘贴式记号带在 3 根电缆两端作标记；确定电流线（电流－）距离采集装置最短的长度并加工 1 根 $2mm^2$ 屏蔽电缆。

（2）浪管加工。用软尺确定电压测试钳中心点到采集装置的长度，按照测量长度加工尼龙浪管 1 根，按照电流线（电流＋和电流－）长度加工尼龙浪管两根。

（3）屏蔽处理。将两根电压线双绞（留出 1m 不双绞），在双绞的电缆线上缠绕屏蔽胶带，并将双绞的电缆线穿入先加工的尼龙浪管，尼龙浪管两端用堵头密封；两根电流线直接穿入尼龙浪管，尼龙浪管两端用堵头密封。

（4）扁钢防腐处理。按两个电压夹具之间的长度加工一段热缩拉链式电缆保护套，按照电缆保护套加工工艺对被测的一段扁钢进行防护。

（5）浪管固定。在浪管的铺设线路上用自粘式吸盘定位片按 0.5m 的距离依次固定到扁钢上，从上向下依次固定浪管，最后用魔术扎带将浪管与扁钢固定，魔术扎带捆扎间距为 0.5m。

4.2.4.3　直流监测装置电源

变压器中性点直流在线监测装置需要通过无线网络上传测量数据，要求现场无线信号强，能够保持通畅的数据传输网络。整个监测系统供电单元结构复杂，长期工作时需要外接 220V 供电电源，在变电站内只能从检修电源箱接入供电电源。电源线采用铠装电缆，由电缆沟从检修电源箱铺设到采集装置下方；当无铺设沟道时，需开挖 0.3m 深的水沟，放置钢管或 PVC 管（1 根），水泥支撑柱处钢管出口与采集装置下端保持 0.5m 的距离。

检修电源箱内需要安装防雷模块，并悬挂相应的标识牌（图 4.12），其具体步骤如下：

步骤（1）

步骤（2）

步骤（3）

步骤（4）

图 4.12　检修电源接线步骤示意图

（1）安装导轨，固定空气开关及防雷模块。

（2）将引到采集装置的两芯铠装电缆线接入到 2P 空气开关的下端（棕色为火线，蓝色为零线），防雷模块的地和电缆的金属铠使用 $2mm^2$ 的黄绿线接到端子箱下端的接地铜排上。

（3）2P 空气开关的上端与防雷模块的上端并联，且空气开关的上端分别将火线连接到三相电源的 C 相端子，零线连接到三相电源的 N 相端子。

（4）所有的接线端子用号码管标识火线和零线，铠装电缆引出位置需要悬挂相应标识牌，便于日后维护检修。

变电站现场实际施工时，直流监测装置获取电源的地点以安顺 220kV 普定站和广西 220kV 官塘站为例（图 4.13 和图 4.14），说明电源点位置。

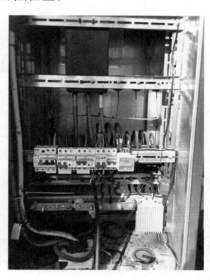

图 4.13　普定站　　　　　　　　　　　　图 4.14　官塘站

4.2.4.4　直流监测系统现场调试

采集装置传感器端子接线示意图如图 4.15 所示。电源线：220V 供电电源的火线和零线接入到采集装置内的空气开关。

电压线：信号电缆电压（＋）和电压（－）连接到不锈钢极箱内采集单元的 U（＋）端子和 U（－）端子，信号电缆屏蔽层接到采集单元的 GND2 端子，电缆线上的铝箔胶带连接到不锈钢机箱本体。

电流线：信号电缆电流（＋）和电流（－）接到不锈钢箱内采集单元的 I（＋）端子和 I（－）端子，电缆屏蔽层接到采集单元的 COM 端子。

温度传感器：电缆红色和黑色的端子短接后连接到不锈钢钢箱内采集单元的 GND2。

4.2.4.5　直流电流监测后台调试

接通直流在线监测系统的 220V 供电电源，根据每个采集装置的电话号码和地址码在服务器端配置采集装置的参数，包括设备出厂初始化、设置服务器地址和端口。

监测装置的参数配置完 3 分钟后，检查服务器是否能够接收到采集装置上传的电流和

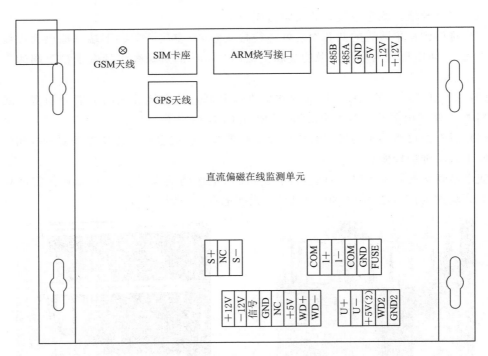

图 4.15　采集装置传感器端子接线示意图

温度测量数据，判断数据传输网络是否正常。

　　系统维护员通过服务器后台程序测量扁钢电阻值，并将参数配置到装置系数表中，并设置装置的采集频率和触发电流值。

　　进入直流在线监测系统的扁钢电阻测量模式，设置扁钢电阻测量模式的参数，修正测试电压。然后，利用电流源注入 1A、2A、5A、10A 测试电流，与直流在线监测系统的测量结果进行对比。关闭电源装置机箱，调试结束。

　　直流偏磁电流在线监测装置现场试验数据参见表 4.7。

表 4.7　　　　　　　　　　　　　　　现 场 试 验 数 据

广西柳州供电局			贵州安顺供电局		
变电站	标准值/A	测量值/A	变电站	标准值/A	测量值/A
220kV 月山站	2	1.959	220kV 两所屯站	1	1.008
	4	3.971		5	4.989
	10	9.978		10	9.997
220kV 果山站	1	0.969	220kV 普定站	1	0.933
	5	4.983		5	4.925
	10	10.029		10	9.945
220kV 官塘站	1	0.956	220kV 幺铺站	1	—
	5	4.922		5	—
	10	9.901		10	—

4.2.5　在线监测数据对比分析

变压器中性点直流监测系统的建立，不仅能研究区域性直流电流在交流电网中的分布规律，而且能实现交流电网直流偏磁预警功能。监测系统可直接展示直流偏磁风险较大的变压器，提示运行人员采取直流抑制措施，同时可以验证抑制措施的效果及其对其他变压器中性点直流电流的影响。监测系统的应用可作为检修设备的决策依据，保障设备安全稳定运行和检修工作的质量。

直流输电系统在单极运行或者不对称运行的情况下，建立的广西、贵州直流电流监测系统未有报警事件出现，对安装以来各个站点出现超过 5A 电流的情况进行提取分析后发现，中性点直流电流绝对值大于 5A 的情况不是长时间的连续的大电流，超标电流为干扰信号。下面以安顺 220kV 普定变电站和广西 220kV 官塘变电站的记录数据为例（表 4.8 和表 4.9），说明干扰信号的存在时间。

1. 普定变电站（按照电流大小排序）

表 4.8　　　　　　　　　　普定变电站超标电流统计

序号	电流/A	温度 1/℃	温度 2/℃	时　间
1	−12.9072	29	39	2017 − 6 − 2 18：21
2	−5.96314	25	34	2017 − 6 − 11 21：22
3	5.26321	22	29.5	2017 − 6 − 9 7：18
4	5.2817	22	29.5	2017 − 6 − 9 7：18
5	5.60828	23	31.5	2017 − 8 − 19 23：04
6	7.09926	19	28	2017 − 6 − 12 6：09
7	8.33704	18.5	27	2017 − 6 − 12 6：40
8	8.92244	85	38	2017 − 8 − 18 18：31
9	10.67465	19	28.5	2017 − 6 − 12 6：02
10	11.04124	23.5	31	2017 − 6 − 9 1：04
11	11.20262	21.5	28.5	2017 − 6 − 15 13：08
12	12.5533	19	28.5	2017 − 6 − 12 6：04
13	13.0228	23.5	31	2017 − 6 − 10 2：49

表 4.8 中为中性点直流电流绝对值大于 5A 的情况，可以看出没有长时间连续的大电流出现，超标电流为干扰信号。

2. 官塘变电站（按照电流大小排序）

表 4.9　　　　　　　　　　官塘变电站超标电流统计

序号	电流/A	温度 1/℃	温度 2/℃	时　间
1	−7.96938	31	43.5	2017 − 8 − 10 11：43
2	−7.57268	35	52	2017 − 7 − 14 16：03
3	−7.12759	31	43.5	2017 − 8 − 7 21：25

续表

序号	电流/A	温度 1/℃	温度 2/℃	时　间
4	−6.95364	33	45.5	2017 − 7 − 14 10：15
5	−6.94305	85	50	2017 − 8 − 18 17：41
6	−6.93052	35	52	2017 − 8 − 7 18：30
7	−6.76025	30.5	43	2017 − 7 − 26 22：17
8	6.75689	85	38	2017 − 8 − 18 8：11
9	6.94751	85	40	2017 − 8 − 4 19：20
10	7.22952	27	40.5	2017 − 8 − 9 16：15
11	7.23041	27	39	2017 − 8 − 9 18：43
12	7.23236	27	39	2017 − 7 − 11 17：56
13	7.26398	30.5	43.5	2017 − 8 − 28 18：18
14	7.30917	26.5	39.5	2017 − 8 − 29 17：55
15	7.45369	25	36	2017 − 8 − 24 8：25
16	7.72298	31.5	48	2017 − 8 − 9 14：34

表 4.9 中为中性点直流电流绝对值大于 5A 的情况,可以明显看出没有长时间连续的大电流出现,超标电流为干扰信号。

4.3　本章小结

随着直流输电工程投运的增多,采用直流输电系统大地回线运行方式日益频繁,变压器直流偏磁问题越来越严重。本章介绍了一种基于特征电阻法的直流电流传感器,并投入了实际工程应用,实现了对变压器直流偏磁电流的在线监测。变压器中性点直流电流监测系统的建立对电网的安全稳定运行具有以下重大意义:

(1) 监测系统的建立为开展变压器直流偏磁的影响研究提供了重要数据。

(2) 通过对监测数据的统计分析,掌握了广东省受直流偏磁影响严重的区域分布,对新建变电站等设施的选址具有重要指导意义,并为后续的直流偏磁治理工作打下了坚实的基础。

(3) 监测系统的报警功能为调度人员采取措施降低直流输电功率或改变电网运行方式、确保电网安全稳定提供了决策依据。

(4) 在贵州地区和广西地区电网直流极附近 6 个 220kV 变电站安装了直流电流监测装置,构建了区域交直流混联电网直流偏磁同步监测预警分析系统,监测系统积累的历史数据为电力系统直流偏磁事故分析提供了重要依据。

第 5 章

直流偏磁评估软件的开发与利用

5.1 概述

针对交流电网直流偏磁电流的评估计算及抑制措施等问题，为使直流偏磁的分析计算及抑制措施研究具有直观性，开发了交流电网直流电流分布仿真计算软件。该软件为直流输电工程的早日投运作出了巨大贡献，节约了大量的时间和人力物力资源。软件的框架图如图 5.1 所示。

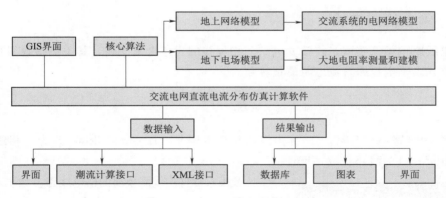

图 5.1　软件的框架图

软件主要包括 4 个功能：数据输入、界面显示、数值计算和后处理。下面对软件架构、相关功能的设计和开发、数据库的支持实现、接口程序和软件对比验证做逐一介绍。

5.2 软件的架构设计

交流电网直流电流分布仿真计算软件功能及架构如下。

基于 Microsoft Visual Studio 2017 开发平台，利用 C♯ 开发语言，开发了 C/S 模式和 B/S 模式的大地电场仿真模块。其核心算法包括层状土壤格林函数的智能推导，直接利用计算机代替人进行抽象的理论推导。还包括了计算格林函数的智能复镜像模块，直接利用计算机代替人完成格林函数波形自适应采样，并通过计算机自动调整复镜像法相关参数实现水平多层土壤格林函数的高精度求解，实现了多分辨率采样和自动控制精度的复镜像拟合。

软件包含了各电网元件对应的仿真模型以及交流电网直流电流分布计算总仿真模块，实现了交流电网的直流电流分布计算。软件统筹考虑地电位分布和接地电阻在直流电流分布中的重要性，开发了交流电网直流电流分布计算总仿真模块，弥补了这方面研究的不足。本章所述的开发模型都是电网地上模型，属于电路模型范畴，地下模型属于电场模型范畴，两者通过交流电网直流电流分布计算总仿真模块实现连接，构成完整的场 - 路耦合模型。

软件还包括单个变压器直流偏磁风险评估模块和电网整体直流偏磁风险评估模块，提出用直流偏磁风险系数来表示直流偏磁风险大小，风险系数越大，直流偏磁风险越大。

此外，软件还包含了直流偏磁抑制措施仿真模块，包括：变压器中性点串联电阻模块、变压器中性点串联电容模块和电流注入法模块，为变压器中性点串联电阻、变压器中性点串联电容和电流注入法等直流偏磁抑制措施的应用提供了有效的评估工具。

5.3　软件的功能及界面

5.3.1　输电线路模块

输电线路模型其实就是连接变电站三相母线的三条电阻支路，其关键参数为直流电阻和接线方式。输电线路直流电阻的估算公式为

$$R_{\mathrm{L}} = \frac{\rho D}{S} \tag{5.1}$$

式中：R_{L} 为线路一相电阻，Ω；ρ 为线路材料电阻率，$\Omega \cdot \mathrm{mm}^2/\mathrm{km}$；$S$ 为一相线路的截面积，mm^2；D 为线路长度，km。

图 5.2　输电线路参数主对话框

C/S 模式软件中线路模块的输电线路参数主对话框如图 5.2 所示；输电线路起点、终点母线选择对话框如图 5.3 所示；输电线路回线参数输入对话框如图 5.4 所示。

构建输电线路仿真模型需要知道的相关参数有输电线路名称和线路回数。针对每条输电线路回线，还需要知其电压等级、起点和终点母线、电阻率、长度和横截面积。而变电站母线模型封装在变电站模型中，所以操作人员可以在对应变电站下选择正确的母线节点。其中，输电线路回线电压等级的单位为 kV；电阻率单位为 $\Omega \cdot \mathrm{mm}^2/\mathrm{km}$；长度的单位为 km；横截面积的单位为 mm^2。

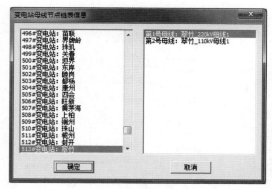

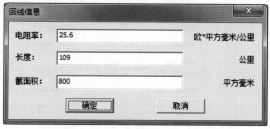

图 5.3　输电线路起点、终点母线选择对话框　　　　图 5.4　输电线路回线参数输入对话框

5.3.2　变压器模块

变压器模型包括变压器绕组类型、绕组直流电阻、变压器母线。三角形接线绕组由于零序开路的特性，故可以忽略，所以 Y/D 双绕组变压器在直流分布模型可以看成是 Y 单绕组变压器，Y/Y/D 三绕组变压器的直流分布模型可以看成是 Y/Y 的双绕组变压器。

直流电流分布计算中，还需要区分变压器是否为自耦变压器。因为双绕组变压器中性点可能是处于断开与接地网的连接状态的，也可能通过小电抗接地，有时也会因为抑制直流偏磁需要而在中性点串联电阻或者电容。而自耦变中性点处于可靠接地状态，三相的串联绕组和公共绕组中间引出中压侧，高压侧则是从串联母线出口处接出。

C/S 模式软件中变压器模块封装在变电站模型对话框（图 5.5）中。

软件区分变压器为单绕组变压器、双绕组变压器（含三绕组变压器）和自耦变压器，其对话框分别如图 5.6～图 5.8 所示。

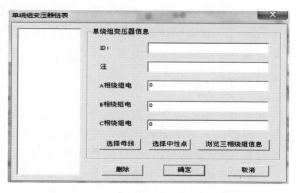

图 5.5　变电站模型对话框　　　　　　　　　图 5.6　单绕组变压器对话框

99

 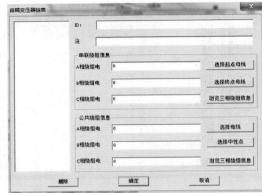

图 5.7　双绕组变压器（含三绕组变压器）对话框　　　图 5.8　自耦变压器对话框

变压器绕组母线选择对话框如图 5.9 所示；变压器绕组中性点选择对话框如图 5.10 所示。

 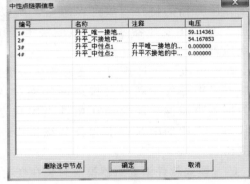

图 5.9　变压器绕组母线选择对话框　　　图 5.10　变压器绕组中性点选择对话框

构建变压器仿真模型需要知道的相关参数有变压器名称、电压等级和变压器类型（单绕组变、双绕组变和自耦变）。

对于单绕组变压器，需要知道其绕组直流电阻、绕组母线和绕组中性点；对于双绕组变压器，需要知道其高压绕组和中压绕组的直流电阻、母线及中性点；对于自耦变压器，需要知道其串联绕组直流电阻和母线，公共绕组直流电阻、母线和中性点。

5.3.3　变电站模块

变电站模型是整个直流电流分布计算的核心模型，体现多维模型的复杂性：变电站地下部分模型以入口电阻和地表电位的方式表示；变电站的中性点和母线体现变电站和系统的运行方式和接线方式；变压器作为模型的核心元件连接中性点和母线。

C/S 模式软件中变电站模型对话框如图 5.11 所示。

变电站模型中包含变压器模型、中性点模型和母线模型。其中，变电站中性点模型对话框如图 5.12 所示；变电站母线模型对话框如图 5.13 所示。

图 5.11 变电站模型对话框

图 5.12 变电站中性点模型对话框

（a）三相节点模型信息对话框

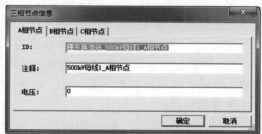

（b）三相节点模型信息对话框

图 5.13 变电站母线模型对话框

除构建内置的变压器模型、母线模型和中性点模型外，构建变电站仿真模型还需要知道的相关参数有变电站名称、经纬度、电压等级和接地电阻。其中，经纬度的单位为度；电压等级的单位为 kV；接地电阻的单位为 Ω。

5.3.4 杆塔–避雷线系统模块

虽然直流输电入地电流在交流电网中的主要分布路径为低阻支路（中性点接地运行的变压器及输电线路），但交流电网另外还有很多直流电流分布的路径，如杆塔–避雷线系统。

直流输电入地电流除了通过中性点直接接地变压器及其相连线路从一个变电站流向另一个变电站外，连接两变电站输电线路的架空地线也会与两变电站的接地网相连。一部分电流会从架空地线流过，这将改变变电站之间的电位差，从而影响流过变压器绕组的直流电流。因此，在分析交流电网直流电流分布时应该考虑杆塔–避雷线系统的影响。

杆塔–避雷线系统模块示意图如图 5.14 所示。

5.3.5　交流电网直流分布计算的总仿真模块

交流电网直流分布计算的总仿真模块封装于计算命令中，下面仅简要地介绍计算的原理。

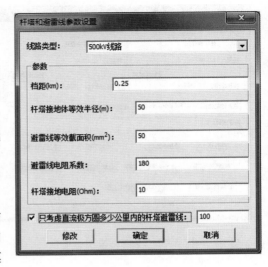

图 5.14　杆塔-避雷线系统模块示意图

若交流电网总共有 m 个变电站，b 个母线节点，n 个独立中性点，则由节点电压法有

$$YV = J \tag{5.2}$$

式中：V 为电网节点电压列向量，$V = [V_S; V_N; V_B]$。其中，V_S、V_N、V_B 分别为变电站节点电压、独立中性点电压、母线电压列向量。若中性点与变电站节点短接，则在本书模型中删去该站的中性点，仅保留变电站节点。Y 为电网节点电导矩阵，$Y = H^T G + Q$。其中，H 为变电站节点与所有节点间的关联矩阵，H^T 为 H 的转置，$H_{m \times (m+n+b)} = [E_m \ 0_{m \times n} \ 0_{m \times b}]$，$E_m$ 为 m 阶单位阵；G 为变电站接地电导阵，$G = R^{-1}$，$R = \text{diag}(R_{G1}, R_{G2}, \cdots, R_{Gm})$，$R_{Gi}$ 为第 i 个变电站直流接地电阻（Ω）。Q 为交流电网地上网络节点电导矩阵。J 为电网节点注入电流列向量：

$$J = [J_S; J_N; J_B] = [GP; 0; 0] = H^T GP \tag{5.3}$$

式中：J_S、J_N、J_B 分别为变电站节点、独立中性点、母线节点注入电流列向量，A；P 为变电站的感应电位列向量，V；由接地理论有

$$P = MI_D + NI_A \tag{5.4}$$

式中：I_D 为直流极入地电流，A；I_A 为注入变电站接地网的直流电流，A；M 为直流极与变电站间互阻矩阵，Ω；N 为变电站间（不包括自身作用）的互阻矩阵，Ω；P 为变电站感应电位，指中性点与零位点间的入口电位，V。

变电站接地电阻和感应电位的定义可以称为在中性点进行的"戴维南等效"。此时注入变电站接地网的直流电流为

$$I_A = G(V_A - P) \tag{5.5}$$

式中：V_A 为变电站节点电压，V；其定义为

$$V_A = HV \tag{5.6}$$

联立式（5.2）～式（5.6）有

$$(R - ZN)I_A = ZMI_D \tag{5.7}$$

求解式（5.7）即可得到注入变电站接地网的直流电流 I_A。此时节点电压为

$$V = Y^{-1}H^T G(MI_D + NI_A) \tag{5.8}$$

令交流电网模型中支路总数为 w，此时支路电压列向量 V_b 为

$$V_b = BV \tag{5.9}$$

支路电流列向量 I_b 为

$$I_b = G_b V_b \tag{5.10}$$

式中：G_b 为 $w \times w$ 维支路电导矩阵。

令交流电网模型中自耦变串联绕组支路总数为 q，则自耦变串联绕组的直流电流列向量 I_s 为

$$I_s = SI_b = SG_b V_b = SG_b BV = SG_b BY^{-1} H^T G (MI_D + NI_A) \tag{5.11}$$

式中：S 为自耦变串联绕组支路与所有支路间的 $q \times w$ 维关联矩阵。

根据式（5.2）～式（5.11）即可求得整个交流电网的直流电流分布。

交流电网直流电流分布的本质是在众多埋地接地导体的互阻耦合情况下，交流电网的等效低阻网络为入地直流电流提供了大地外的散流路径。

5.3.6　直流偏磁抑制措施仿真模块

目前，抑制交流电网直流电流分布的措施主要有变压器中性点串联电阻法、变压器中性点串联电容法、直流电流注入法。

5.3.6.1　中性点串联电阻/电容模块

中性点串联电阻/电容方法的模型非常简单，中性点串联电阻无非是在变压器中性点和变电站节点间接入电阻支路；电容法只是断开变压器中性点与变电站节点间的支路。

C/S 模式软件中变压器中性点串联电容法模块的输入界面见图 5.15 和图 5.16。

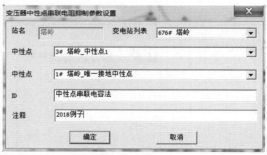

图 5.15　整个电网的变压器中性点
串联电容法信息汇总图

图 5.16　单个变电站中性点串联
电容法的参数设置

C/S 模式软件中变压器中性点串联电阻法模块的输入界面见图 5.17 和图 5.18。

中性点串联电阻/电容方法对单个站点的抑制效果好，技术性和经济性较高，大规模交流电网大范围采用抑制直流偏磁措施的原则如下：

（1）中性点串联电阻/电容方法应从中性点直流电流最严重和距离直流极最近的站点入手。

（2）若仿真计算与实测结果有出入，仍然以上述原则开展抑制工作。

（3）交流电网进行了直流电流抑制工作后，若仍有站点超标，则沿用原则（1）继续开展抑制工作，直到所有站点达标为止。

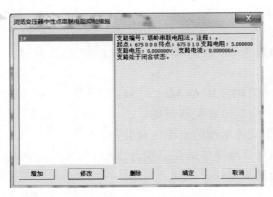

图 5.17 整个电网的变压器中性点串联
电阻法信息汇总图

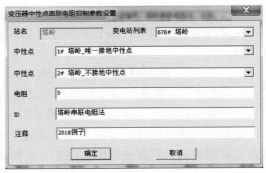

图 5.18 单个变电站中性点串联
电阻法的参数设置

（4）在抑制工作已开展但电网参数改变的情况下，抑制直流分布工作仍应按原则（1）进行。

5.3.6.2 电流注入法模块

电流注入法属于有源方法，其本质是通过变压器中性点注入适量的直流电流以补偿变电站线路间电位差，C/S 模式软件中电流注入法模块的输入界面见图 5.19 和图 5.20。

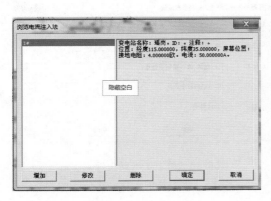

图 5.19 整个电网的电流注入法信息汇总图

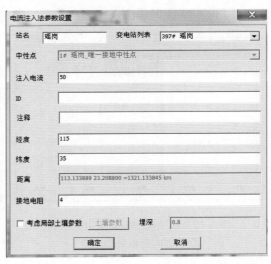

图 5.20 单个变电站电流注入法的参数设置

5.4 软件接口及数据库

5.4.1 直流网络接口

5.4.1.1 潮流计算

潮流计算是指在给定电力系统网络拓扑、元件参数和发电、负荷参量条件下，计算有功功率、无功功率及电压在电力网中的分布。通常给定的运行条件有系统中各电源和负荷点的功率、枢纽点电压、平衡点的电压和相位角。待求的运行状态参量包括电网各母线节点的电压幅值和相角，以及各支路的功率分布、网络的功率损耗等。

潮流计算是电力系统分析最基本的计算，除它自身的重要作用之外，在众多电力系统仿真计算软件中，如 PSASP（电力系统分析综合程序）、BPA、PSS/E 和 NETOMAC中，潮流计算一直是网损计算、静态安全分析、暂态稳定计算、小干扰静态稳定计算、短路计算、静态和动态等值计算的基础。

在电力系统运行方式和规划方案的研究中，都需要进行潮流计算，比较运行方式或规划供电方案的可行性、可靠性和经济性。同时，为了实时监控电力系统的运行状态，也需要进行大量而快速的潮流计算。因此，潮流计算是电力系统中应用最广泛、最基本和最重要的一种电气运算。在系统规划设计和安排系统的运行方式时，采用离线潮流计算；在电力系统运行状态的实时监控中，则采用在线潮流计算。

直流电流分布计算也是和潮流计算一样都是针对给定电力系统网络拓扑的交流电网计算，只是元件参数不一，直流电流分布计算忽略了 110kV 以下的电网信息且需要计算场参数。潮流计算求解的是有功功率/无功功率及电压在电力网中的分布，直流电流分布计算只是简单的计算直流电流分布。另外，两者算法不一，直流电流分布计算直接求解方程即可，而潮流计算通常使用迭代方法。既然潮流计算已经具备直流电流分布计算所需的接线信息，直流电流分布计算软件需要开发接口程序载入这些信息。

5.4.1.2 获取直流网络

获取交流电网直流网络信息是直流分布计算的重要环节，它主要包括：变电站的地理位置信息、交流电网的接线信息、交流电网设备的直流参数。其中，变电站的地理位置信息和交流电网设备的直流参数是基本不变的（即使是新建变电站和增加设备，原有的信息也不会改变）；交流电网的接线信息却是多变的，电网一年中会有多种运行方式，不同运行方式的直流电流分布也是不一样的。

全面、准确、快速地获取交流电网的直流网络信息是目前直流分布计算的关键。直流网络信息的提取主要分为历史信息查询、实时信息获取和规划信息整理。历史信息和实时信息指的是发生直流电流入地时间段内交流电网直流网络接线信息，主要作为直流分布计算结果与测量值的对比之用。规划信息指规划中的交流电网直流网络信息，主要作为预测直流分布和选取抑制措施之用。目前大型交流电网的信息量大，加上电网的接线方式多变，手工整理的方法烦琐且容易出错，所以迫切需要快捷准确的新方法。

借助潮流计算数据可以得到直流网络的接线信息，可以开发专用的接口程序载入潮流计算数据来获取交流电网的等效直流网络拓扑关系，直流电流分布计算的算法流程示意图如图5.21 所示。

这种方法具有通用性，可以作为实时信息

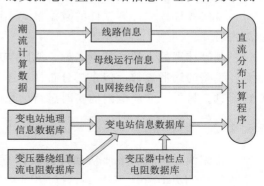

图 5.21 算法流程示意图

和规划信息整理之用，也可以开发出一套在线的数据整理系统来实现直流分布在线计算。这样就可以进行电网信息的全面、实时、准确的载入，更高效灵活地开展直流分布的计算工作。

5.4.1.3　潮流计算接口

在此之前，国内已有部分学者和研究人员对各种电力系统仿真软件数据进行相互转换和计算结果的对比分析，但尚未有交流电网潮流数据转换直流网络信息的描述。下面以BPA 为例，说明如何从潮流计算的数据导入交流电网的直流网络信息。

BPA 主要的数据卡片可分为 4 类，分别为区域控制、节点数据、支路数据及节点数据修改卡，其中，节点数据卡和支路数据卡是需要载入的内容。

节点数据卡的内容包括 B 卡（交流节点卡）、BD 卡（两端直流节点卡）、BM 卡（多端直流节点卡）、X 卡（可切换电抗、电容器卡）。

支路数据卡的内容包括 L 卡（对称线路卡）、LD 卡（两端直流线路卡）、LM 卡（多端直流线路卡）、T 卡（变压器和移相器卡）、R 卡（带负荷调压变压器调节数据卡）、E 卡（不对称等值支路卡）、RZ 卡（可快速调整的线路串补数据卡）。

在本书提及的方法中，只需要载入 B 卡（交流节点卡）、E 卡（不对称等值支路卡）和 L 卡（对称线路卡）即可。

B 卡（交流节点卡）的字段有效信息参见表 5.1：

表 5.1　　　　　　　　　　　　　　B　卡　示　表　图

位置	1	2	3	4～6	7～14	15～18	19～20
信息	B	母线类型	修改码	所有者代码	节点名称	基准电压	分区名称

L 卡（对称线路卡，该卡用于模拟对称的 π 形支路）的字段有效信息参见表 5.2。

表 5.2　　　　　　　　　　　　　　L　卡　示　表　图

位置	1	3	4～6	7～14	15～18	20～27	28～31
信息	L	修改码	所有者代码	节点 1 名称	基准电压 1	节点 2 名称	基准电压 2

因此可以从潮流计算文件中载入节点名称、线路与节点间的连接关系。另外，潮流计算数据中还可能有节点与变电站隶属关系、线路的线形参数等信息。

虽然各种潮流计算软件的数据格式不同，但潮流计算所需的信息可作转化，在此不作深入研究。

潮流计算载入的是节点名称、线路与节点连接关系，可能附加了节点与变电站隶属关系、线路的线形参数，但直流分布计算还需要变电站地理位置信息、交流电网设备直流参数信息。另外，交流电网的实时运行信息的整理方法也是值得深入研究的问题。

5.4.2　数据库

直流偏磁风险多维评估软件仿真计算所需的所有参数信息都被存放在数据库中（图5.22），在 Microsoft SQL Server 2012 中构建数据库 ZLPC ＿ PGXT1 用来存放上述参数信息。

由图 5.22 可知，数据库 ZLPC＿PGXT1 中包含的数据表有：dbo．Admin、dbo．变电站、dbo．电流注入、dbo．土壤模型、dbo．线路、dbo．直流极、dbo．中性点串联电容和 dbo．中性点串联电阻。其中，数据表 dbo．Admin 用来存放软件管理员账号密码信息，其他数据表的用途一目了然，在此不作详述。

本书中还开发了专门的快速查看数据接口程序，用户可以快速查看交流电网直流电流分布计算的建模信息，包括所有变电站、变压器、输电线路等的仿真模型参数信息。其中，变电站基本信息界面如图 5.23 所示。

图 5.22　数据库系统界面

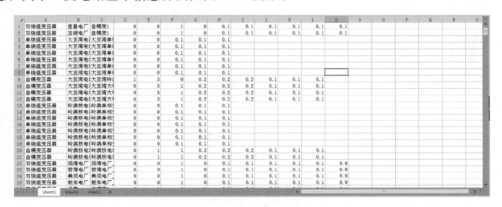

图 5.23　变电站基本信息界面

5.5　云南电网实例分析

5.5.1　云南电网建模

根据云南电网实际情况，针对云南电网内所有 220kV 和 500kV 的网架结构进行建模计算。电网内线路以及变压器参数尽量接近实际，接地电阻是变电站节点与零位点间的等效电阻，变电站接地电阻与站址附近土壤相关，这与直流电流分布计算的全局土壤参数冲突。计算时取变电站工频接地电阻的测量值或典型值近似代替变电站的直流电阻。由于厂站的接地电阻仅有一部分已知，未知的接地电阻数值采用相应电压等级厂站接地电阻的平均值，即 500kV 厂站采用 0.3Ω，220kV 厂站采用 0.5Ω。

自耦变压器串联绕组连接高压母线和中压母线，中压母线再经公共绕组接中性点或中性点串联设备（如小电抗、中性点抑制直流电流设备），其他形式变压器（如三绕组变压器）则是高压母线和中压母线经过各自绕组接中性点或中性点串联设备。其中母线的设置等效为母线节点的形式。500kV 变电站内大量使用的自耦变压器，自耦变中性点直接接地，两个 220kV 变电站母线节点经各自公共绕组接各自的中性点或中性点串联设备。中性点串联设备模型等效电阻支路连接变压器中性点和变电站节点。若中性点串联设备为电

107

容，则断开中性点和变电站节点的连接即可。

极址附近变电站的变压器中性点直流电流分布如图 5.24 所示。云南电网的直流偏磁计算结果参见表 5.3，因为变电站站点众多，所以表 5.3 结果只列出离接地极最近的 16 个站点。

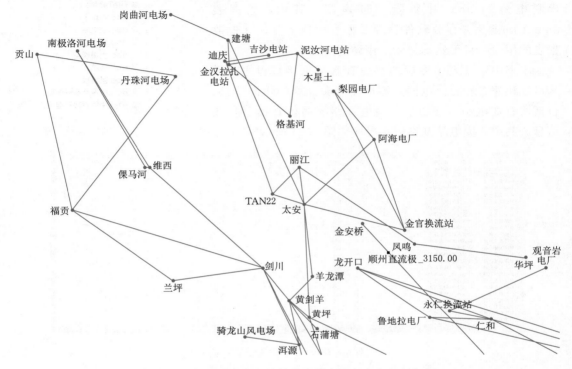

图 5.24　极址附近变电站的变压器中性点直流电流分布

表 5.3　　　　　　　　　　　　　　云南电网直流偏磁计算结果汇总

站点	接地电阻/Ω	电压等级/kV	变压器中性点地电流/A	直流偏磁电流/A
凤鸣站	0.3	220	−0.99	0.33
金官换流站	0.2	500	−1.37	0.46
龙开口站	0.2	500	−1.15	0.38
金安桥站	0.2	500	−0.37	0.12
羊龙潭站	0.3	220	−0.10	0.03
鲁地拉电厂	0.2	500	0.10	0.03
永仁换流站	0.2	500	−0.07	0.02
太安站	0.2	500	0.54	0.02
黄坪站	0.2	500	0.07	0.03
石蒲塘站	0.3	220	0.05	0.02
剑川站	0.3	220	−0.11	0.04
仁和站	0.2	500	0.20	0.07
华坪站	0.3	220	0.55	0.18
丽江站	0.3	220	0.42	0.14
阿海电厂	0.2	500	0.14	0.05
洱源站	0.3	220	−0.04	0.01

5.5.2　计算结果与实测数据的对比

（1）测试时间：2018 年 5 月 27 日 8：30—12：55，入地电流 0～2516A，变压器中性点电流测试结果参见表 5.4。每千安入地电流对应的中性点直流电流及误差见表 5.5。

表 5.4　　　　　　　　　　变压器中性点电流监测结果　　　　　　　　　　单位：A

入地电流	凤鸣站 220kV 中性点	凤鸣站 110kV 中性点	华坪站 1 号变压器 220kV 中性点	华坪站 1 号变压器 110kV 中性点	华坪站 2 号变压器 220kV 中性点
0	0.56	−0.03	0.02	0.02	0.02
700	1.72	0.04	0.4	0.27	0.57
1600	3.5	0.06	1.28	0.37	1.19
2516	6.23	0.1	2.4	0.7	1.81

入地电流	华坪站 2 号变压器 110kV 中性点	丽江站 220kV 中性点	丽江站 110kV 中性点	太安站 1 号变压器 500kV 中性点	太安站 3 号变压器 500kV 中性点
0	0.02	0.12	0.12	−0.02	−0.06
700	0.29	0.57	0.22	−0.87	0.11
1600	0.31	1.35	0.16	0.51	0.52
2516	0.72	2.05	0.35	1.18	1.05

入地电流	黄坪站 500kV 中性点	羊龙潭站 220kV 中性点	羊龙潭站 110kV 中性点	洱源站 220kV 中性点
0	0.65	0.46	0.76	0.52
700	2.482	0.2	0.91	−0.34
1600	4.988	0.18	1.11	−1.54
2516	7.365	0.19	1.39	−3.94

表 5.5　　　　　　　每千安入地电流对应的中性点直流电流及误差

中　性　点	每千安入地电流对应的中性点直流电流/A	误差百分数/%
凤鸣站 220kV 中性点	2.47615262321145	9.44
凤鸣站 110kV 中性点	0.0397456279809221	12.17
华坪站 1 号变压器 220kV 中性点	0.953895071542130	−11.19
华坪站 1 号变压器 110kV 中性点	0.278219395866455	12.40
华坪站 2 号变压器 220kV 中性点	0.719395866454690	3.97
华坪站 2 号变压器 110kV 中性点	0.286168521462639	−12.07
丽江站 220kV 中性点	0.814785373608903	−6.64
丽江站 110kV 中性点	0.139109697933227	1.40
太安站 1 号变压器 500kV 中性点	0.468998410174881	13.72
太安站 3 号变压器 500kV 中性点	0.417329093799682	13.94
黄坪站 500kV 中性点	2.92726550079491	−10.27
羊龙潭站 220kV 中性点	0.0755166931637520	14.11
羊龙潭站 110kV 中性点	0.552464228934817	13.71
洱源站 220kV 中性点	−1.56597774244833	−0.43

（2）测试时间：2018 年 6 月 24 日 8：30—11：55，入地电流为 0～3125A，测试结果见表 5.6。每千安入地电流对应的中性点直流电流及误差见表 5.7。

表 5.6　　　　　　　　　　　　变压器中性点电流监测结果　　　　　　　　　　　单位：A

入地电流	凤鸣站 220kV 中性点	凤鸣站 110kV 中性点	华坪站 1 号变压器 220kV 中性点	华坪站 1 号变压器 110kV 中性点	华坪站 2 号变压器 220kV 中性点
0	−0.36	−0.04	0.39	0.35	0.8
700	−1.63	−0.93	0.79	0.69	0.53
1600	−3.61	−2.08	1.1	0.29	0.88
3125	−7.04	−4.01	2.78	0.85	1.3

入地电流	华坪站 2 号变压器 110kV 中性点	丽江站 220kV 中性点	丽江站 110kV 中性点	太安站 1 号变压器 500kV 中性点	太安站 3 号变压器 500kV 中性点
0	0.36	−0.26	−0.12	0.05	0.06
700	0.24	−0.46	−0.33	0.53	0.62
1600	0.23	−0.92	−0.26	1.39	1.56
3125	0.52	−3.04	0.28	2.9	2.9

入地电流	黄坪站 500kV 中性点	羊龙潭站 220kV 中性点	羊龙潭站 110kV 中性点	洱源站 220kV 中性点	洱源站 110kV 中性点
0	0.4	−0.1	0.2	0.64	0.4
700	1.92	−0.08	0.31	1.02	0.13
1600	4.23	0.14	0.53	2.54	0.24
3125	7.12	0.34	0.91	4.51	0.61

表 5.7　　　　　　　　　每千安入地电流对应的中性点直流电流及误差

中性点	每千安入地电流对应的中性点直流电流/A	误差百分数/%
凤鸣站 220kV 中性点	−2.25280	8.40
凤鸣站 110kV 中性点	−1.28320	−10.02
华坪站 1 号变压器 220kV 中性点	0.88960	−2.19
华坪站 1 号变压器 110kV 中性点	0.2720	11.64
华坪站 2 号变压器 220kV 中性点	0.4160	8.18
华坪站 2 号变压器 110kV 中性点	0.16640	12.86
丽江站 220kV 中性点	−0.97280	4.36
丽江站 110kV 中性点	0.08960	−13.00
太安站 1 号变压器 500kV 中性点	0.9280	9.77
太安站 3 号变压器 500kV 中性点	0.9280	12.15
黄坪站 500kV 中性点	2.27840	5.00
羊龙潭站 220kV 中性点	0.10880	7.21
羊龙潭站 110kV 中性点	0.29120	6.80
洱源站 220kV 中性点	1.44320	−3.01
洱源站 110kV 中性点	0.19520	8.40

通过在直流偏磁评估软件中搭建 2018 年云南电网直流分布计算模型，对云南电网所有 500kV 和 220kV 变电站的中性点入地电流和直流偏磁电流进行仿真计算。结果表明，顺州极址附近变电站中，变压器中性点电流最大值为 1A，直流偏磁电流仅为 0.3A，远低于允许值。将软件的计算评估结果与变电站现场检测结果比对，结果表明，计算模型的计算精度理想，计算误差在 15％之内。

按直流偏磁风险评估原则 1 和风险评估原则 2，顺州极址附近所有变压器的直流偏磁电流并没有越限，不需要采取治理措施。

5.6　贵州电网实例分析

5.6.1　贵州电网建模

在直流偏磁评估计算软件中，针对贵州电网内所有 220kV 和 500kV 的网架结构进行建模计算。接地电阻及全局土壤参数的选取原则、变压器及变电站节点的建立原则同云南电网，在此不再赘述。

5.6.2　计算结果与实测数据的对比

绥阳测点下贵州电网直流偏磁计算结果与实测数据的对比见表 5.8。

表 5.8　　　　　　　　绥阳测点下贵州电网直流偏磁计算结果与实测数据的对比

站点	电压等级/kV	计算值/A	测量值/A	计算误差/％
幺铺站	220	−1.44	−1.27	13.39
普定站	220	−1.37	−1.51	−9.27
两所屯站	220	−1.76	−1.92	−8.33

通过建立 2018 年贵州电网直流分布计算模型，对贵州电网所有 500kV 和 220kV 变电站的中性点入地电流和直流偏磁电流等进行仿真计算，并与变电站现场检测结果比对。结果表明，220kV 两所屯变电站变压器中性点电流最大值为 −1.92A，3 个测量变电站的中性点直流电流均小于 2A，计算模型的计算精度理想，所有变电站计算精度误差在 14％之内。

5.7　广西电网实例分析

5.7.1　广西电网建模

针对广西电网内所有 220kV 和 500kV 的网架，在直流偏磁评估计算软件中进行建模计算。接地电阻及全局土壤参数的选取原则、变压器及变电站节点的建立原则同云南电网，在此不再赘述。

5.7.2　计算结果与实测数据的对比

那斌测点下广西电网直流偏磁计算结果与实测数据的对比见表 5.9。

表 5.9 那斌测点下广西电网直流偏磁计算结果与实测数据的对比

站点	电压等级/kV	计算值/A	测量值/A	计算误差/%
月山站	220	−1.04	−1.17	−11.11
果山站	220	−0.97	−1.11	−12.61
官塘站	220	−0.86	−0.92	−6.52

通过建立 2018 年广西电网直流分布计算模型，对广西电网所有 500kV 和 220kV 变电站的中性点入地电流和直流偏磁电流等进行仿真计算，并与变电站现场检测结果比对。结果表明，变压器中性点电流最大值为 −1.17A，直流偏磁影响不明显；计算模型的计算精度理想，所有变电站计算误差在 13% 之内。

5.8 广东电网实例分析

5.8.1 广东电网建模

针对广东电网内所有 220kV 和 500kV 的网架，在直流偏磁评估软件中进行建模计算。接地电阻及全局土壤参数的选取原则、变压器及变电站节点的建立原则同云南电网，在此不再赘述。

在直流偏磁仿真计算软件中计算 2025 年广东电网网架结构下，分析广东电网中相关变压器在观音阁、鱼龙岭、长翠村、莘田、天堂直流极单极运行时受到的影响。根据现有资料，已有 109 个变电站采取了电容隔直的措施抑制直流偏磁的情况，故在建模时考虑这一情况。

5.8.2 计算结果与实测数据的对比

广东电网直流偏磁计算结果与实测数据的对比见表 5.10，因为广东变电站站点众多，所以表 5.10 只列出最近的 11 个站点。

表 5.10 广东电网直流偏磁计算结果与实测数据的对比

变电站	接地电阻/Ω	电压等级/kV	计算值/A	测量值/A	计算误差/%
塔岭站	0.3	220	15.6	16.45	5.4
热水站	0.3	220	−14.6	−15.88	8.7
上寨站	0.5	500	15.4	14.58	5.3
龙川站	0.3	220	6.82	6.83	0.1
升平站	0.3	220	9.26	8.42	9.98
云峰站	0.2	220	18.34	16.60	9.4
翁江站	0.2	500	17.12	15.38	10.1
昆山站	0.3	220	7.2	6.01	16.5
博罗站	0.2	500	9.10	8.61	5.3
嘉应站	0.3	500	15.23	13.64	10.4
河源站	0.2	220	−7.14	−6.19	13.3

　　通过建立 2018 年广东电网直流分布计算模型，对广东电网所有 500kV 和 220kV 变电站的中性点入地电流和直流偏磁电流等进行仿真计算，并与滇西北直流工程调试时变电站现场检测结果比对。结果表明，长翠村极址附近变电站中，变压器中性点电流最大值为16.6A，并且多个变电站有超过 8A 的情况发生，直流偏磁影响明显且危害严重。通过对比仿真计算结果与实测值，发现模型的计算精度理想，大部分变电站计算精度误差在10％之内，最大计算误差不超过 17％。其中，河源局的上寨站、塔岭站、热水站、龙川站、云峰站、升平站，惠州局的昆山站，韶关局的瓮江站等因距长翠村直流极较近，并且电气连接较为紧密，均有直流偏磁电流超标的情况，应尽快采取直流偏磁直流措施。

　　由于长翠村接地极附近变电站大多已安装电容型隔直装置，所以在单极大地运行方式时，受其影响较严重的变电站会相继投入隔直装置，其实测结果难以比较。与此同时，其他计算结果正常的变电站，可能由于电容型隔直装置的投入，直流偏磁电流二次分配超标，高于允许值。

　　综上所述，交直流混联电网直流偏磁预警分析与防御系统计算结果准确可靠，为长翠村接地极对周边电力变压器的影响进行了有效直流偏磁风险评估。

5.9　本章小结

　　综合本章节介绍的相关内容，结论如下：

　　(1) 本章结合南方电网实际情况，介绍了一种完善的直流偏磁电流在交直流电网分布计算方法，该方法可以满足目前任意结构参数的交流电网直流电流仿真计算要求。

　　(2) 针对 500kV 自耦式变压器串联绕组和公共绕组存在电气联系，提出 500kV 自耦式变压器直流偏磁电流计算方法。

　　(3) 在理论分析和现场测试的基础上，研发了一套适用于南方电网的直流偏磁电流计算分析软件，并通过现场测试数据进行校验，大部分变电站计算精度误差在 10％之内，最大计算误差不超过 17％，满足工程应用要求。

第6章

变压器直流偏磁耐受能力分析

6.1 概述

通过现场实测或仿真计算了解到变压器绕组流过的直流电流后，需要解决的另一个问题是在保证安全运行的条件下，评估变压器直流偏磁电流的耐受能力，解决那些存在直流偏磁的变压器需要采取直流抑制措施的问题，以保证变压器乃至电网的安全、可靠运行。本章内容研究的目标是提出变压器耐受直流电流的能力评价指标。

6.1.1 研究路线与内容

为了更加深入研究变压器的直流偏磁及相关问题，需要对变压器内部磁场进行仿真分析，以磁场计算结果为基础，对铁芯性能和结构件的损耗进行计算分析，进而进行温升、承受直流偏磁能力的评价。对于变压器在直流偏磁条件下的磁场分析、偏磁特性、损耗计算等参数计算，采取仿真和模型试验研究同步进行的方案，将仿真计算结果与模型试验测量结果进行比较分析，用仿真计算指导试验测量，反过来靠试验测量结果验证仿真计算的正确性。对于变压器在直流偏磁条件下的温升、振动、噪声等性能参数的研究则以试验为主。主要工作包括以下内容：

（1）在交直流同时作用下非线性、非对称瞬态三维变压器电磁场的有效计算方法研究。

（2）变压器铁芯在偏磁状况下磁场特性等指标的测试方法研究及相应分析。

（3）变压器空载损耗和空载电流计算。

（4）变压器结构件附加损耗计算。

（5）选定典型产品（铁芯中具有直流磁通），在不同直流偏磁状况下，对铁芯空载损耗、空载电流进行计算，并与试验结果比较。

（6）带直流偏磁功能的变压器试验系统的研制。

（7）变压器在偏磁条件下损耗、温升、振动、噪声的测试研究。

（8）研究变压器耐受直流偏磁能力。

6.1.2　仿真计算关键技术问题

要进行变压器的直流偏磁仿真计算，关键之一是要选择合适的电磁场分析计算软件，关键之二是必须解决仿真赖以进行的材料特性等基础数据问题，才能进行直流偏磁模型和变压器产品的仿真计算。

6.1.2.1　仿真分析软件

仿真计算的分析软件包括两部分：一部分是励磁电流的仿真计算软件；另一部分是有限元磁-热场分析软件。由于直流偏磁条件下励磁电流的波形是有限元磁-热场仿真计算分析的基础（电流激励源），而交直流共同激磁时的励磁电流仿真计算软件没有商业软件，只能自主研发非对称励磁电流的波形仿真计算软件。经测试，开发的励磁电流仿真计算软件得到的计算波形与试验测量的波形比较吻合，能够满足变压器工程设计要求。有限元磁场-热场分析软件为从国外购买的商业软件。

直流偏磁条件下，获得的励磁电流通常是非正弦波形，且正负半周严重非对称，随着直流电流的增大，激励源的高次谐波分量明显增加。因此直流偏磁问题是一个非线性、非对称的三维瞬态场问题。经过调研分析和全面测试，最终选用英国 VECTOR FIELDS 公司的 OPERA 软件和加拿大 INFOLYTICA 公司的 MAGNET、THERMNET 等软件作为解决该问题的工具。

6.1.2.2　变压器铁芯材料特性

目前，国内外尚没有对偏磁条件下变压器铁芯的磁场特性参数，包括偏磁条件下变压器铁芯的平均 $B-H$ 曲线、$\Phi-I$ 曲线、损耗曲线（$W-B_m$）等作过系统、深入的研究。已有的参数仅局限于铁芯的材料本身，而且是工频条件下，没有考虑偏磁条件。有的对变压器的偏磁问题进行的研究也仅局限在实验室模型（例如电子变压器级），没有从工程角度解决电力变压器遭受直流偏磁时铁芯的磁场特性问题。要进行变压器直流偏磁计算的研究，必须对叠积型铁磁材料在直流偏磁条件下的平均 $B-H$ 曲线、损耗特性有一个客观准确的把握。本书基于变压器产品级模型，在国内首次对偏磁条件下变压器铁芯的磁场特性参数，包括偏磁条件下变压器铁芯的 $B-H$ 曲线、$\Phi-I$ 曲线、损耗曲线等进行深入研究，并结合试验研究对其正确性进行了验证，解决了仿真计算赖以进行的材料特性基础数据问题。

$\Phi-I$ 曲线是励磁电流仿真计算的先决已知条件，$\Phi-I$ 曲线是通过 $B-H$ 曲线转化过来的，因此 $B-H$ 曲线的准确性对励磁电流仿真计算至关重要。

变压器铁芯最常用的有单相三柱（一个心柱两个旁柱）和三相五柱（三个心柱两个旁柱）两种结构。通常，同一牌号硅钢片叠积铁芯的 $B-H$ 曲线与硅钢片生产厂家提供的材料的 $B-H$ 曲线是有区别的[79]，铁芯结构由于其接缝数量和接缝型式（普通接缝和步进接缝）不同，对 $B-H$ 曲线也有影响。由于实际变压器产品的 $B-H$ 曲线测量工作量较大，并且通常只能测量到 1.1 倍的工作磁密，饱和段的 $B-H$ 曲线是无法测量的。因此，在工程上进行仿真计算需要对 $B-H$ 曲线做一些取舍，对材料和模型的 $B-H$ 曲线做一些合理的修正来作为变压器铁芯的 $B-H$ 曲线，这在工程上是合理及必要的。

6.1.3　模型试验研究

6.1.3.1　确定变压器试验模型

通常电力变压器铁芯有三相三柱、单相三柱、三相五柱三种结构，变压器铁芯结构不同对直流偏磁电流的耐受能力是不相同的。

三相三柱变压器耐受直流偏磁电流的能力很强，因为流过变压器中性点的直流电流在三个铁芯柱中产生的磁通大小相等、方向相同，磁通在铁芯中无闭合磁路，只能进入油箱和空气，磁阻大。因此，三相三柱变压器中，直流偏磁电流对交流励磁电流没有明显的影响。

单相三柱变压器耐受直流偏磁电流的能力最弱，直流偏磁电流产生的直流磁通在各相铁芯中自成环路，磁阻小，因而单相三柱变压器中，直流偏磁电流对交流励磁电流的影响最显著。

三相五柱变压器铁芯也有直流磁通的闭合通路，因铁芯边柱截面小，所以比单相变压器要好一些，但直流偏磁电流对交流励磁电流也有很明显的影响。

基于直流偏磁电流对不同变压器铁芯结构的影响程度，最终确定对单相三柱和三相五柱变压器进行仿真计算，并制作变压器试验模型。

根据直流偏磁电流对不同变压器铁芯结构影响程度分析和带直流偏磁功能的变压器试验系统的要求，设计、制造了两组模型变压器，包括两台单相三柱变压器、两台三相五柱变压器。为了能够真实地反映大型变压器承受直流工作时的情况，模型变压器的容量虽远小于实际运行的大型变压器，但其铁芯叠片形式、铁芯和夹件结构都仿照保定天威变压器有限公司大型变压器的结构设计，其结构远比平常使用的小容量变压器结构复杂。这样做的目的是为了保证变压器模型的磁场与大型变压器相一致，达到最佳的模拟效果，从而得到规律性结论，并能够应用到大型变压器上去。

两台单相变压器模型为单相三柱式结构，结构尺寸完全相同，区别仅为拉板的材料不同，D-01模型的拉板为20Mn23Al低磁钢板，D-02模型的拉板为Q235A普通钢板。两台三相变压器模型为三相五柱式结构，结构尺寸完全相同，区别仅为拉板的材料不同，S-01模型的拉板为20Mn23Al低磁钢板，S-02模型的拉板为Q235A普通钢板。

6.1.3.2　带直流偏磁功能的变压器试验系统的研制

通过对直流偏磁的特性分析，参考国内外有关直流偏磁试验文献资料，最终确定采用两台变压器互为负载法进行试验。

变压器的偏磁特性和Φ-I曲线测量，采用了保定天威变压器有限公司研制的直流偏磁测试仪来采集试品的电流和测磁线圈的电压，计算Φ-I曲线。直流偏磁变压器单相模型空载磁化曲线如图6.1所示。

模型制作和试验时根据需要在铁芯、夹件、线圈中埋设了一些测试元件，主要有测量漏磁的霍尔元件、测量温升的热电偶、测量磁通的测磁线圈，以便完成模型试验测量。在模型制作过程中，事先预埋了这些测量装置。

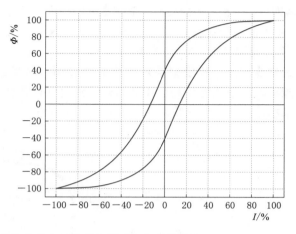

图 6.1　直流偏磁变压器单相模型空载磁化曲线

6.2　研究与分析

6.2.1　研究内容

6.2.1.1　变压器模型仿真计算

使用励磁电流仿真计算软件和有限元磁-热场分析软件对变压器模型进行仿真计算，包括以下内容：

(1) 空载有（无）直流偏磁条件下励磁电流仿真计算。

(2) 空载有（无）直流偏磁条件下的铁芯磁场、损耗仿真计算。

(3) 空载有（无）直流偏磁条件下的结构件损耗仿真计算。

(4) 负载直流偏磁条件下的损耗仿真计算。

6.2.1.2　变压器物理模型试验

分别对单相、三相变压器模型进行试验测量，包括以下内容：

(1) 空载有（无）直流偏磁条件下励磁电流波形、峰值、功率测量。

(2) 负载有（无）直流偏磁条件下励磁电流波形、峰值、功率测量。

(3) 振动和噪声测量。

6.2.1.3　典型变压器产品的仿真计算

将变压器模型仿真计算的方法应用到实际的单相和三相变压器产品上，对典型单相和三相变压器产品进行仿真计算。

6.2.1.4　典型变压器产品的试验

对一台实际产品 ODFS－250000/500 空载偏磁损耗、励磁电流、振动及噪声进行实际测量。

6.2.2　直流偏磁条件下的励磁电流和损耗特性研究

本部分内容是变压器直流偏磁研究的重点，工作类型包括仿真计算及试验；研究对象包括单相变压器模型、三相变压器模型、单相变压器产品；研究工况则包括空载、负载等。

6.2.2.1　变压器模型仿真计算的基础

1. 仿真计算使用的 $\Phi - I$ 曲线

直流偏磁变压器单相模型空载磁化曲线如图 6.2 所示。该曲线是在材料 30RGH120 曲线的基础上，考虑铁芯结构、工艺特性，结合实际测量修正得到。它是进行空载电流仿真计算的基础。

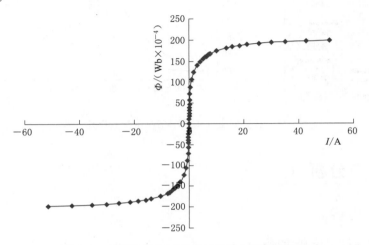

图 6.2　直流偏磁变压器单相模型空载磁化曲线

2. 空载损耗曲线

无直流偏磁电流时的空载损耗曲线可以由多种方法得到，而有直流偏磁电流时的空载损耗曲线由于研究得很少，目前只能通过实际测量得到。

图 6.3 显示了直流偏磁变压器单相模型和日本高桥实验室测量的空载损耗曲线，图 6.4 显示了变压器单相模型不同直流偏磁电流下的损耗曲线，硅钢片牌号均为 30RGH120。

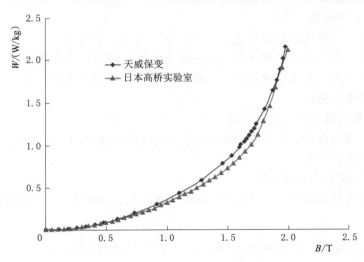

图 6.3　直流偏磁变压器单相模型和日本高桥实验室测量的空载损耗曲线

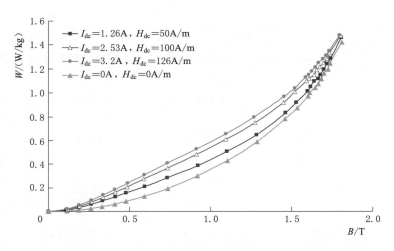

图 6.4　直流偏磁变压器单相模型不同偏磁电流损耗曲线

6.2.2.2　变压器单相模型仿真计算和试验

1. 损耗仿真计算结果

仿真计算表明：施加 $I_{dc}=3.2A$ 时，空载损耗增加 9.32%；施加 $I_{dc}=3.2A$ 时，负载损耗增加 1.8%。

计算结果参见表 6.1 和表 6.2。从表可以看出，随着直流电流的增加，空载或负载损耗均比无偏磁条件有所增加，但空载增幅比负载要大。

表 6.1　　　　变压器单相模型 D01 空载 $I_{dc}=0A$ 与 $I_{dc}=3.2A$ 计算损耗比较

构　件	$I_{dc}=0A$		$I_{dc}=3.2A$	
	磁滞损耗/W	涡流损耗/W	磁滞损耗/W	涡流损耗/W
铁芯	35.09	0.00	36.80	0.00
垫脚 1	2.14×10^{-2}	3.25×10^{-3}	7.94×10^{-2}	8.00×10^{-3}
垫脚 2	5.93×10^{-3}	1.42×10^{-3}	2.24×10^{-2}	2.91×10^{-3}
拉板 1	0.00	4.86×10^{-3}	0.00	2.39×10^{-2}
拉板 2	0.00	5.27×10^{-3}	0.00	1.96×10^{-2}
角钢 1	2.09×10^{-3}	4.35×10^{-4}	8.12×10^{-3}	9.33×10^{-4}
角钢 2	3.20×10^{-3}	6.19×10^{-4}	1.04×10^{-2}	1.34×10^{-3}
下肢板	1.74×10^{-3}	4.12×10^{-4}	4.67×10^{-3}	1.02×10^{-3}
下肢板屏蔽	2.68×10^{-3}	0.00	1.63×10^{-3}	0.00
油箱屏蔽 1	3.91×10^{-3}	0.00	2.40×10^{-2}	0.00
油箱屏蔽 2	8.45×10^{-3}	0.00	7.25×10^{-2}	0.00
上节油箱	1.49×10^{-2}	4.26×10^{-3}	5.34×10^{-2}	2.11×10^{-2}
中节油箱 1	9.28×10^{-2}	2.92×10^{-2}	4.33×10^{-1}	7.45×10^{-2}
中节油箱 2	8.93×10^{-2}	1.01×10^{-1}	2.94×10^{-1}	3.64×10^{-1}
下节油箱	4.47×10^{-2}	6.20×10^{-3}	1.53×10^{-1}	1.30×10^{-2}

续表

构 件	$I_{dc}=0A$		$I_{dc}=3.2A$	
	磁滞损耗/W	涡流损耗/W	磁滞损耗/W	涡流损耗/W
上夹件腹板	2.42×10^{-2}	2.53×10^{-2}	1.11×10^{-1}	9.96×10^{-2}
上肢板	3.87×10^{-4}	6.11×10^{-5}	8.30×10^{-4}	1.88×10^{-4}
上肢板屏蔽	2.62×10^{-4}	0.00	1.67×10^{-3}	0.00
下夹件腹板	4.65×10^{-2}	3.96×10^{-2}	1.40×10^{-1}	1.60×10^{-1}
撑板1	1.01×10^{-3}	3.82×10^{-4}	4.16×10^{-3}	8.66×10^{-4}
撑板2	5.09×10^{-4}	7.75×10^{-5}	7.96×10^{-4}	2.30×10^{-4}
总计	35.45	2.22×10^{-1}	38.22	7.91×10^{-1}

表 6.2　　变压器单相模型 D01 负载 $I_{dc}=0A$ 与 $I_{dc}=3.2A$ 计算损耗比较

构 件	$I_{dc}=0A$		$I_{dc}=3.2A$	
	磁滞损耗/W	涡流损耗/W	磁滞损耗/W	涡流损耗/W
铁芯	34.74	0.00	36.32	0.00
垫脚1	1.89×10^{-2}	3.04×10^{-3}	5.25×10^{-2}	6.11×10^{-3}
垫脚2	9.31×10^{-4}	2.82×10^{-4}	3.03×10^{-3}	7.57×10^{-4}
拉板1	0.00	5.31×10^{-2}	0.00	6.84×10^{-2}
拉板2	0.00	1.63×10^{-2}	0.00	2.49×10^{-2}
角钢1	1.51×10^{-4}	6.64×10^{-5}	4.05×10^{-4}	1.93×10^{-4}
角钢2	2.01×10^{-3}	5.70×10^{-4}	4.38×10^{-3}	8.74×10^{-4}
下肢板	4.06×10^{-4}	7.86×10^{-5}	4.74×10^{-4}	1.46×10^{-4}
下肢板屏蔽	4.96×10^{-4}	0.00	1.95×10^{-3}	0.00
油箱屏蔽1	1.11×10^{-3}	1.39×10^{-2}	6.12×10^{-3}	1.73×10^{-2}
油箱屏蔽2	1.35×10^{-3}	0.00	1.18×10^{-2}	0.00
上节油箱	0.00	0.00	0.00	0.00
中节油箱1	0.00	57.38	0.00	58.44
中节油箱2	5.86×10^{-3}	79.44	8.69×10^{-3}	79.44
下节油箱	2.43×10^{-2}	1.17×10^{-3}	4.37×10^{-2}	2.21×10^{-3}
上夹件腹板	1.09×10^{-2}	4.11×10^{-3}	5.05×10^{-2}	1.43×10^{-2}
上肢板	1.10×10^{-2}	2.70×10^{-2}	2.63×10^{-2}	0.107302
上肢板屏蔽	0.00	1.33×10^{-3}	0.00	3.49×10^{-3}
下夹件腹板	1.09×10^{-1}	3.68×10^{-3}	1.42×10^{-1}	5.15×10^{-3}
撑板1	8.22×10^{-4}	1.91×10^{-1}	8.39×10^{-4}	2.31×10^{-1}
撑板2	6.39×10^{-4}	3.29×10^{-4}	2.46×10^{-3}	3.08×10^{-4}
低压线圈	0.00	57.38	0.00	58.44
高压线圈	0.00	79.44	0.00	79.44
总计	34.93	273.95	36.68	276.24

2. 单相变压器模型空载及负载偏磁试验

两台单相模型变压器无直流偏磁电流时测量的空载电流均为3.2A（有效值）、6.6A（峰值）。有直流偏磁电流时，按无直流偏磁电流的空载电流正峰值（6.6A）的0%（即空载励磁电流）、20%、41%、52%对应的直流偏磁电流0A（无偏磁）、1.26A、2.53A、3.2A施加直流电流。

关于负载试验，采用循环电流法，D02分接+8%，D01分接-8%，额定电流条件下进行测量，以低压侧的电流216.5A为基准。

以各工况无偏磁条件下所测损耗为基准，将不同直流偏磁条件下所测损耗进行折算，得到不同工况下的损耗曲线（图6.5和图6.6）。

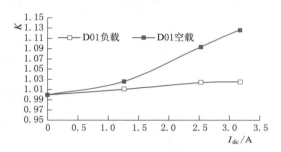

图6.5　单相模型变压器D01损耗随直流
偏磁电流变化曲线

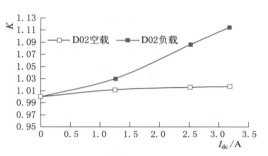

图6.6　单相模型变压器D02损耗随直流
偏磁电流变化曲线

从图6.5和图6.6中可知，施加I_{dc}=3.2A时，空载损耗增加11.6%；D01负载损耗增加2.5%；D02负载损耗增加1.7%。对同一直流偏磁电流，无论是D01（低磁钢拉板结构单相变压器）还是D02（普通钢拉板结构单相变压器），空载损耗的增加幅度比负载损耗增加幅度要大，说明直流偏磁电流对空载运行的影响比负载显著。

为了比较直流偏磁电流对D01、D02变压器的影响，以D01变压器的无偏磁条件下的工况损耗为基准。对D01、D02变压器的负载偏磁损耗进行折算（图6.7）。从图6.7中可以发现，D02比D01损耗变化大。

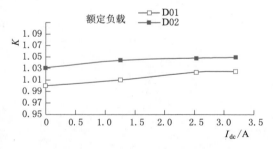

图6.7　单相变压器D01、D02负载偏磁损耗
随直流偏磁电流变化情况

6.2.2.3　变压器三相模型空载及负载偏磁试验

不同直流偏磁条件下的变压器的电压、电流、功率和励磁电流随直流偏磁量的变化曲线如图6.8所示。

另外对S01三相变压器在加电抗器和额定负载情况下的运行情况进行了试验，得到了不同直流偏磁条件下三相变压器损耗与直流偏磁电流的关系，以各运行状态下无偏磁条件下的损耗为基准，分别作出空载、轻载、额定负载条件下电压与电流、功率的关系曲线（图6.9）。

对三相变压器而言，同样符合直流偏磁电流对空载运行的影响比负载显著的规律。施加每相 $I_{dc}=3.2A$ 时，S01 空载损耗增加 7.0%，比单相模型少，说明三相变压器模型比单相变压器模型更能耐受直流偏磁电流的作用。

6.2.2.4 典型变压器产品的仿真计算

将变压器模型仿真计算的方法应用到实际的单相和三相变压器产品上，对典型单相和三相变压器产品进行仿真计算。

在产品建模中，所有导磁材料均按非线性考虑，夹件肢板磁屏蔽、油箱磁屏蔽设为 30RGH120，按各向同性材料考虑；夹件、主要油箱部分、垫脚、撑板、旁柱拉板、夹件肢板取 A3 钢；中柱拉板取 30MN23AL。

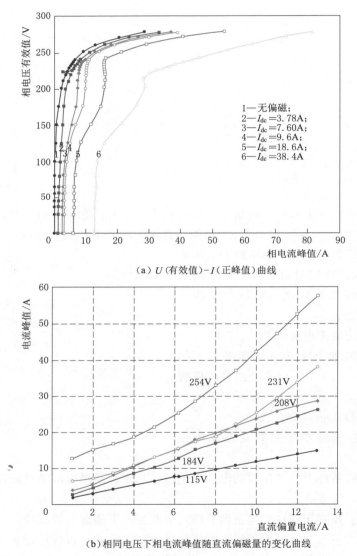

（a）U（有效值）-I（正峰值）曲线

（b）相同电压下相电流峰值随直流偏磁量的变化曲线

图 6.8（一） S01 在不同直流偏磁下电压与电流、功率的曲线

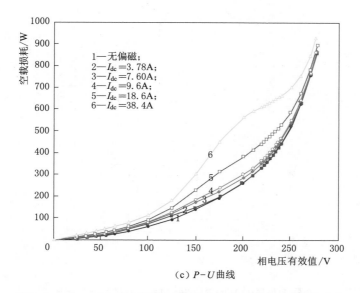

（c）P-U曲线

图 6.8（二）　S01 在不同直流偏磁下电压与电流、功率的曲线

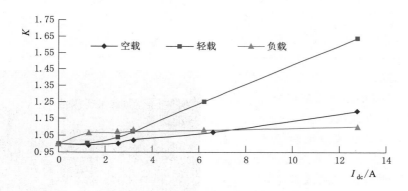

图 6.9　S01 在不同直流偏磁下电压与电流、功率的曲线

6.2.2.5　单相变压器产品的偏磁试验

在大型变压器 ODFS－250000/500 上进行变压器空载偏磁的试验研究。该产品的有关技术参数如下：

型号：ODFS－250000/500；

容量：250/250/80MVA；

电压比：$525/\sqrt{3}$ / $230/\sqrt{3}\pm2\times2.5\%/63$kV；

空载损耗：$\leqslant$75kW；

负载损耗：$\leqslant$335kW；

片型：30ZH120，单相双框，步进搭接。

单相变压器产品直流偏磁试验原理图如图 6.10 所示，现场图如图 6.11 所示。

随着直流偏磁电流的不同，该变压器空载损耗数值参见表 6.3。

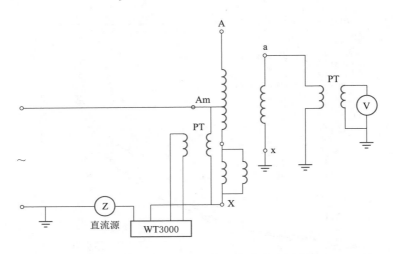

图 6.10　单相变压器产品直流偏磁试验原理图

表 6.3　　　　　　　　单相变压器 ODFS - 250000/500 空载损耗值的比较

I_{dc}/A	0	0.9	1.9	3	4
P_0/kW	74.55	75.58	77.20	79.07	79.38
K	1.000	1.014	1.036	1.061	1.065

设该变压器空载损耗为 100%，根据不同直流条件下测得的损耗与空载损耗的比值关系可得如图 6.12 曲线。

该变压器实测空载电流为 0.83A，当 I_{dc} 大于 4A 之后，电压波形发生严重畸变，此时实测得到的最大直流偏磁电流为 4A，约为空载电流有效值的 4.8 倍。由图 6.12 曲线可知，随着直流偏磁电流的增大，变压器铁芯损耗趋于饱和，当 $I_{dc}=4A$ 时，空载损耗是无偏磁额定空载损耗的 1.065 倍。

图 6.11　单相变压器产品直流偏磁试验现场图

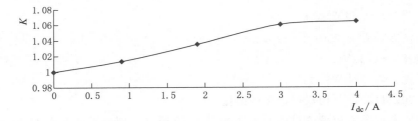

图 6.12　单相变压器产品空载损耗随直流偏磁电流变化曲线

6.2.3　直流偏磁条件下励磁电流谐波特性的分析

6.2.3.1　励磁电流的谐波与工作电压的变化关系

对试验结果进行分析，可以得出当直流偏磁电流分别为 I_{dc}＝0A、0.9A、1.9A、3A、4A（对应于空载电流有效值约0％、108.4％、228.9％、361.4％、481.9％）时，该变压器在施加电压分别为额定电压30％、46％、58％、76％、87％、96％、99％、100％、103％、105％、113％情况下励磁电流的谐波变化规律。施加电压分别为额定电压30％、100％、113％时不同直流偏磁电流条件下各次谐波的大小分布曲线如图6.13～图6.15所示。

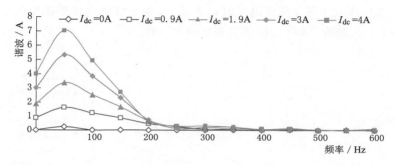

图 6.13　施加电压为 30％额定电压时不同直流偏磁电流条件下各次谐波的大小分布

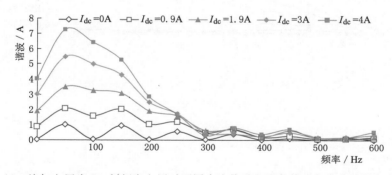

图 6.14　施加电压为 100％额定电压时不同直流偏磁电流条件下各次谐波的大小分布

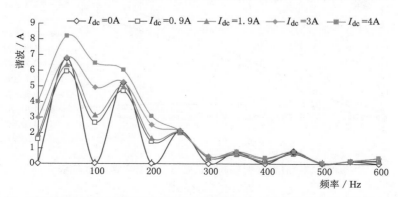

图 6.15　施加电压为 113％额定电压时不同直流偏磁电流条件下各次谐波的大小分布

以上是 3 种典型状况下的谐波分布，从图 6.13～图 6.15 中可以看出以下内容：

（1）在没有直流偏磁电流时，变压器中励磁电流谐波成分主要是奇次谐波，且随施加电压增加呈上升趋势。

（2）随着直流偏磁电流的注入，变压器中励磁电流谐波成分除了奇次谐波外，还出现了偶次谐波。

在施加不同交流电压情况下，单次谐波随直流偏磁电流的变化曲线如图 6.16～图 6.20 所示。可以看出，随着直流偏磁电流增大，励磁电流中的基波、2 次谐波、3 次谐波、4 次谐波总体呈上升趋势，而其余各次谐波变化较小，有的出现下降趋势。当施加电压小于等于额定电压时，各次谐波增速从大到小依次为：基波、2 次谐波、3 次谐波、4 次谐波；当施加电压大于等于额定电压时，基波、3 次谐波随直流偏磁电流增大而增加的幅度明显减缓，2 次谐波、4 次谐波仍呈明显增长趋势。

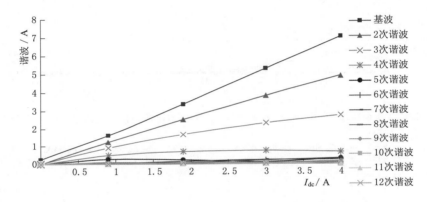

图 6.16　施加电压为 30％额定电压时各次谐波随直流
偏磁电流的变化曲线

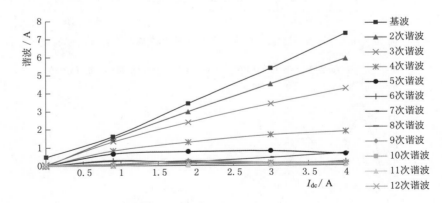

图 6.17　施加电压为 58％额定电压时各次谐波随直流
偏磁电流的变化曲线

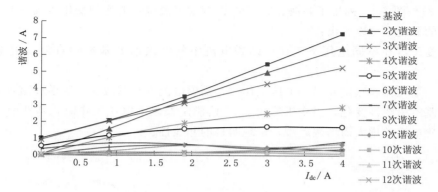

图 6.18　施加电压为 100％额定电压时各次谐波随直流
偏磁电流的变化曲线

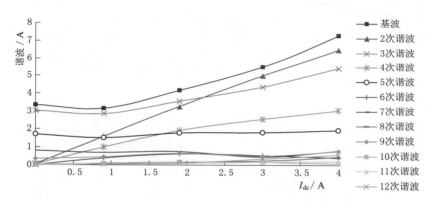

图 6.19　施加电压为 105％额定电压时各次谐波随直流
偏磁电流的变化曲线

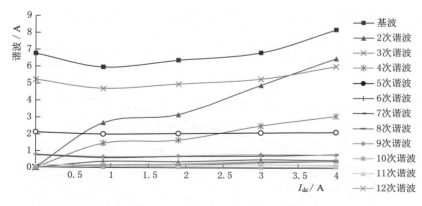

图 6.20　施加电压为 113％额定电压时各次谐波随直流
偏磁电流的变化曲线

图 6.21～图 6.25 列出了基波、2～5 次谐波随直流偏磁电流的变化曲线在不同施加电压情况下的表现，可以看出：

（1）变压器在不同电压下工作，励磁电流中的 2 次谐波基本随直流偏磁电流线性变化。

（2）当变压器在额定及以下电压工作时，励磁电流中的基波及 3 次谐波随直流偏磁电流的变化基本呈线性变化；当变压器在 1.05 倍额定及以上电压工作时，基波及 3 次谐波随直流偏磁电流的增大而增幅趋缓，呈现明显的非线性。

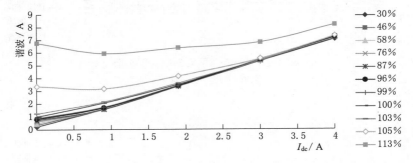

图 6.21　励磁电流基波随直流偏磁电流的变化曲线

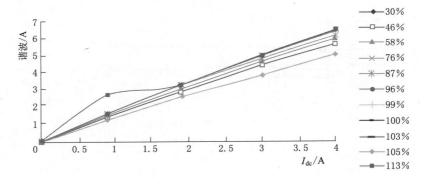

图 6.22　励磁电流 2 次谐波随直流偏磁电流的变化曲线

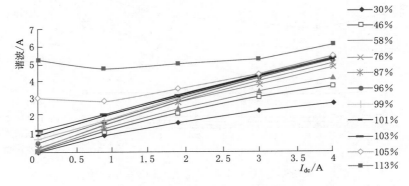

图 6.23　励磁电流 3 次谐波随直流偏磁电流的变化曲线

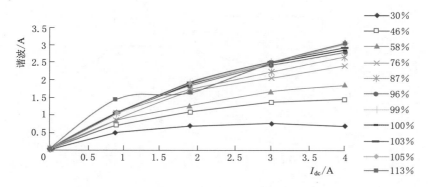

图 6.24　励磁电流 4 次谐波随直流偏磁电流的变化曲线

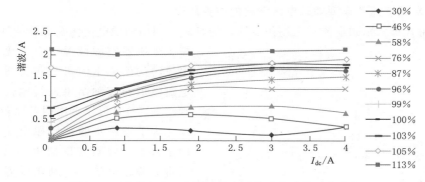

图 6.25　励磁电流 5 次谐波随直流偏磁电流的变化曲线

（3）当变压器在 0.76 倍额定及以上电压工作时，励磁电流中的 4 次谐波随直流偏磁电流的增大而增幅较大；当变压器在 0.76 倍额定电压以下工作时，4 次谐波随直流偏磁电流的增大而增幅明显趋缓。

图 6.26 和图 6.27 分别显示了励磁电流 2 次、3 次谐波与基波有效值比值在不同直流条件下随变压器工作电压不同而发生的变化。由图中可以看出，I_2/I_1、I_3/I_1 的最大区域在额定电压为 $80\%\sim100\%$ 之间；当 $I_{dc}=0.9\mathrm{A}$（对应于空载电流有效值约 108.4%）最大，而 2 次谐波 I_2、3 次谐波 I_3 达到了基波的 100%。

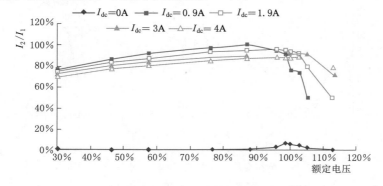

图 6.26　不同直流条件下 I_2/I_1 随施加电压的变化情况

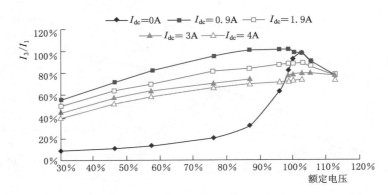

图 6.27　不同直流条件下 I_3/I_1 随施加电压的变化情况

6.2.3.2　单相变压器模型励磁电流谐波的仿真研究

通过仿真求取励磁电流是磁场仿真计算的基础。利用励磁电流仿真计算软件，对单相模拟变压器空载情况下有或无直流偏磁电流时的励磁电流进行仿真得到的励磁电流波形与实测结果进行比较（图 6.28 和图 6.29），可以看出两者比较吻合。

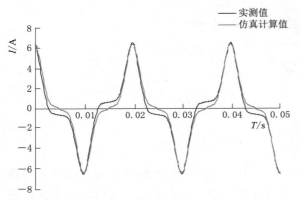

图 6.28　单相变压器模型空载电流实测值与仿真计算值的比较

为了进一步验证励磁电流仿真程序的正确性，针对变压器单相模型，在不同直流偏磁电流下，利用励磁电流仿真程序得到了励磁电流各次谐波分析结果（图 6.30）。

由图 6.30 所示曲线可知，励磁电流仿真计算值与实测值的趋势相吻合，且比实测值偏严，满足工程需要；随着直流偏磁电流增加，各次谐波均有不同程度的增加。

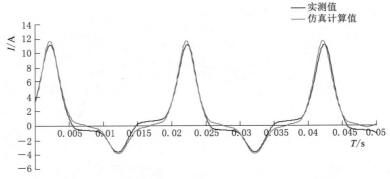

图 6.29　单相变压器模型直流偏磁（$I_{dc}=1.26A$ 时）实测与仿真计算值的比较

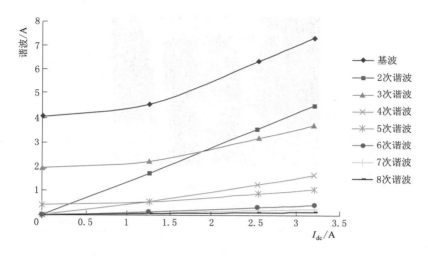

图 6.30　单相变压器模型励磁电流各次谐波随直流
偏磁电流增加时的变化曲线

6.2.4　直流偏磁条件下变压器振动特性分析

本项研究对变压器在直流偏磁条件下的振动特性分模型和产品分别进行了测试，测试范围包括油箱表面和铁芯等内部构件。

6.2.4.1　单相变压器模型振动特性的测试分析

单相变压器模型（半成品）振动试验测点分布图（低压侧）如图 6.31 所示。单相变压器模型（半成品）振动试验测点分布图（高压侧）如图 6.32 所示。

将两台单相变压器模型在额定电压空载情况下并联运行，直流施加于高压侧，励磁在低压侧。

试验时电压分别取额定电压的50%、80%、90%、100%、110%，直流偏磁电流分别取 0A、1.26A、2.53A、3.20A、5.06A、8.87A、10.20A，测量测点振动的加速度频谱图和其各阶频率对应的加速度、速度和位移幅值。

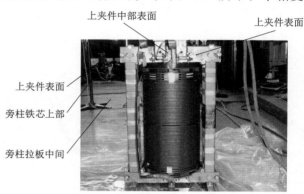

图 6.31　单相变压器模型（半成品）振动
试验测点分布图（低压侧）

实测结果参见表 6.4。对测量结果进行分析得到测点位移随直流偏磁电流的变化曲线（图 6.33）。对于单相变压器模型（半成品）实测和复测表明，该变压器振幅最大出现在上铁轭表面，当 $I_{dc}=10.2A$ 时，振幅为 $6.5\mu m$；加上油箱后出现在油箱侧面中部位置，幅值为 $2.1\mu m$。

上铁轭与旁柱交接处，上铁轭表面

高压侧肢架

上压板表面

图 6.32　单相变压器模型（半成品）
振动试验测点分布图（高压侧）

表 6.4　　　　　　　　单相变压器模型（半成品）振动位移测量结果

直流 /A	位移/μm							
	测点 1	测点 2	测点 3	测点 4	测点 5	测点 6	测点 7	测点 8
0	1.523	1.407	0.835	1.776	3.967	1.441	2.943	2.942
1.26	1.388	1.659	1.246	1.644	3.985	1.927	2.950	3.839
2.53	1.433	2.046	2.653	1.644	4.087	2.418	2.957	4.869
3.2	1.798	2.308	1.344	1.463	3.804	2.563	2.796	4.483
5.81	1.386	2.894	1.555	1.518	4.107	3.116	3.545	5.761
8.2	1.573	2.638	1.749	1.416	4.225	3.519	4.798	6.339
10.2	1.601	2.854	1.885	1.536	4.264	3.691	4.062	6.568

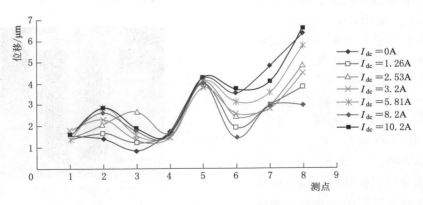

图 6.33　单相变压器模型（半成品）额定磁密条件下
测点位移随偏磁电流的变化曲线

　　三相变压器模型半成品及成品振动试验测点分布图如图 6.34 和图 6.35 所示。

　　为研究三相变压器空载运行时铁轭及旁柱的振动情况，在各种输入电压下，不同直流偏磁电流对其振动的影响。试验时电压分别取额定电压的 50%、80%、90%、100%、110%，直流偏磁电流分别取 0A、1.26A、2.53A、3.20A、5.06A、8.87A、10.20A。

三相变压器模型（半成品及成品）额定磁密条件下测点位移随直流偏磁电流的变化曲线如图 6.36 和图 6.37 所示。

从图 6.36 和图 6.37 可以看出：

（1）随着直流偏磁电流的增加，三相变压器模型测点振幅均有不同程度增加，总体为增加趋势。

（2）对于三相变压器模型而言，该变压器振幅最大部位规律不明显，出现在多个部位，当 $I_{dc} = 10.2A$ 时，上夹件中部振幅为 $1.0\mu m$；加上油箱后出现在上铁轭与旁轭交叉对应的夹件上，幅值为 $2.5\mu m$。

6.2.4.2 单相变压器产品振动特性的试验分析

对 500kV 单相变压器产品 ODFS－250000/500，对其空载条件下施加直流偏磁电流时所引起的内部部分构件和油箱的振动进行了测试。

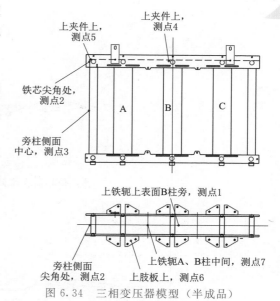

图 6.34 三相变压器模型（半成品）振动试验测点分布图

该试验是在产品成品试验的间隙中进行的，为了测量，在热油循环之前将用于振动测试的传感器放置于油箱内部相关部位。

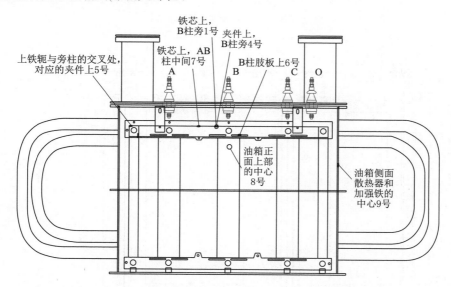

图 6.35 三相变压器模型（成品）振动试验测点分布图

1. 内部部分构件振动测试

用于油箱内部振动测试的传感器放置部位如图 6.38 所示。

500kV 单相变压器产品在不同工作电压（工作磁密）下各测点位移随直流偏磁电流变化的实测曲线结果如图 6.39～图 6.47 所示。

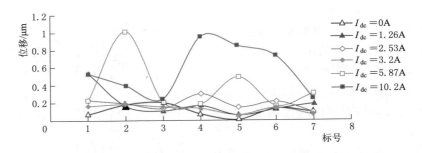

图 6.36　三相变压器模型（半成品）额定磁密条件下
测点位移随直流偏磁电流的变化曲线

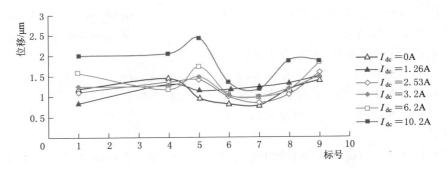

图 6.37　三相变压器模型（成品）额定磁密条件下
测点位移随直流偏磁电流的变化曲线

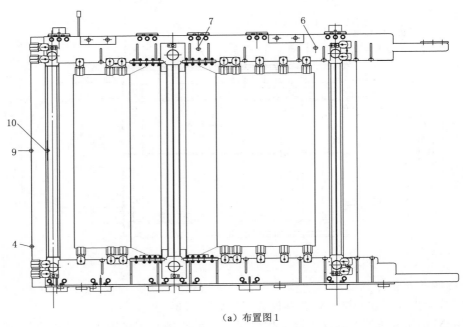

（a）布置图 1

图 6.38（一）　单相变压器 ODFS－250000/500 振动内部测点布置图

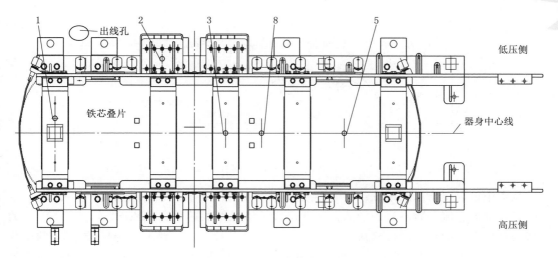

（b）布置图2

图6.38（二）　单相变压器 ODFS－250000/500 振动内部测点布置图

1—撑板上表面1；2—低压侧夹件肢板上表面；3—撑板上表面2；4—铁芯无绕组旁柱下表面；
5—铁芯上铁轭表面1；6—高压侧上夹件腹板表面1；7—高压侧上夹件腹板表面2；
8—铁芯上铁轭表面2；9—铁芯无绕组旁柱中表面；10—铁芯无绕组旁柱拉板表面。

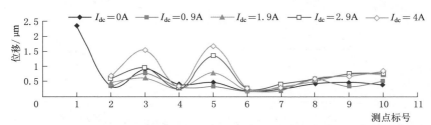

图6.39　当 $B=1.66T$ 时各测点位移随不同直流偏磁电流的变化规律

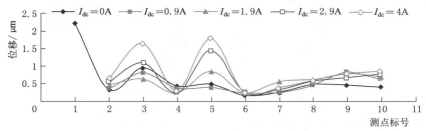

图6.40　当 $B=1.73T$ 时各测点位移随不同直流偏磁电流的变化规律

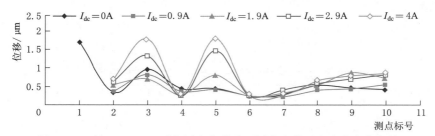

图6.41　当 $B=1.78T$ 时各测点位移随不同直流偏磁电流的变化规律

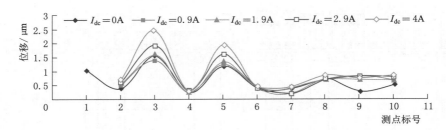

图 6.42　当 $B=1.92\mathrm{T}$ 时各测点位移随不同直流偏磁电流的变化规律

从图中可以得出以下结论：

（1）随着直流偏磁电流的增加，测点位移总体呈增加趋势；测点 3、5、9、10、8 的位移增加较大。测点 5 的位移在 $I_{dc}=4\mathrm{A}$、$B=1.78\mathrm{T}$ 最大，达到 $1.81\mu\mathrm{m}$；测点 3 的位移在 $B=1.78\mathrm{T}$ 以后超过了测点 5，在 $I_{dc}=4\mathrm{A}$、$B=1.92\mathrm{T}$ 达到 $2.49\mu\mathrm{m}$；均在可接受范围之内。

（2）对于测点 3、5 的位移，除了直流偏磁电流的影响，工作磁密也有一定的影响，随着工作磁密的增加，测点 3、5 的位移增加较多，而测点 8、9、10 测点位移变化不大（图 6.43～图 6.47）。

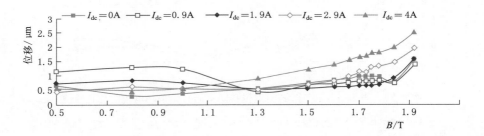

图 6.43　测点 3 不同直流偏磁电流条件下位移
随工作磁密的变化规律

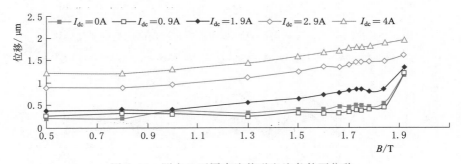

图 6.44　测点 5 不同直流偏磁电流条件下位移
随工作磁密的变化规律

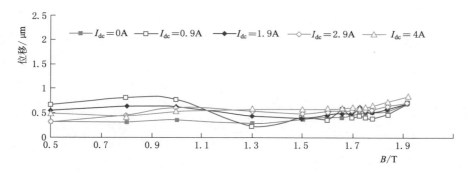

图 6.45　测点 8 不同直流偏磁电流条件下位移随工作磁密的变化规律

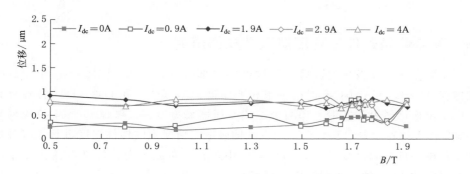

图 6.46　测点 9 不同直流偏磁电流条件下位移随工作磁密的变化规律

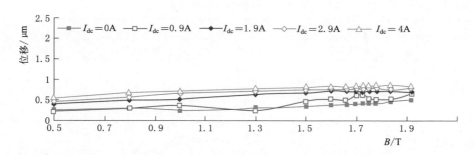

图 6.47　测点 10 不同直流偏磁电流条件下位移随工作磁密的变化规律

2. 油箱外部振动测量

油箱外部测点布置示意图如图 6.48 所示，共 1、2、3 三个测点，测量高度为 1/3 变压器本体高度。

实测结果表明以下内容：

（1）随着直流偏磁电流的增加，油箱测点位移总体呈上升趋势，如当 $B=1.73\text{T}$ 时，测点 1、2、3 的位移随不同直流偏磁电流的变化曲线如图 6.49 所示。

（2）测点 3 的位移较大，当 $B=1.92\text{T}$ 时达到 $14\mu\text{m}$。

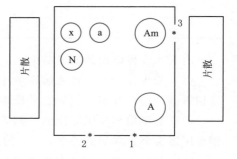

图 6.48　油箱外部测点布置示意图

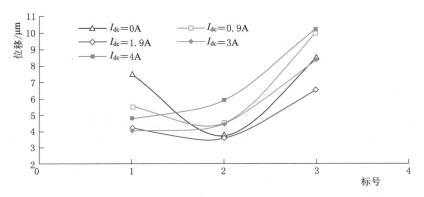

图 6.49　油箱测点位移随不同直流偏磁电流的变化曲线（$B=1.73$T）

6.2.5　直流偏磁条件下变压器温升成像研究

为了了解变压器在发生直流偏磁后构件的局部温升，运用 FLIR systems AB 公司的红外成像仪 Therma CAM P30 对两个单相变压器模型（D01 和 D02，D01 拉板材料为低磁钢，D02 拉板材料为普通钢）和两个三相变压器模型（S01 和 S02，S01 拉板材料为低磁钢，S02 拉板材料为普通钢）在不同直流偏磁电流情况下的构件温度进行了红外成像测试，为了观察构件的温度变化，试验在空气中进行，负载工况，施加电流为 1/2 额定电流，持续时间约 40 分钟，实测结果参见表 6.5。

表 6.5　测试结果中最热点温度列表

相直流/A	S01		S02	
	低压侧/℃	高压侧/℃	低压侧/℃	高压侧/℃
0	50	52	52	52
3.2	54	55	57	56
6.4	53	52	56	54

相直流/A	D01		D02	
	低压侧/℃	高压侧/℃	低压侧/℃	高压侧/℃
0	48	49	49	49
3.2	50	50	50	50
8.2	49	50	50	51

由表 6.5 可以得到如下结论：

（1）变压器空气中直流偏磁条件下的最热区域集中在线圈部位，无论是单相模型还是三相模型，均以线圈上部的温升较高；三相模型中 B 相比较高。

（2）对于单相变压器模型，同等条件下，D02 的局部温升比 D01 高 1～2℃；对于三相变压器模型，同等条件下，S02 的局部温升比 S01 高 2～3℃。

（3）总体而言，施加直流偏磁电流后，变压器的局部温升有所增加，但增幅不大，不足以对变压器的运行造成影响。如果在油中测量，考虑到变压器油的散热条件，其温升偏小，仍是可以接受的。

6.2.6　直流偏磁条件下变压器噪声特性的分析

6.2.6.1　变压器模型在直流偏磁下的噪声测试

变压器模型在直流偏磁下的噪声测试结果参见表 6.6。

表 6.6　　　　　　　　　变压器模型的声级测量结果

变压器	表面声压级/dB(A)					
	0A	1.26A	2.53A	3.2A	6.2A	10.2A
S01	53.2	54.0	55.0	56.1	57.6	60.2
S02	53.0	53.9	54.9	55.8	57.4	59.7
D01	47.0	47.9	48.3	48.9	51.0	51.4
D02	48.0	48.7	49.4	49.4	51.3	51.8

变压器模型的噪声增加比例见表 6.7。

表 6.7　　　　　　　　　变压器模型的噪声增加比例

偏磁电流/A	噪声增加比例/%			
	D01	D02	S01	S02
0	—	—	—	—
1.26	1.91	1.67	1.50	1.69
2.53	2.76	3.13	3.38	3.58
3.2	4.03	3.13	5.44	5.27
6.6	8.49	7.08	8.26	8.29
10.2	9.34	8.13	13.13	12.62

整理上述数据，单相变压器、三相变压器模型噪声随直流偏磁电流的变化情况分别如图 6.50 和图 6.51 所示。

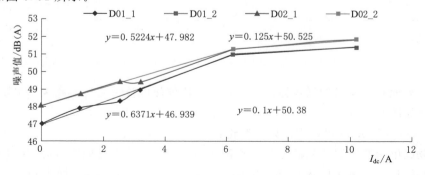

图 6.50　单相变压器模型噪声随直流偏磁电流的变化情况

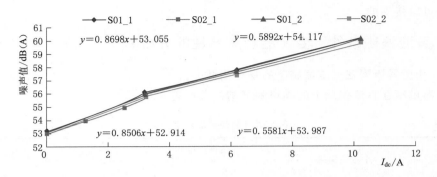

图 6.51　三相变压器模型噪声随直流偏磁电流的变化情况

从图 6.50 和图 6.51 可看出，随着直流偏磁电流的增加，单相模型变压器的噪声呈饱和趋势，而三相模型变压器噪声则还有增加的趋势。

6.2.6.2　变压器噪声特性分析

对 500kV 单相变压器产品 ODFS-250000/500，在其空载条件下施加直流偏磁电流并进行噪声测试。

噪声测点布置示意图如图 6.52 所示。测量距离：测点距离变压器本体 0.3m，共 1、2、3 三个测点。测量高度为 1/3 变压器本体高度，背景噪声为 50dB。整理可得在不同工作磁密下变压器噪声随直流偏磁电流的变化情况（图 6.53）。

$B=1.73T$ 时变压器噪声随偏磁电流的变化情况如图 6.54 所示。

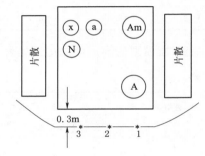

图 6.52　单相变压器 ODFS-250000/500 噪声测点布置示意图

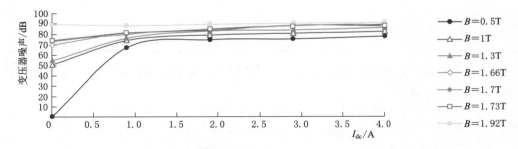

图 6.53　在不同工作磁密下变压器噪声随直流偏磁电流的变化情况

以无直流偏磁电流时的噪声为基点，不同直流偏磁电流下变压器噪声增量随工作磁密的变化情况如图 6.56 所示。

从图 6.53～图 6.55 可以得出以下结论：

（1）被试单相变压器产品额定工作磁密为 1.73T，随着直流偏磁电流的增加，变压器噪声呈增加趋势，当偏磁电流达到一定值后（约 $100\%I_0$，0.93A）增幅趋缓。随着直流偏磁电流增加，噪声有饱和特征，保持在 90dB（A）左右。

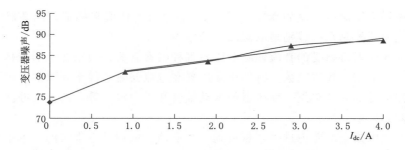

图 6.54 $B=1.73\mathrm{T}$ 时变压器噪声随直流偏磁电流的变化情况

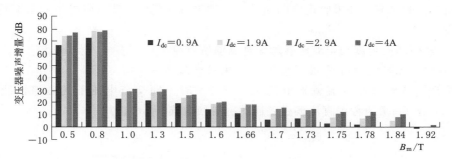

图 6.55 不同直流偏磁电流下变压器噪声增量随工作磁密的变化情况

（2）变压器噪声在额定电压下随直流偏磁电流的变化用直线模拟表示为

当 $0 \leqslant I_{\mathrm{dc}} \leqslant 100\% I_0$， $Y=8.11X+73.7$ (6.1)

当 $100\% I_0 \leqslant I_{\mathrm{dc}} \leqslant 360\% I_0$， $Y=2.55X+78.9$ (6.2)

式中：Y 为噪声，dB（A）；X 为直流偏磁电流，A。

（3）随着工作电压的不同，变压器噪声差异较大，当处于过励磁条件下，不同直流偏磁电流下的变压器噪声很接近。

6.2.7 变压器耐受直流偏磁电流的研究

6.2.7.1 单相变压器耐受直流偏磁能力的判断标准

对于 500kV 变压器产品 ODFS - 250000/500 而言，当该变压器施加直流偏磁电流 I_{dc} =4A（482% I_{0RMS}/256% I_{0PEAK}）时，空载电流有效值/峰值为 0.83A/1.4A，空载损耗比无偏磁情况高 6.5%，THD 为 175%，空载电流 2 次谐波增幅 131%，油箱测点振动幅度 14μm；声压级噪声约 90dB（A），比额定条件下高约 17dB（A），这些已经得到的信息显示该变压器在 I_{dc}=4A 时是可以接受的。

从单相变压器模型的研究结果来看，当该变压器施加直流偏磁电流 I_{dc}=3.2A（100% I_{0RMS}/49.5% I_{0PEAK}）时，空载电流有效值/峰值为 3.18A/6.47A，该电流空载损耗比无偏磁情况高 12.8%，THD 为 85%，空载电流 2 次谐波增幅 62%，油箱测点振动幅度 6μm；声压级噪声比额定条件下高约 4dB（A），表明该变压器可以耐受更高的直流偏磁电流。

目前对变压器可耐受的直流偏磁电流主要有以下两种指标：①以与额定电流的比值来标定，如我国《高压直流接地极技术导则》（DL/T 437—2012）中规定通过单相变压器绕组的直流电流不大于额定电流的 0.3％；②与空载电流的比值来标定，如某研究提出绕组中通过的直流电流控制在空载励磁电流的 2 倍以内。

实际上，变压器可耐受的直流偏磁电流与多种因素有关，包括变压器结构、铁芯结构与材质、变压器磁密、线圈匝数、特别是变压器在直流偏磁条件下导致的波形畸变可接受程度、变压器构件的局部热点、变压器的振动幅度和噪声水平等。而上述办法不能确切地表达出这些差异。

如果将上述因素全部考虑进去，想得到一个准确的依据是不现实的。本书研究工作本着符合实际的原则，针对某种结构、某种铁芯结构、某种材料的变压器进行仿真计算和试验研究相结合的研究，并吸收现有的成果，局部定量地提出一些可资参考的依据是比较可行的办法。

6.2.7.2　从磁场的角度确定变压器耐受直流偏磁电流

1. 单相变压器模型直流偏磁条件下的磁滞回线测量

单相变压器模型在直流偏磁电流 $I_{dc}=3.2A$ 时不同交流电压下的磁滞回线族如图 6.56 所示；图 6.57 为考虑直流偏磁磁通的磁滞回线族。

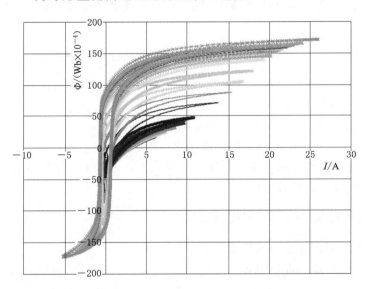

图 6.56　单相变压器模型在直流偏磁电流 $I_{dc}=3.2A$ 时
不同交流电压下的磁滞回线族

从图 6.57 中可以看出，当直流偏磁电流恒定（$I_{dc}=3.2A$）时，交流电压越小，其交流磁通的横坐标轴越偏离磁化曲线的横坐标轴，即 $\Delta\Phi$ 越大。图 6.57 即为经过数据处理后的直流偏磁（$I_{dc}=3.2A$）下的磁滞回线。采用同样的数据处理方法可以得到其他偏磁电流下的磁滞回线。

2. 绘制 $\Delta B - B_m - H_{dc}（I_{dc}）$ 关系曲线

从图 6.57 中可以很容易分离出不同交流电压下的 $\Delta\Phi$，根据单相变压器模型线圈和铁芯几何结构参数计算出直流偏磁电流 $I_{dc}=3.2A$ 时的直流偏磁磁势 H_{dc}，从而可以绘出给

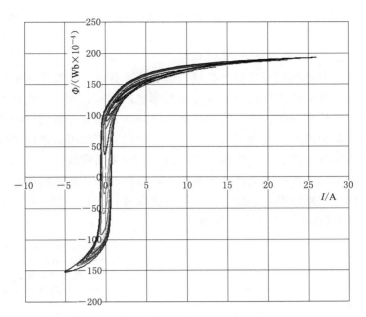

图 6.57　单相变压器模型在直流偏磁电流 $I_{dc}=3.2A$ 时
不同交流电压下的磁滞回线族（考虑直流偏磁磁通）

定 H_{dc} 下的 B_{m}（交流电压下的计算磁密）和交、直流共同作用下的合成偏磁量 $\Delta\Phi$ 的关系曲线，用同样的方法可以绘出不同直流偏磁磁势 H_{dc} 下的 B_{m} 和 $\Delta\Phi$ 的关系曲线，$\Delta B-B_{m}-H_{dc}$（I_{dc}）关系曲线如图 6.58 所示。

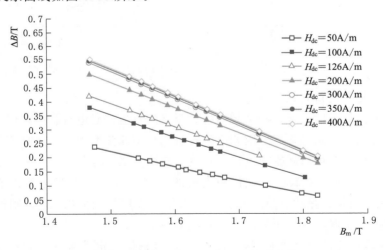

图 6.58　$\Delta B-B_{m}-H_{dc}$（I_{dc}）关系曲线

图 6.58 中 $I_{dc}=1.26A$（$H_{dc}=50A/m$）、$I_{dc}=2.53A$（$H_{dc}=100A/m$）和 $I_{dc}=3.2A$（$H_{dc}=126A/m$）三条曲线是根据单相变压器模型的实际测量数据绘制的曲线，图中数据与仿真计算结果相一致，这样反过来也通过模型试验验证了仿真计算软件计算的准确性。受试验设备条件限制，当直流偏磁磁势 H_{dc} 大于 126A/m（$I_{dc}=3.2A$）时，试验

不能继续进行，因此 H_{dc} 大于 126A/m 的其他 ΔB - B_m - H_{dc}（I_{dc}）曲线为仿真计算曲线。

3. 单相变压器耐受直流偏磁能力的判断

对直流偏磁条件下的单相变压器产品进行仿真计算分析，将变压器的拉板、夹件、油箱和油箱屏蔽等结构件的磁密分布和损耗分布与常规超高压、大容量变压器负载损耗计算中的拉板、夹件、油箱和油箱屏蔽等结构件的磁密分布和损耗分布的设计值进行比较，当两者的局部最大损耗相近时，即判定该工作点下运行的变压器不会出现局部过热，可以安全运行。用此方法可以作出一条变压器直流偏磁工作点限值曲线。

在以上方法作出的工作点限值曲线的基础上，参照西门子直流输电技术中变压器直流偏磁耐受能力的设计判断标准，对此工作点限值曲线进行修正，确定一定的安全裕度，从而得到图 6.59 中斜线标出的许用工作范围。

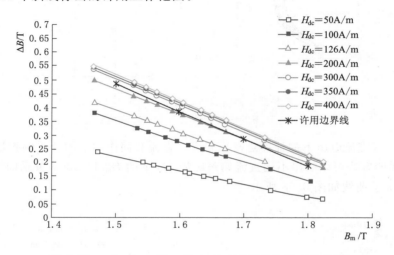

图 6.59　ΔB - B_m - H_{dc}（I_{dc}）关系曲线及许用工作范围

根据上述分析，可得到如下结论：

对同一直流磁场强度，运行磁密较高时，耐受的直流偏磁电流就小；反之则大。对同一额定磁密，提高直流磁场强度，则相应的直流偏磁电流就增大，因此直流偏磁电流与直流磁场强度成正比，与运行磁密成反比，根本上取决于 ΔB 的大小。对于一定磁密运行的变压器，ΔB 就从理论上限制了直流偏磁电流的大小，从考虑铁芯材质和结构后得到的 H_{dc}，为直流偏磁电流的量化提供了依据。如果知道该产品最大的 H_{dc}，则根据线圈匝数和磁路长度就可初步确定该变压器耐受的直流偏磁电流。

H_{dc} 的确定取决于仿真计算和试验的结合，可以根据一定结构的产品各项偏磁指标的限制来决定。虽然它在理论上是可以得到的，但由于变压器其他性能的影响，它必须经过一定的修正才能使用。这样，对某材料、某种结构、某一磁密运行的变压器，就能确定它的 H_{dc}，进而确定其耐受直流偏磁电流。

根据上述原则，结合模型和产品的试验研究，可认为对于使用 30RGH120，铁芯全斜接缝工艺的额定磁密在 1.7T，且采用磁屏蔽防过热措施的单相变压器，可耐受的 H_{dc} 为

200A/m；对于磁密为1.74T，H_{dc}为150A/m。耐受直流偏磁电流可按下式计算：

$$I_{dc} = H_{dc}L/N \tag{6.3}$$

式中：L为磁路长度，m；N为流经直流偏磁电流的线圈匝数；H_{dc}为变压器可耐受的直流磁场强度，A/m。

据此确定保定天威变压器有限公司典型产品在正常工作磁密下可以承受的直流偏磁电流见表6.8，其中ODFPS变压器仅考虑中压匝数。

表6.8　　　　　　　　　　典型变压器承受的直流偏磁电流

产品型号	耐受直流偏磁电流 I_{dc}/A	产品型号	耐受直流偏磁电流 I_{dc}/A
DFP－240000/500	3	SFP－370000/220	15
ODFPS－250000/500	4	SFSZ－150000/220	10
ODFS－334000/500	6	SFSZ－240000/220	12

6.2.7.3　从振动的角度确定变压器耐受直流偏磁电流

根据上面得到的H_{dc}，事实上已经考虑了因偏磁造成的振动对变压器造成的影响，对于本书提出的H_{dc}限值，变压器油箱及结构件的最大振幅不超过20μm，这一数值远小于芯式电抗器最大振幅不超过100μm的技术要求。因此目前的工艺技术能够将直流偏磁引起的变压器振动限制在合理的范围。

6.2.7.4　从噪声的角度确定变压器耐受直流偏磁电流

随着直流偏磁电流的增大，变压器的噪声明显增加，但当直流偏磁电流达到一定值后，其增幅趋缓，有饱和特征，按目前材料和设计，变压器声压级最大约在90dB（A）左右。由于目前尚未有标准可循，因此能否接受该值，取决于制造厂商与用户之间的技术协调。

根据本书的研究，当直流偏磁电流达到一定数值，噪声已不构成对设备可靠性影响的主要因素。

6.3　本章小结

基于直流偏磁条件下变压器模型和产品的电磁场仿真和试验，深入解释了瞬态偏磁场问题的非线性、非正弦、非对称的基本特征；对直流偏磁变压器模型和部分产品进行了大规模有限元分析，详细考察其电磁行为，取得了大量的仿真结果和试验研究成果。总结如下：

（1）结合模型试验，建立了反映直流偏磁特征、对应于不同直流偏磁水平的变压器铁芯的基本（或平均）$\Phi-I$和$B-H$曲线族，建立了与不同直流偏磁量对应的变压器损耗（$W-B_m$）曲线族，详细考察了变压器空载条件下硅钢材料（单片）和铁芯（迭片）磁性能的差异；研究结果表明：直流偏磁下励磁电流波形的确定应采用变压器铁芯的实际的$\Phi-I$曲线；上述简化的基本性能曲线使大型偏磁场的计算成为可能。

（2）研究、比较了各种确定励磁电流的方法，开发了确定励磁电流波形的程序，并通过仿真波形与实测波形比较确认其有效性；该仿真计算软件在已知变压器产品（或模型）

铁芯 $B\text{-}H$ 曲线的情况下能够解决有（无）直流偏磁条件下的励磁电流的仿真计算。可以基于磁场结果计算构件的局部损耗和总损耗；解决了直流偏磁条件下变压器三维非线性瞬态电磁场大规模有限元计算的关键问题。

（3）本书中研制的带直流偏磁功能的变压器试验系统，可以在一定范围内进行不同直流偏磁条件下的变压器励磁电流、损耗、温升、振动、噪声等诸多参数的测试。

（4）对 50kVA 单相变压器模型的仿真计算表明：施加 $I_{dc}=3.2$A 时，空载损耗增加 9.3%；施加 $I_{dc}=3.2$A 时，负载损耗增加 1.8%。试验表明：施加 $I_{dc}=3.2$A 时，空载损耗增加 11.6%；负载损耗增加 2.5%；仿真与试验的结果均表明直流偏磁电流对空载运行的影响比负载显著。

空载条件下变压器单相模型仿真计算值与试验测量值的偏差在 5% 以内，可以满足工程计算要求；同一直流偏磁电流条件下的负载损耗，D02（普通钢拉板结构单相变压器）比 D01（低磁钢拉板结构单相变压器）大，符合变压器结构的实际情况。随着直流偏磁电流的增加，铁芯损耗在总损耗中的比例呈下降趋势，其他结构件损耗比例呈上升趋势。

（5）对单相自耦变压器 ODFPS-250000/500 的仿真计算表明，随着直流偏磁电流的增加，该变压器的总损耗和结构件损耗总体呈上升趋势。导磁钢磁滞损耗在总损耗中的比例呈下降趋势，涡流损耗比例呈上升趋势。对于空载和负载偏磁条件，拉板的损耗密度相对较大，铜屏蔽、油箱磁屏蔽等部位的损耗密度随偏磁量增幅相对较大，应引起运行人员的注意。

对单相自耦变压器 ODFS-250000/500 的实测结果表明，该变压器空载电流为 0.83A，当 I_{dc} 大于 4A 之后，电压发生严重畸变，因此实测得到的最大直流偏磁电流为 4A，约为空载电流有效值的 4.8 倍。随着直流偏磁电流的增大，变压器铁芯损耗趋于饱和，当 $I_{dc}=4$A 时，空载损耗是无偏磁额定空载损耗的 1.065 倍。

（6）没有直流偏磁电流注入时，变压器中励磁电流谐波成分主要是奇次谐波，且随施加电压增加呈上升趋势。随着直流偏磁电流的注入，变压器中励磁电流谐波成分除了奇次谐波外，还出现了偶次谐波，均随施加电压的增加有不同程度的增加。当施加电压大于等于额定电压时，2 次谐波、4 次谐波呈明显增长趋势。

就产品 ODFS-250000/500 谐波量化比较，横向 THD、I_2/I_1、I_3/I_1 的最大区域为 $U_n=80\%\sim100\%$；当 $I_{dc}=0.9$A（对应于空载电流有效值约 108.4%）时最大，THD 达到 175%，而 2 次谐波 I_2、3 次谐波 I_3 达到了 100%；纵向，从不同直流条件下基波、2 次谐波、3 次谐波与没有施加直流条件下各次谐波的有效值比较，发现 2 次谐波增幅远大于基波和 3 次谐波，额定电压条件下 $I_{dc}=4$A 时，2 次谐波增幅达 131%。

对模型的谐波分析研究表明：随着直流偏磁电流增加，各次谐波均有不同程度的增加，以各次谐波幅值在各直流偏磁电流情况下与基波幅值比值比较，2 次、4 次、6 次谐波增幅比 3 次、5 次、7 次波增幅显著得多，与产品分析结论一致。

（7）随着直流偏磁电流的增加，测点位移总体呈增加趋势；除了直流偏磁电流的影响，工作磁密也有一定的影响。

对于 ODFS-250000/500 变压器产品而言，当该变压器施加直流偏磁电流 $I_{dc}=4$A（482% I_{0RMS}/256% I_{0PEAK}）时，油箱测点振动幅度为 14μm，出现在油箱高压侧中压套管对应位置箱体高度 1/3 处。对于 6.2.5 节中的单相变压器模型,当该变压器施加直流偏磁电流 $I_{dc}=3.2A$ (100% I_{0RMS}/49.5% I_{0PEAK}) 时,油箱测点振动幅度为 $6\mu m$。

(8) 对变压器模型的红外成像测试研究表明:变压器未注油时直流偏磁条件下的最热区域集中在线圈部位,且无论是单相模型还是三相模型,均以线圈上部的温升较高;三相模型中 B 相比较高。对于单相模型 D01、D02,同等条件下,D02 的局部温升比 D01 高 1~2℃;对于三相模型 S01、S02,同等条件下,S02 的局部温升比 S01 高 2~3℃。总体而言,施加直流偏磁电流后变压器的局部温升有所增加,但增幅不大,不足以对变压器的运行造成影响。

(9) 随着直流偏磁电流的增加,变压器噪声呈增加趋势,但当直流偏磁电流达到一定值,增幅趋缓,且随着直流偏磁电流增加,噪声有饱和特征。随着工作电压的不同,变压器噪声差异较大,当处于过励磁条件下,不同直流偏磁电流变压器噪声很接近;反之差别较大。

对于 ODFS-250000/500 变压器产品而言,当该变压器施加直流偏磁电流 $I_{dc}=4A$ (482% I_{0RMS}/256% I_{0PEAK}) 时,声压级噪声约 90dB (A),比额定条件下高约 17dB (A);对于 6.2.5 节中的单相变压器模型,当该变压器施加直流偏磁电流 $I_{dc}=3.2A$ (100% I_{0RMS}/49.5% I_{0PEAK}) 时,声压级噪声比额定条件下高约 4dB (A)。

(10) 从磁场、振动、噪声等角度研究了变压器耐受直流偏磁电流能力的判断依据,基于偏磁磁密 (ΔB) 建立了不同直流偏磁直流磁场强度下直流磁密与交流工作磁密之间的关系曲线,提出了针对某材料、某种结构、某一磁密运行的变压器耐受直流偏磁电流的判断方法。即基于 $\Delta B - B_m - H_{dc}$ (I_{dc}) 曲线、仿真和试验研究的评价等得到变压器可耐受的 H_{dc};再由公式 $I_{dc}=H_{dc}L/N$ 计算出变压器的耐受直流偏磁电流。

根据该原则,我们提出对于使用 30RGH120,全斜接缝的额定磁密为 1.7T,且采用磁屏蔽防过热措施的单相变压器,可耐受的 H_{dc} 为 200A/m;对于磁密为 1.74T,H_{dc} 为 150A/m。

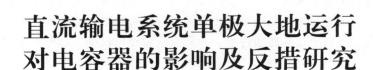

第 7 章

直流输电系统单极大地运行
对电容器的影响及反措研究

7.1 概述

2004—2005 年期间，广东电网出现了多起 500kV 变电站电容器组熔丝烧断、电容器鼓肚、PT 放电烧毁等事故，电容器组年故障率较往年明显增高。通过监测系统得到的数据，其中几次事件发生时，变电站附近的直流输电系统刚好由双极运行方式转为单极大地运行方式。

通过前几章分析可知，直流输电单极大地回线方式运行时，会引起部分中性点接地交流变压器绕组流过直流电流，这一直流电流会在变压器铁芯内部产生一定的直流磁通，磁通发生偏移，导致变压器直流偏磁。直流偏磁加剧了铁芯磁密的半波饱和程度，使得励磁电流正负半周明显不对称，变压器励磁电流出现偶次谐波。

目前对于 500kV 变电站的并联电容器组设计，依据电力行业标准《330kV～750kV 变电站无功补偿装置设计技术规定》（DL/T 5014—2010），主要考虑系统背景谐波为 3 次、5 次的常规情况。当谐波为 5 次及以上时，电抗率宜选取 4.5％～5％；当谐波为 3 次及以上时，电抗率宜选取 12％，亦可采用 4.5％～5％与 12％两种电抗率混装方式。由于传统的电容器组设计配置未考虑到交直流混合电网中变压器饱和时的阻抗及谐波特性，所以导致了在某些情况下会发生电容器组谐振过流而出现电容器组故障。

本研究采用理论分析与实际监测相结合的手段，研究了直流输电单极大地或双极不对称运行时对交流变电站电容器组的影响；确立了一套实用的电容器组受直流偏磁饱和变压器影响的仿真分析方法；并从系统阻频特性角度，分析提出有效的防范措施。

7.2 仿真模型分析

直流输电单极大地方式运行时，交流侧变电站补偿电容器组所受的影响，归根到底是由于变电站变压器中性点流过的直流分量过大而发生饱和所引起的。变压器偏磁饱和一方面将引起系统谐波特征发生改变，特别是系统会出现较大的 2～5 次谐波分量；另一方面变压器等值阻抗变化，使得变电站电容器组接入侧的并联谐振点也将随之改变。所以，要研究分析直流输电单极大地运行方式对电容器组的影响，必须首先建立不同中性点直流水平下的偏磁饱和变压器模型。

7.2.1　受直流偏磁影响的变压器铁磁特性研究

7.2.1.1　铁磁材料非线性及磁滞特性

电力变压器的铁芯一般用硅钢片叠制而成，硅钢片为典型的铁磁材料。铁磁材料典型磁滞回线如图 7.1 所示，其磁化特性具有非线性和滞后特性双重特点。其中，剩磁 M_r、矫顽力 H_{CM} 和饱和磁化强度 M_S 是衡量铁磁材料磁特性的重要参量。

关于物质的磁性起源，特别是铁磁材料的磁特性，目前从微观物理学上还不能完全解释，但已经发展出了一些理论，如安培分子电流理论、磁畴（Magnetic Domain）理论等，可以从现象上进行解释。磁畴理论是其中较为成熟的一种，用量子理论从微观上说明铁磁质的磁化机理。所谓磁畴，是指磁性材料内部的一个个小区域，每个区域内部包含大量原子，这些原子的磁矩都像一个个小磁铁那样整齐排列，但相邻的不同区域之间原子磁矩排列的方向不同［图 7.2（a）］。各个磁畴之间的交界面称为磁畴壁。宏观物体一般总是具有很多磁畴，这样，磁畴的磁矩方向各不相同，结果相互抵消，矢量和为零，整个物体的磁矩为零，也就是说磁性材料在正常情况下并不对外显示磁性，对应图 7.1 的原点 O 点。

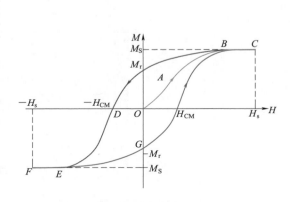

图 7.1　铁磁材料典型磁滞回线

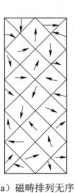 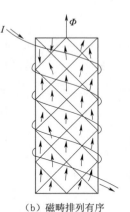

（a）磁畴排列无序　　（b）磁畴排列有序

图 7.2　磁畴结构示意图

当磁性材料处于磁场中，即被磁化时，磁畴随外磁场方向逐渐发生偏转，磁性材料对外显示出磁性［图 7.2（b）］。当外磁场较弱时，磁畴偏转程度近似于外磁场强度呈正比，既磁化强度 M 近似于磁场强度 H 成正比，对应图 7.1 的 $O—A$ 段。随着外磁场的增强，磁畴偏转程度增加，当外磁场增强到一定程度时，磁畴大部分发生偏转，此时磁化强度随磁场强度增加的速度减慢，对应图 7.1 的 $A—B$ 段；继续增加外磁场强度，由于此时磁畴已大部分发生偏转，故磁化强度增加很慢，直至所有磁畴均与外磁场方向一致，即进入深度饱和状态，对应图 7.1 的 $B—C$ 段。

从深度饱和状态，即图 7.1 的 C 点开始，随着外磁场减小，由于磁畴旋转需要克服磁畴壁之间的摩擦，故磁感应强度的减小会滞后于外磁场的减小，如图 7.1 的 C—M_r 段。当外磁场周期性变化时，磁化强度随外磁场变化呈闭合的回线形状。

由上述分析可知，磁畴理论能较好地解释铁磁材料的非线性和滞后特性。

7.2.1.2　正常运行和直流偏磁条件下变压器的励磁电流特性

为了节省铁芯材料，降低造价，设计变压器时，通常让其工作在额定状态下线性区的近饱和段。这样，由于铁芯硅钢片的非线性和滞后特性，正常情况下，变压器励磁电流并非正弦形，而是包含有丰富的谐波；直流偏磁条件下，变压器铁芯工作磁滞回线发生偏移，由此造成变压器谐波含量更为丰富。具体分析如下：

变压器正常运行时，铁芯磁滞回线关于原点对称；在正弦电压作用下，铁芯磁通也为正弦，并且正负对称（图 7.3）。由于铁芯的非线性和磁滞特性，励磁电流发生畸变，但波形上正负半周对称，只有奇次谐波。

一旦直流输电系统发生单极大地或双极不对称运行，将引起接地极间大地回流的直流电流增加，大地回流沿途中性点接地的变压器中性点直流分量随之增加。此时，对于受影响变压器而言，变压器绕组通过直流电流时，在铁芯中产生直流磁势，导致铁芯磁密工作点发生偏移，即发生直流偏磁，铁芯磁滞回线趋于偏移，由对称曲线趋向半周不对称曲线。直流偏磁使变压器铁芯半周饱和，励磁电流在饱和半周出现尖峰，另半周收缩，波形不仅比正常时畸变严重，而且正负半周不再对称，出现偶次谐波（图 7.4）。

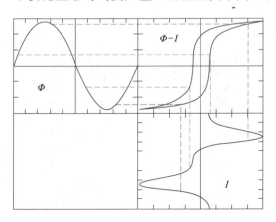

图 7.3　正常运行时变压器磁通
与励磁电流的关系

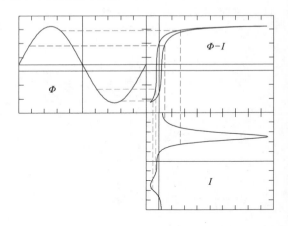

图 7.4　直流偏磁时变压器磁通
与励磁电流的关系

由此可见，变压器发生直流偏磁时，原边、副边的电阻和漏电感恒定而不受影响，可根据变压器的铭牌参数来确定；而通过铁芯磁滞回线所表现出的畸变来看，变压器励磁支路已呈非线性特性。对直流偏磁下变压器模型的建立，关键是要确定变压器铁磁材料所满足的磁滞回线曲线。

综合比较现有的变压器铁磁特性理论，本书研究将采用基于 Jiles-Atherton 磁滞回线理论的模型来描述单相变压器铁芯的非线性和磁滞特性。

7.2.2　描述铁芯磁滞特性的 Jiles－Atherton（JA）模型

7.2.2.1　非线性磁化曲线——Jiles－Atherton 理论

基于 Jiles－Atherton 磁滞回线理论的 Jiles－Atherton（JA）模型由 D. C. Jiles 和 L. Atherton 两位学者于 1983 年提出，该模型运用磁畴壁的概念将磁畴磁化过程分解成具有摩擦效应不可逆分量 M_{irr} 和弹性可逆分量 M_{rev}，利用修改的拉格朗日函数描述磁化强度 M 与磁场强度 H 之间的关系，并最终获得磁感应强度 B 与 H 之间的关系。基于磁畴理论的 JA 模型具有较强的物理本质性，因而外延性较好，可利用无直流偏磁时的状态数据外推发生直流偏磁时的状态，因而适用于研究变压器直流偏磁现象。

根据 Weiss 铁磁理论，铁磁体从初始磁化达到饱和磁化需要一个较宽的磁场范围，在此范围内铁磁物质内部的原子磁矩之间存在很强的相互作用，并有转动到互相平行的趋势，而外磁场的作用仅仅是改变自发磁化形成的磁矩方向，Weiss 称这种很强的内部磁场为分子场 H_m，并假设其表达式为 $H_m = \alpha M$，α 是分子场参数，M 是磁化强度，如果外磁场的方向平行于磁化强度的方向，则铁磁体内部的有效磁场为

$$H_e = H + H_m = H + \alpha M \tag{7.1}$$

再由顺磁体磁化理论和 Langevin 函数 $L(z)$ 的定义，有

$$M(z) = M_s L(z) = M_s \left[\coth(z) - \frac{1}{z} \right] \tag{7.2}$$

式中：M_s 为饱和磁极化强度，且 $M_s = Nm$，N 为单位体积内的分子数，m 为原子磁矩的模，M_s 一般由制造商提供；$z = H_e/a$，$a = KT/m$，K 是 Boltzmann 常数，T 是材料内部的温度，K。

若把式（7.2）中的 M 换成 M_{an}，则该式可以表示铁磁体理想磁化过程中的磁化强度和外磁场强度的关系，M_{an} 被称为无磁滞磁化强度，给定外磁场强度的数值，根据式（7.2）就可以唯一确定式 M_{an} 的大小。

根据微磁学理论，由于铁磁体的磁畴结构不同〔如磁畴的形状、大小、磁畴之间不同的连接点（pinning sites）〕、所受应力不均匀等因素的存在，导致铁磁体在磁化过程中磁壁移动和磁畴转动过程是不完全可逆的，即存在磁壁的不可逆移动或磁畴的不可逆转动，这种不可逆的磁化过程导致铁磁体热动自由能方程中存在亚稳态，从而形成磁滞，产生系统的能量损耗。

JA 模型来源于 Jiles 和 Atherton 两人提出的铁磁磁化理论，并是以微磁学理论和 Weiss 分子场理论为基础的。Jiles 和 Atherton 指出，在外磁场的作用下，铁磁体的磁化过程分为两个阶段：在初始磁化阶段，铁磁体内部的畴壁移动和磁畴转动是完全可逆的，该阶段也属于起始磁导率范围；接下来直到饱和磁化之前为第二阶段，此时铁磁体的畴壁移动和磁畴转动是不完全可逆的，即可逆部分 M_{rev} 和不可逆部分 M_{irr} 同时存在，此时铁磁体内部的平均磁化强度可表示为

$$M = M_{rev} + M_{irr} \tag{7.3}$$

当 $\left[M_{an}(H_e) - M(H) \right] \dot{H} < 0$ 时，有

$$\frac{\mathrm{d}M_{irr}}{\mathrm{d}H} = 0 \tag{7.4}$$

式中：可逆部分 M_{rev} 与无磁滞磁化强度 M_{an} 有关，即

$$M_{rev} = c(M_{an} - M_{irr}) \tag{7.5}$$

式中：c 为由材料特性决定的参数，表示可逆与不可逆磁化强度之间的关系，满足 $0 < c < 1$，由式（7.3）和式（7.5）可得

$$M = (1-c)M_{irr} + cM_{an} \tag{7.6}$$

上式两边分别对外磁场 H 求导可得

$$\frac{\mathrm{d}M}{\mathrm{d}H} = c\frac{\mathrm{d}M_{an}}{\mathrm{d}H} + (1-c)\frac{\mathrm{d}M_{irr}}{\mathrm{d}H} \tag{7.7}$$

上式中 $\frac{\mathrm{d}M_{an}}{\mathrm{d}H}$ 可由式（7.5）确定。

如何确定和量化磁化过程的不可逆部分 M_{irr}，一直是基于物理机理的磁滞建模理论需要解决的难点问题。Jiles 和 Atherton 两人在 Weiss 分子场模型的基础上，假设了一种表达式，用于表示铁磁体磁化过程中的不可逆部分造成的能量损耗，假设的表达式与因动摩擦导致的能量损耗原理类似，即磁化过程的能量损失正比于不可逆磁化强度的变化率。设单位体积的铁磁体在磁化过程中磁滞损耗的能量为 δW_{loss}，即

$$\delta W_{loss} = \oint k\delta(1-c)\mathrm{d}M_{irr} \tag{7.8}$$

式中：k 为非负的比例系数，表示磁滞的强弱；δ 定义为

$$\delta = \text{sign}(\dot{H}) \tag{7.9}$$

再设单位体积的铁磁体在磁化过程中输入的能量为 δW_{in}，静磁能为 δW_{mag}，对于周期输入信号，根据铁磁学原理，得到一个周期内的静磁能和有效磁场的表达式：

$$\delta W_{mag} = -\oint \mu_0 M \mathrm{d}H_e \tag{7.10}$$

$$H_e = H + \alpha M_{irr} \tag{7.11}$$

式（7.11）用不可逆磁化强度 M_{irr} 代替了式（7.6）中 Weiss 分子场模型中的平均磁化强度 M。系统需要输入的能量应等于无磁滞存在时的静磁能，即

$$\delta W_{in} = -\oint \mu_0 M_{an} \mathrm{d}H_e \tag{7.12}$$

再由能量守恒定律可知：

$$\delta W_{in} = \delta W_{mag} + \delta W_{loss} \tag{7.13}$$

把式（7.12）代入式（7.13）可得

$$\oint \left(\mu_0 M_{an} - \mu_0 M - k\delta(1-c)\frac{\mathrm{d}M_{irr}}{\mathrm{d}H_e} \right) \mathrm{d}H_e = 0 \tag{7.14}$$

对周期输入信号，有

$$M_{an} - M - \frac{k\delta}{\mu_0}(1-c)\frac{\mathrm{d}M_{irr}}{\mathrm{d}H_e} = 0 \tag{7.15}$$

把式（7.7）代入式（7.15）可得

$$\frac{\mathrm{d}M_{\mathrm{irr}}}{\mathrm{d}H} = \frac{M_{\mathrm{an}} - M_{\mathrm{irr}}}{\dfrac{k\delta}{\mu_0} - \alpha(M_{\mathrm{an}} - M_{\mathrm{irr}})} \tag{7.16}$$

综合式 (7.15) 和式 (7.16) 可得

$$\frac{\mathrm{d}M}{\mathrm{d}H} = \frac{c\dfrac{\mathrm{d}M_{\mathrm{an}}}{\mathrm{d}H_{\mathrm{e}}} - \dfrac{(1-c)(M_{\mathrm{an}} - M)}{\dfrac{k\delta(1-c)}{\mu_0} - \alpha(M_{\mathrm{an}} - M)}}{1 - \alpha c\dfrac{\mathrm{d}M_{\mathrm{an}}}{\mathrm{d}H_{\mathrm{e}}}} \tag{7.17}$$

$$M_{\mathrm{an}}(H_{\mathrm{e}}) = M_{\mathrm{s}}\left(\coth\left(\frac{H_{\mathrm{e}}}{a}\right) - \frac{a}{H_{\mathrm{e}}}\right) \tag{7.18}$$

$$\frac{\mathrm{d}M_{\mathrm{an}}}{\mathrm{d}H} = \frac{M_{\mathrm{s}}}{a}\left[\frac{-1}{\sinh^2\left[\dfrac{\dfrac{Ni}{l} + \alpha M}{a}\right]} + \frac{a^2}{\left(\dfrac{Ni}{l} + \alpha M\right)^2}\right] \tag{7.19}$$

式 (7.19) 即为根据 Jiles 和 Atherton 的铁磁理论导出的描述磁滞现象的表达式。

在 H 从磁化曲线间断开始减小时，磁畴仍被限制在缺陷区域，$\dfrac{\mathrm{d}M_{\mathrm{irr}}}{\mathrm{d}H} = 0$，即在磁滞回线穿过非磁滞曲线前，有 $\dfrac{\mathrm{d}M}{\mathrm{d}H} \approx \dfrac{\mathrm{d}M_{\mathrm{rev}}}{\mathrm{d}H}$，故当 $(M_{\mathrm{an}} - M)\delta < 0$ 时，有

$$\frac{\mathrm{d}M}{\mathrm{d}H} = \frac{c\dfrac{\mathrm{d}M_{\mathrm{an}}}{\mathrm{d}H_{\mathrm{e}}}}{1 - \alpha c\dfrac{\mathrm{d}M_{\mathrm{an}}}{\mathrm{d}H_{\mathrm{e}}}} \tag{7.20}$$

由式 (7.15)～式 (7.20) 可看出，该模型表达式较复杂，式中有 5 个待定参数：M_{s}、a、c、k、α。M_{s} 可由特定材料的制造商给出，其他 4 个参数可根据实测磁滞回线上特定点处的磁化率确定，具体的确定公式如下：

$$x'_{\mathrm{in}} = \left(\frac{\mathrm{d}M}{\mathrm{d}H}\right)_{H=0,\,M=0} = \frac{cM_{\mathrm{s}}}{3\alpha} \tag{7.21}$$

$$k = H_{\mathrm{c}} \tag{7.22}$$

$$x'_{\mathrm{an}} = \left(\frac{\mathrm{d}M_{\mathrm{an}}(H)}{\mathrm{d}H}\right)_{H,\,M \to 0} = \frac{M_{\mathrm{s}}}{3a - \alpha M_{\mathrm{s}}} \tag{7.23}$$

$$x'_{\mathrm{r}} = \left(\frac{\mathrm{d}M}{\mathrm{d}H}\right)_{H=0,\,M=M_{\mathrm{r}}} = \frac{[M_{\mathrm{an}}(M_{\mathrm{r}}) - M_{\mathrm{s}}](1-c)}{-(1-c)k - \alpha[M_{\mathrm{an}}(M_{\mathrm{r}}) - M_{\mathrm{s}}]} + c\frac{\mathrm{d}M_{\mathrm{an}}(M_{\mathrm{r}})}{\mathrm{d}H} \tag{7.24}$$

式中：x'_{in} 为初始磁化率的导数；H_{c} 为矫顽力；x'_{an} 为理想磁化曲线在原点处的极值；x'_{r} 为剩磁 M_{r} 处的磁化率的导数。

由式 (7.21)～式 (7.24) 可以看出，要确定该模型的 4 个参数，需对实验曲线上的特定点求导，然后代入进行求解。由于求导运算容易放大实验误差，因此该模型参数对实验数据的精度要求很高。但参数一旦确定之后，该模型相对较稳定、准确，适于设计最优控制方案，因此可根据实际需要进行参数优化，从而使系统达到理想输出状态。

确定了 JA 模型的 5 个参数后，则可描述变压器所采用的硅钢片材料的磁滞回线

特性。

7.2.2.2　不同 JA 模型参数所表征的硅钢片磁滞回线特性

7.2.2.1节用 JA 模型描述了磁化强度 M 与磁场强度 H 之间的关系；由于在变压器的电磁能量转换中，直接参与计算的是磁感应强度 B，故需要由 M-H 的关系得到 B-H 关系。计算得到 H 和 M 后，由 $B = \mu_0(H+M)$ 易得 B-H 关系。

对于不同的硅钢片材料，会有不同形状特征的磁滞回线。采用 JA 模型描述硅钢片磁滞特性时，通过模型包含的5个参数 M_s、α、a、k、c 取不同值来区别不同的硅钢片磁滞特性。各参数对磁滞回线的影响分析如下。

1. 饱和磁极化强度 M_s 的影响

饱和磁极化强度 M_s 是原子磁矩的模 m 与单位体积内的分子数 N 之间的乘积，一般由制造商提供。

在 $\alpha = 1.5 \times 10^{-3}$、$a = 1000$、$k = 400$、$c = 0.2$ 条件下，M_s 对磁滞回线的影响如图7.5所示。

由图7.5可见，M_s 增大时，磁滞回线上下拉开，膝部增高，线性区范围变广，同时回线陡度增加，剩磁增加。

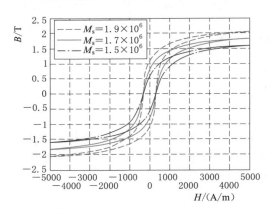

图 7.5　M_s 对磁滞回线的影响

2. α 对磁滞回线的影响

α 是表征铁磁体磁场特性的分子场参数，数值上为分子场 H_m 与磁化强度 M 之间的比值。

在 $M_s = 1.7 \times 10^6$、$a = 1000$、$k = 400$、$c = 0.2$ 条件下，α 对磁滞回线的影响如图7.6所示。

可见，α 增加时，回线陡度增加，膝部增高，线性区变广，剩磁增加。

3. a 对磁滞回线的影响

由前面介绍中可知，$a = KT/m$，其中 K 为 Boltzmann 常数，T 和 m 则分别是材料内部的温度（K）和原子磁矩的模。

在 $M_s = 1.7 \times 10^6$、$\alpha = 1.5 \times 10^{-3}$、$k = 400$、$c = 0.2$ 条件下，a 对磁滞回线的影响如图7.7所示。

由图7.6和图7.7可知，a 减小与 α 增大对磁滞回线的影响非常相似，差别是 a 减小的影响范围更广。图7.6中，H 为 5000A/m 时，α 的影响已经非常小了，回线接近重合；对应地，图7.7中，a 的影响仍然非常明显。a 与 α 的改变均不会影响磁滞回线的矫顽力大小。

4. k 对磁滞回线的影响

k 是非负的比例系数，用于表示磁滞的强弱。

在 $M_s = 1.7 \times 10^6$、$\alpha = 1.5 \times 10^{-3}$、$a = 1000$、$c = 0.2$ 条件下，k 对磁滞回线的影响如

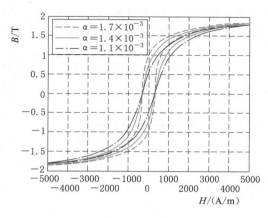

图 7.6　α 对磁滞回线的影响

图 7.8 所示。

由图 7.8 可见，k 增大时，回线变宽，剩磁和矫顽力都增大，线性区略微变广。

5. c 对磁滞回线的影响

c 是由材料特性决定的参数，表示可逆与不可逆磁化强度之间的关系，且满足 $0 < c < 1$。

在 $M_s = 1.7 \times 10^6$、$\alpha = 1.5 \times 10^{-3}$、$a = 1000$、$k = 1000$ 条件下，c 对磁滞回线的影响如图 7.9 所示。

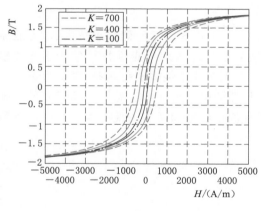

图 7.8　k 对磁滞回线的影响

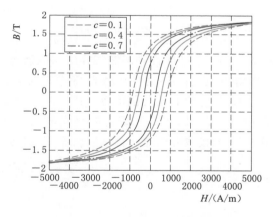

图 7.9　c 对磁滞回线的影响

由图 7.8 和图 7.9 可知，c 减小与 k 增大对回线形状的影响相似。

7.2.3　仿真建模

7.2.3.1　计算模型框架

为研究变压器及电容器组无功补偿装置在直流偏磁条件下的状态，需对变压器整体进行建模，包括系统电源等效模型、能模拟变压器铁芯非线性和磁滞特性的励磁支路模型、变压器各次谐波传递模型、补偿装置模型和负荷模型。

本书研究的变压器均为单相自耦变组成的三相变压器组，高压侧和中压侧均为星形接地连接方式，低压侧绕组为三角形连接，无功补偿装置为星形不接地连接方式。直流偏磁条件下，变压器系统等效电路如图 7.10 所示。

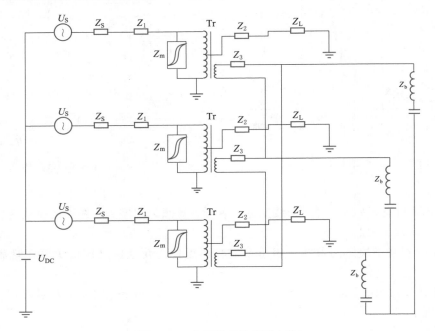

图 7.10　变压器系统等效电路

图 7.10 中，Z_1、Z_2、Z_3 分别为变压器高压侧、中压侧、低压侧漏阻抗；Z_m 为能体现变压器铁芯非线性和磁滞特性的等值励磁支路阻抗；T_r 为理想变压器；Z_S 为系统理想电源等值阻抗；Z_L 为中压侧负荷等值阻抗；Z_b 为无功补偿装置等值阻抗；U_S 为系统等值电源；U_{DC} 为直流等值电源，用以产生通过变压器的中性点直流电流 I_{dc}。所建立的系统等值电路以"$Z_m + T_r$"组合的形式来表征考虑直流偏磁饱和特性的变压器。其中，按照图 7.11 的接线方法建立自耦变压器 T_r 的仿真模型。

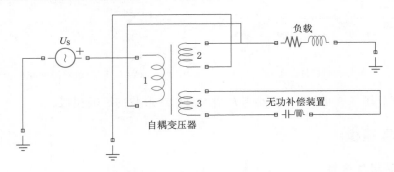

图 7.11　理想单相自耦变仿真电路

7.2.3.2　仿真工具介绍

MATLAB 提供的 SIMULINK 软件包可以对动态系统进行建模、仿真和分析。

SIMULINK 中提供了电力系统仿真工具包 SimPowerSystems，里面包含了常用的电力系统元件，可以对发电、输电、配电以及机电能量转换系统进行高效仿真建模。除了MATLAB 提供的仿真元件外，SIMULINK 还提供了可以让用户自定义动态仿真模型的函数 S-function，它完美地结合了 SIMULINK 仿真框图简洁明快的特点和编程语言灵活方便的优点。本次研究的计算工作采用 MATLAB 软件完成，采用 SIMULINK 软件包进行仿真，利用 SimPowerSystems 工具包建立仿真系统，并采用 S-function 实现铁芯磁特性 JA 模型。

7.2.3.3 采用 S-function 对铁芯磁特性 JA 模型的具体实现

SIMULINK 仿真模块有三个基本元素：输入变量、状态变量和输出变量（图 7.12）。

状态变量和输出变量分别可用状态方程和输出方程描述：

$$\dot{x} = f(x, u, t) \tag{7.25}$$

$$y = g(x, u, t) \tag{7.26}$$

图 7.12　SIMULINK 模块的基本元素

状态方程描述状态变量的一阶导数 $\dot{x}$ 与状态变量、输入变量和时间之间的关系。S-function 作为一个 SIMULINK 模块，也是采用上述形式对动态系统进行建模的。

前面已经提到，由于偏磁饱和情况下变压器的励磁支路的非线性特性，因此仿真建模时将以能体现变压器铁芯非线性和磁滞特性的等值励磁支路与理想变压器组合的形式来表征实际变压器。为建立等值励磁支路模型，需首先推导励磁支路两端电压 u 与励磁电流 i 之间的关系，具体推导过程如下。

对变压器励磁回路，根据电磁感应定律，有

$$u = -e = N \frac{\mathrm{d}\phi}{\mathrm{d}t} \tag{7.27}$$

又由

$$\phi = BS \tag{7.28}$$

$$B = \mu_0 (H + M) \tag{7.29}$$

得

$$u = NS\mu_0 \frac{\mathrm{d}(H + M)}{\mathrm{d}t} \tag{7.30}$$

将 $H = N\dfrac{i}{l}$ 和 $\dfrac{\mathrm{d}M}{\mathrm{d}t} = \dfrac{\mathrm{d}M}{\mathrm{d}H}\dfrac{\mathrm{d}H}{\mathrm{d}t}$ 代入式（7.30），得

$$u = \mu_0 N^2 \frac{S}{l} \left(1 + \frac{\mathrm{d}M}{\mathrm{d}H} \right) \frac{\mathrm{d}i}{\mathrm{d}t} \tag{7.31}$$

式中：N 为变压器原方绕组匝数，S 为铁芯等效截面积，l 为磁路等效长度，$\dfrac{\mathrm{d}M}{\mathrm{d}H}$ 表达式如式（7.17）所述。

由此得到励磁支路两端电压 u 与励磁电流 i 之间的关系，可用于表征励磁支路的外特性。

为在 MATLAB 中采用 S-function 实现铁芯励磁特性 JA 模型，需要采用式（7.25）

和式（7.26）的形式描述铁芯特性。

分析式（7.27）和式（7.31）可知，对铁芯励磁特性模型，可采用励磁支路电压 u 为输入变量、励磁电流 i 为输出变量、磁化强度 M 和励磁电流 i 作为状态变量进行描述。由式（7.31）可得

$$\frac{\mathrm{d}i}{\mathrm{d}t} = \frac{u}{\mu_0 N^2 \dfrac{S}{l}\left(1 + \dfrac{\mathrm{d}M}{\mathrm{d}H}\right)} \tag{7.32}$$

由 $H = N\dfrac{i}{l}$ 和 $\dfrac{\mathrm{d}M}{\mathrm{d}t} = \dfrac{\mathrm{d}M}{\mathrm{d}H}\dfrac{\mathrm{d}H}{\mathrm{d}t}$ 及式（7.32）可得

$$\frac{\mathrm{d}M}{\mathrm{d}t} = \frac{\mathrm{d}M}{\mathrm{d}H}\frac{N}{l}\frac{u}{\mu_0 N^2 \dfrac{S}{l}\left(1 + \dfrac{\mathrm{d}M}{\mathrm{d}H}\right)} \tag{7.33}$$

根据式（7.32）和式（7.33），采用 S-function 编程即可实现对铁芯励磁特性的仿真。

7.2.4 在运变压器磁滞回线求取

为使仿真变压器模型尽可能真实地接近于实际变压器的铁磁特性，需已知实际变压器的基本铁芯结构参数，包括铁芯长度、面积、匝数和铁芯磁滞特性等。但实际上，从变电站一般只能获得基本的变压器铭牌参数，而铁芯参数特别是磁滞回线等很难得到。目前而言，只可能通过现场实测方法获得运行变压器铁芯的磁滞回线。经分析，若能在一定的运行工况下，测试得到现场运行变压器各侧的电流和电压，且采样精度足够大，即可以通过数据处理后辨识得到变压器的外特性曲线，并进一步获得其磁滞回线曲线。具体实现方法阐述如下。

7.2.4.1 采样获得变压器外特性曲线（U-I）的原理

广东电网 500kV 变电站变压器一般采用单相三绕组自耦变压器型式，单相三绕组变压器的原理图如图 7.13 所示。

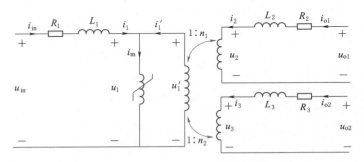

图 7.13 单相三绕组变压器的原理图

其中，R_1、R_2、R_3 和 L_1、L_2、L_3 别是变压器各绕组的等值电阻和等值漏电感，n_1、n_2 为理想变压器原、副绕组间的变比，$(u_{\mathrm{in}}, i_{\mathrm{in}})$ 和 $(u_{\mathrm{o}1}, i_{\mathrm{o}1})$、$(u_{\mathrm{o}2}, i_{\mathrm{o}2})$ 分别为变压器各次绕组侧的电压和电流采样点，(u_1, i_1) 和 (u_2, i_2)、(u_3, i_3) 为变压器各次绕组侧的感应电动势和电流。

对于变电站变压器，在已知各侧绕组的采样电压和电流的条件下，根据式（7.34）～式（7.36），可计算出变压器感应电动势和电流。

$$\begin{bmatrix} u_1 \\ i_1 \end{bmatrix} = \begin{bmatrix} 1 & -\left(R_1 + L_1 \dfrac{\mathrm{d}}{\mathrm{d}t}\right) \\ 0 & 1 \end{bmatrix} \begin{bmatrix} u_{\mathrm{in}} \\ i_{\mathrm{in}} \end{bmatrix} \tag{7.34}$$

$$\begin{bmatrix} u_2 \\ i_2 \end{bmatrix} = \begin{bmatrix} 1 & -\left(R_2 + L_2 \dfrac{\mathrm{d}}{\mathrm{d}t}\right) \\ 0 & 1 \end{bmatrix} \begin{bmatrix} u_{\mathrm{o1}} \\ i_{\mathrm{o1}} \end{bmatrix} \tag{7.35}$$

$$\begin{bmatrix} u_3 \\ i_3 \end{bmatrix} = \begin{bmatrix} 1 & -\left(R_3 + L_3 \dfrac{\mathrm{d}}{\mathrm{d}t}\right) \\ 0 & 1 \end{bmatrix} \begin{bmatrix} u_{\mathrm{o2}} \\ i_{\mathrm{o2}} \end{bmatrix} \tag{7.36}$$

计算前提是采样点间隔 Δt 足够小，即关系式：

$$\frac{\mathrm{d}i}{\mathrm{d}t} = \frac{i(t + \Delta t) - i(t)}{\Delta t}$$

成立。

此外，根据图 7.13，满足关系式：

$$\begin{cases} i_1' = n_1 i_2 + n_2 i_3 \\ u_1' = u_2 / n_1 = u_3 / n_2 \end{cases} \tag{7.37}$$

则励磁电流采样数据 i_{m} 可根据关系式 $i_{\mathrm{m}} = i_1 - i_1'$ 计算得出；u_1' 则用于验证与 u_1 的误差。

根据上述分析结果，设定一定的采样频率（不低于 $10^4\,\mathrm{Hz}$），在现场测试得到实时的电压信号 $u_{\mathrm{in}}(t)$ 和电流信号 $i_{\mathrm{in}}(t)$、$i_{\mathrm{o1}}(t)$、$i_{\mathrm{o2}}(t)$，即可根据式（7.38）得到变压器铁芯励磁电感两端电压和电流（u_1，i_{m}），相应得出变压器的 $V-I$ 外特性曲线。

$$\begin{cases} u_1(t) = u_{\mathrm{in}}(t) - R_1 i_{\mathrm{in}}(t) - L_1 \dfrac{i_{\mathrm{in}}(t + \Delta t) - i_{\mathrm{in}}(t)}{\Delta t} \\ i_{\mathrm{m}}(t) = i_{\mathrm{in}}(t) - \left[n_1 i_{\mathrm{o1}}(t) + n_2 i_{\mathrm{o2}}(t) \right] \end{cases} \tag{7.38}$$

7.2.4.2　采样获得变压器磁滞回线（Φ-I）的原理

在 7.2.4.1 节的基础上，根据电磁感应原理，有

$$u_1 = \frac{\mathrm{d}\Psi}{\mathrm{d}t} = N \frac{\mathrm{d}\Phi}{\mathrm{d}t} \tag{7.39}$$

式中：Ψ 和 Φ 分别表示变压器主磁链和主磁通；N 表示变压器一次绕组匝数。

正弦形式下，式（7.39）表示为

$$\dot{U}_1 = j\omega \dot{\Psi} = j\omega N \dot{\Phi} \tag{7.40}$$

可见，主磁链和主磁通大小分别为电压 u_1 的 $1/\omega$ 和 $1/\omega N$，且相位滞后电压 u_1 90°。结合式（7.31）、式（7.39）和式（7.40），即可得到变压器的磁滞曲线采样点（ϕ，i_{m}），及相应的磁滞回线曲线。

7.3　模拟变压器试验

为验证 7.2 节所述变压器磁滞回线求取方法的合理性，以及所建立的偏磁饱和变压器

模型的可靠性，特采用现有的模拟变压器进行无直流偏磁和有直流偏磁下的磁滞特性测试试验，通过数据处理获得考虑偏磁饱和情况下变压器的磁滞特性曲线。

7.3.1　模拟变压器基本情况及试验条件

试验采用硅钢片型号为 30RGH120 的单绕组模拟变压器，其主要参数参见表 7.1。

表 7.1 试验所采用的模拟变压器主要参数

电压/V	231±8%/231	空载电流/%	0.85（1.84A）
额定电流/A	216.5/216.5	负载损耗/kW	1.5
联结组标号	Ii0	短路阻抗/%	7.85
空载损耗/kW	0.2	线圈匝数/(HV/LV)	64/64

试验包括变压器空载试验和负载试验；其中负载试验模拟电路如图 7.14 所示，对于空载试验则未将负载接入电路。变压器负载试验时以 1 台直流负载箱（100A，220V）作为阻性负载，且调节负载电阻值 $R_L=12\Omega$。试验所采用电源为实验室 220V 交流电，其输出通过 1 台调压器接至模拟变压器，以调节模拟变压器一次侧交流电压。直流电压源 U_{dc} 配合可调电阻 R_{dc}，对模拟变压器提供产生直流偏磁的直流电流 I_{dc}。

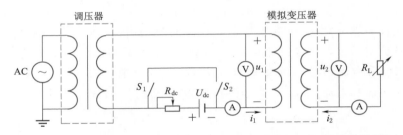

注：开关 S_1、S_2 同时闭合表示无直流偏磁试验；S_1、S_2 同时打开表示有直流偏磁试验。

图 7.14　单相变压器直流偏磁负载试验电路图

试验主要采样变压器两侧的交流电压和交流电流，在变压器偏磁试验中同时监测模拟变压器一次侧的直流电流。变压器偏磁试验中额外监测调压器二次侧的直流电流。采用 DL 750 录波仪对模拟变压器两侧的电压和电流信号进行录波。录波时设定采样频率为 500kHz，每次试验录波 5 个周期。

7.3.2　试验结果

7.3.2.1　无直流偏磁下的变压器磁滞回线

同时闭合图 7.14 试验电路中的开关 S_1、S_2，不将负载 R_L 接入电路，进行无直流入侵时的变压器空载试验。试验中，通过调节调压器的输出，改变模拟变压器一次侧电压分别至 $0.4U_e$、$0.5U_e$、$0.6U_e$、$0.7U_e$、$0.8U_e$、$0.9U_e$、U_e、$1.1U_e$（U_e 为额定电压，下同），通过示波器采样记录到相应工况下变压器两侧的电压、电流。

通过数据处理，按照 7.2.4 节提出的变压器磁滞回线求取方法，得出无直流偏磁影响时，变压器磁滞回线随一次侧电压变化的趋势（图 7.15）。连接所有磁滞回线的顶点，形成表征该变压器磁滞特性的单值曲线（图 7.16）。

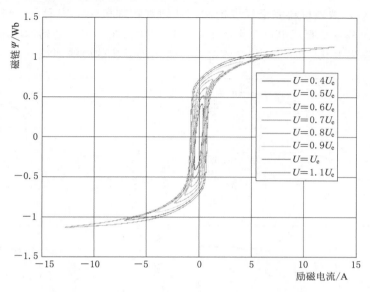

图 7.15　不同电压下模拟变压器的磁滞回线（无直流偏磁）

由图 7.15 可见，变压器磁滞回线在运行电压达到额定电压的 0.7 倍时开始出现饱和，在额定电压下运行时严重饱和，而当运行至 1.1 倍额定电压时则遭遇深度饱和。低电压时的磁滞回线包含在高电压时磁滞回线里。电压较大时，对应的励磁电流也较大，对应磁滞回线在某些段出现不光滑，这是由于励磁电流较大时将使电压出现一定的畸变，此时无法满足正弦电压的测试要求，因此畸变的电压下测出的磁滞回线出现了不光滑或不精确。

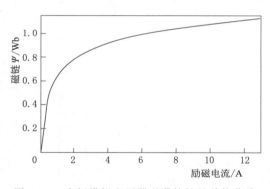

图 7.16　表征模拟变压器磁滞特性的单值曲线

7.3.2.2　额定电压下不同直流入侵中性点时的变压器磁滞回线

同时打开图 7.14 试验电路中的开关 S_1、S_2，不将负载 R_L 接入电路，调节调压器输出以保持模拟变压器一次侧电压为额定值，进行不同直流入侵时的变压器空载试验。试验中，通过调节直流电流控制电阻 R_{dc}，改变变压器中性点直流电流分别为 0.6A、1A、1.54A、2.08A、5.16A，通过示波器采样记录到相应工况下变压器两侧的电压、电流。

通过数据处理，按照 7.2.4 节提出的变压器磁滞回线求取方法，统计得到额定电压下不同直流入侵时模拟变压器的磁滞回线，分别与无直流入侵时可试验的最大电压（$1.1U_e$）工况下磁滞回线进行对比（图 7.17）。

从图 7.17 可以看出，变压器磁滞回线随中性点直流电流的增加而趋于偏移，由对称曲线趋向半周不对称曲线。随着变压器直流偏磁程度的增加，铁芯逐渐呈半周饱和，磁场强度增加，磁密趋向稳定值。通过对比发现，若中性点直流电流不高于 2.08A，对应的磁

滞回线与无直流 $1.1U_e$ 运行电压时的磁滞回线呈现出基本一致的特性曲线；而若直流电流过大（5.16A），铁磁材料完全深度饱和，从微观物理机制上来看，铁磁材料最小磁性单元磁畴的取向基本与直流电流产生的磁场方向相同，在直流分量到达深度饱和的工作点时，磁性特征发生变化，加一定的交流电压，将出现异化的磁滞回线。

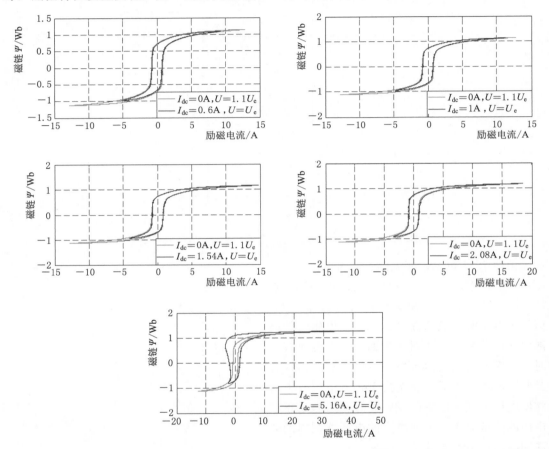

图 7.17 额定电压下不同直流入侵中性点时的变压器磁滞回线

7.3.2.3 相同直流电流不同电压下的变压器磁滞回线

同时打开图 7.14 试验电路中的开关 S_1、S_2，不将负载 R_L 接入电路，调节直流电流控制电阻 R_{dc} 使变压器一次侧直流电流为某一固定值，进行相同直流电流不同电压下的变压器空载试验。试验中，通过调节调压器的输出，改变模拟变压器一次侧电压，通过示波器采样记录到相应工况下变压器两侧的电压、电流。

通过数据处理，按照 7.2.4 节提出的变压器磁滞回线求取方法，统计得到分别在 1A、3A 和 7A 直流电流作用下变压器的磁滞回线族（图 7.18）。

比较图 7.18（a）～（c）可见，在相同直流电流、不同交流电压作用下，变压器磁滞回线族形状相似。交流电压越大，回线面积越大。交流电压小的磁滞回线完全处于交流电压大的磁滞回线包围内。直流电流越大，变压器饱和越严重；对应地，磁滞回线畸变越严重。

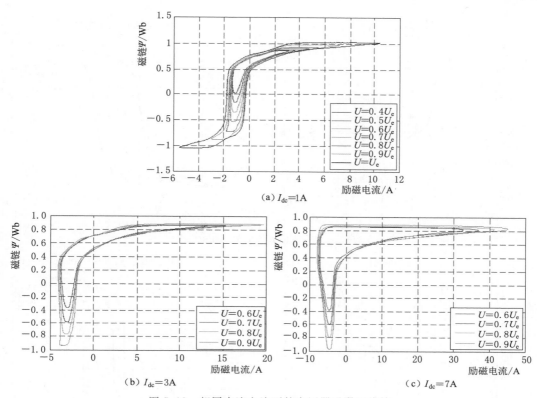

(a) $I_{dc}=1A$

(b) $I_{dc}=3A$　　　　　　　　　(c) $I_{dc}=7A$

图 7.18　相同直流电流下的变压器磁滞回线族

7.3.3　仿真验证

以变压器空载无直流入侵时额定电压运行工况下的测试数据为基础，求得该模拟变压器的磁滞回线，基于 MATLAB 平台建立如图 7.10 所示的变压器及系统仿真模型（取其单相）。改变变压器运行电压，设定不同的直流电流，仿真得到不同工况下的变压器励磁电流曲线和 $B\text{-}H$ 回线，分别与其试验测量结果进行对比（图 7.19）。

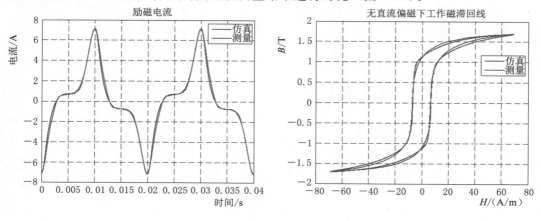

（a）$I_{dc}=0$，$U_1=U_e$

图 7.19（一）　不同工况下变压器的磁滞电流和 $B\text{-}H$ 回线（仿真与测量结果对比）

163

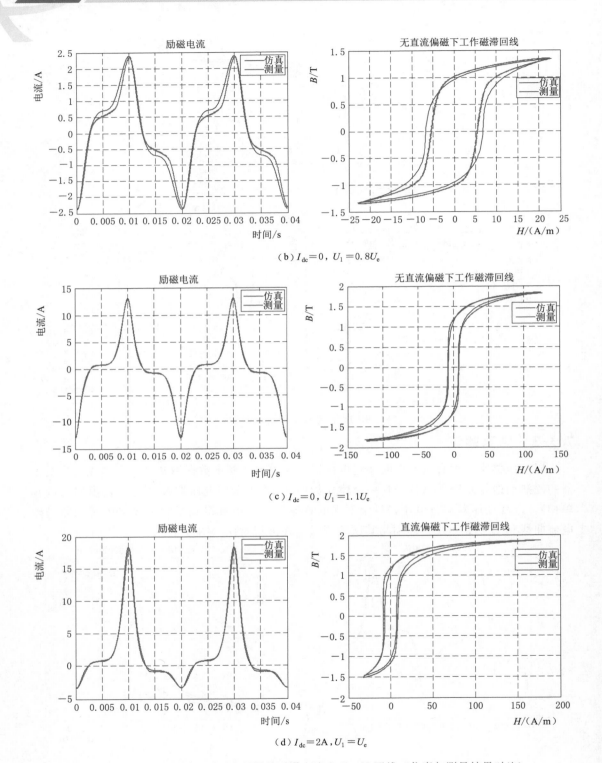

（b）$I_{dc}=0$，$U_1=0.8U_e$

（c）$I_{dc}=0$，$U_1=1.1U_e$

（d）$I_{dc}=2A$，$U_1=U_e$

图 7.19（二） 不同工况下变压器的磁滞电流和 $B-H$ 回线（仿真与测量结果对比）

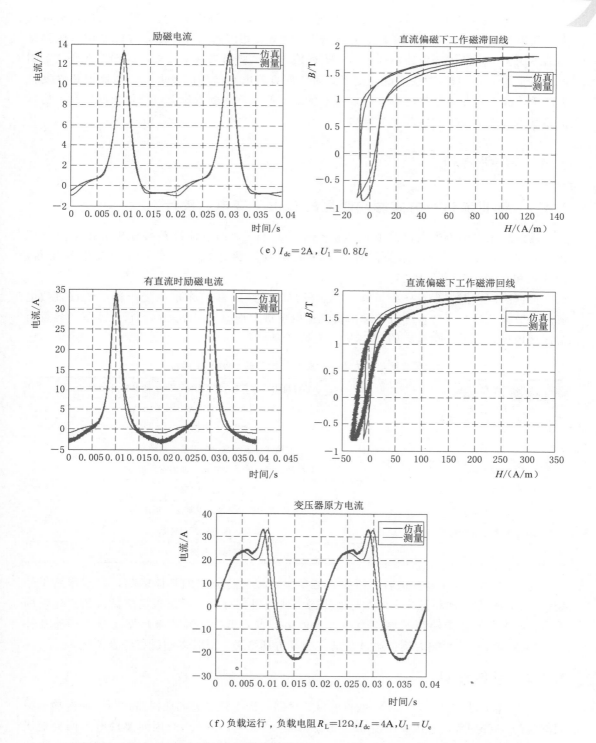

（e）$I_{dc}=2A$，$U_1=0.8U_e$

（f）负载运行，负载电阻$R_L=12\Omega$，$I_{dc}=4A$，$U_1=U_e$

图 7.19（三）　不同工况下变压器的磁滞电流和 $B-H$ 回线（仿真与测量结果对比）

从图 7.19 可以看出，以无直流入侵时变压器空载额定运行工况下的测试数据求取运行变压器的磁滞回线，进一步建立变压器 JA 模型及相应的仿真电路，在此基础上仿真得到的不同工况下的磁滞电流曲线和 $B-H$ 回线与其试验结果基本接近，其误差在允许范围内。对于图 7.19 (f) 对应工况，由于此时所加直流电流已相应较大，变压器饱和程度较为严重，故本身测量结果已存在一定的不精确；但从一次侧电流等电气量角度来看，仿真仍能基本真实地反映其实际测量结果。

7.4　实例分析

7.4.1　受直流运行方式影响明显的 500kV 变电站统计

目前广东电网范围内已有 9 回直流线路在运行。9 回直流线路接地极分别落点于广州、云浮、惠州、清远、韶关、河源等珠三角及其边缘地区，该区域内变电站密集，220kV 和 500kV 变电站较多。

根据广东电网有限责任公司电力科学研究院《2018 年广东电网变压器中性点直流电流监测数据统计》报告，综合归纳出直流输电单极大地或双极不对称运行方式下，各直流落点接地极附近受影响较大的 500kV 变电站（表 7.2）。

表 7.2　　　　　　　　　　受直流单极大地运行影响较明显的 500kV 变电站

直流输电线路	受直流运行方式影响明显的 500kV 变电站
天广直流	西江站、罗洞站、北郊站、贤令山站
高肇直流	罗洞站、曲江站
江城直流	增城站、惠州站、东莞站、鲲鹏站
兴安直流	罗洞站、西江站、莞城站、北郊站、增城站
楚穗直流	贤令山站、北郊站
糯扎渡直流	蝶岭站、贤令山站、砚都站、西江站
溪洛渡直流（双回）	上寨站、库湾站、曲江站
滇西北直流	曲江站、上寨站

对于 500kV 变压器及电容器组受直流单极大地运行方式的具体影响，以惠州站 1 号变压器、3 号变压器和贤令山站 2 号变压器为典型研究对象，通过现场测试及仿真建模的手段进行分析。本节将以江城直流单极大地运行方式下，500kV 惠州站 1 号变压器及补偿电容器组所受的影响为例，通过现场实测及仿真结果，对其影响进行综合阐述。

7.4.2　事件说明

2009 年 7 月 10 日 13：04 江城直流极 2 跳闸，极 1 转单极大地回路运行，输送功率瞬间减送约 1386MW，系统频率由 49.97Hz 降至 49.86Hz；13：40 因岭澳核电厂两台变压器中性点电流达 23A，振动声音异常大，江城直流输送功率减至 860MW，共减送功率约 2000MW；15：40 江城直流极 2 解锁复电，以每分钟约 50MW 的速度逐步恢复输送。

　　江城直流接地极落点于惠州境内，受江城直流运行方式改变的影响，位于江城直流接地极附近的 500kV 惠州站 3 台变压器的中性点直流电流均出现不同程度的明显增大（表 7.3）。

表 7.3　　7 月 10 日江城直流单极大地运行期间惠州站 3 台变压器的中性点直流电流

江城直流运行工况	变压器中性点直流电流/A		
	1 号变压器	2 号变压器	3 号变压器
工况 1：单极大地运行（860MW）	9.5	7	11
工况 2：单极大地运行（1386MW）	16	14	19

7.4.3　惠州站 1 号变压器补偿电容器组受直流偏磁的影响实测数据

　　惠州站 1 号变压器装设 3 组并联补偿电容器组（编号分别为 311、313、315），电容器组采用 12%、5%、5% 的串抗率配置，相应各支路串联谐振频率分别为 144Hz、224Hz、224Hz，各支路电容器组额定电流分别为 557A、607A、607A。根据广东电网电能质量在线监测后台系统的监测数据，对应表 7.3 工况 1 时，311 号、313 号、321 号、323 号、331 号电容器组投入运行；对应表 7.3 工况 2 时，311 号、321 号、331 号电容器组投入运行；统计得出江城直流故障前后惠州站所投电容器组的电流分量变化情况参见表 7.4。

表 7.4　　7 月 10 日江城直流单极大地运行对惠州站 1 号变压器的影响（实测）

电压	江城直流运行工况	故障前后变压器 35kV 侧母线电压分量/V						THD/%
		有效值	基波	2 次	3 次	4 次	5 次	
35kV	工况 0	20500	20500	5	25	5	95	0.5
	工况 1	20400	20394	220	35	150	215	2.5
	工况 2	20000	19983	360	50	350	450	4.1
电容器组编号	江城直流运行工况	故障前后变压器补偿电容器组支路电流分量/A						THD/%
		有效值	基波	2 次	3 次	4 次	5 次	
311 号	工况 0	566	565	0.5	5	0.4	0.4	0.96
	工况 1	563	561	23	10	29	6	7.3
	工况 2	553	551	33	14	31	21	10
313 号	工况 0	618	618	0.4	1.8	3	3	0.8
	工况 1	650	614	17	3.8	215	58	37
	工况 2	—	—	—	—	—	—	—

注　工况 0—江城直流正常双极对称运行，311 号、313 号电容器组投入运行；工况 1—江城直流单极大地运行（860MW），311 号、313 号电容器组投入运行；工况 2—江城直流单极大地运行（1386MW），311 号电容器组投入运行。

　　从表 7.4 可以看出，无直流偏磁影响时，惠州站 1 号变压器 35kV 侧母线电压畸变很小，其谐波成分主要是 3 次、5 次等奇数次背景谐波，偶数次谐波基本可忽略不计，电压总谐波畸变率 THD 也近似为零（分别约为 0.4% 和 0.5%）。对应工况下，1 号变压器补偿电容器组 311 号、313 号支路的电流总谐波畸变率 THD 分别约为 0.96%、0.8%，各次谐波的影响可忽略不计。

　　当江城直流发生故障转为单极大地方式运行时，惠州站变压器中性点有直流电流注入。受直流偏磁的影响，在中性点直流电流约为 9.5A 时，惠州站 1 号变压器 35kV 侧母线电压 THD 增大为 2.5％，各次谐波均较无直流偏磁时有不同程度的增加，特别是 2 次、4 次和 5 次谐波增加幅度很大；而当中性点直流电流增至 16A 时，1 号变压器 35kV 侧母线电压 THD 增大为 4.1％，各次谐波分量继续增加，其中 2 次、4 次和 5 次谐波分别达到母线电压基波的 1.8％、1.75％和 2.25％。

受变压器谐波特性的影响，对应不同的变压器中性点直流电流，所投入补偿电容器组的支路电流谐波分布也会有明显变化。从现场监测数据来看，当惠州站 1 号变压器不受直流偏磁影响时，正在运行的 311 号、313 号电容器组支路电流主要是基波成分，THD 分别只有 0.96％和 0.8％，2 次、4 次等偶次谐波电流基本为零可忽略不计；当受江城直流单极大地运行方式影响，中性点直流电流达 9.5A 时，311 号、313 号电容器组支路电流的各次谐波，特别是偶数次谐波均有不同程度的增加，串抗率为 12％的 311 号电容器组谐波电流增幅不大，THD 增加为 7.3％，而串抗率为 5％的 313 号电容器组支路电流 THD 则增至 37％，其中 4 次谐波电流可达 215A，达支路电流基波分量的 35％；当中性点直流电流增至 16A 时，只有 311 号电容器组投入运行，其支路总谐波畸变率增至 10％，各次谐波随中性点直流电流的增大呈增大趋势。

7.4.4　惠州站 1 号变压器补偿电容器组受直流偏磁的影响仿真数据

对于惠州站 1 号变压器，在根据 7.2.4 节获得现场运行变压器的实测磁滞回线后，基于参数辨识原理，在 MATLAB 仿真平台下反推得出变压器模型的铁芯磁滞回线，并进一步对变压器及补偿电容器组受直流偏磁的影响进行仿真计算。

7.4.4.1　在运电容器组参数实测方法

受设计和制造工艺等因素影响，在运电容器组支路的等值电容、电感实际值与其铭牌参数之间有一定的误差。建模时设定电容器组参数为其实际值，有利于使仿真结果更真实地接近于现场实测数据。通过分析可知，在已知电容器组支路电流和母线电压的谐波分量条件下，可以计算得到电容器组的等值电容值 C 和等值电感值 L。

通过现场测试得到电容器组支路电流各次谐波 I_n，$n＝1$，2，3，4，…，以及母线电压各次谐波 U_n，$n＝1$，2，3，4，…，则可计算得出电容器组支路阻抗各次谐波：

$$|Z_n|＝\frac{U_n}{I_n}，n＝1，2，3，4，\cdots$$

另一方面，电容器组支路阻抗：

$$Z_n＝j\left(n\omega_0 L-\frac{1}{n\omega_0 C}\right)，n＝1，2，3，4，\cdots$$

式中：$\omega_0＝100\pi$ 为工频角频率。

由两组谐波阻抗测量值即可联立计算得出电容器组的等值电容值 C 和等值电感值 L。

7.4.4.2　建模仿真实例

惠州站 1 号变压器及补偿电容器组的参数分别参见表 7.5 和表 7.6；其中 311 号、313 号电容器组的参数同时根据现场测试数据推导得出了对应实测值，以斜体表示，下同。

表 7.5 惠州站 1 号变压器铭牌参数

变压器型式	接线方式	额定电压 /kV	额定容量 /MVA	短路电压/%		
				$H-M$	$M-L$	$H-L$
三绕组自耦变压器	Y0/Y0/△-12-11	525/242/34.5	750/750/160.5	14.7	36.7	59.2

表 7.6 惠州站 1 号变压器补偿电容器组参数

编号及名称	铭牌值			实测值		
	等值电容 /μF	等值电感 /mH	串联谐振频率 /Hz	等值电容 /μF	等值电感 /mH	串联谐振频率 /Hz
第 1 组 311 号	73.83	16.47	144	74.17	17.0	142
第 2 组 313 号	87.86	5.77	224	89.04	6.1	216
第 3 组 315 号	87.86	5.77	224	87.86	5.77	224

根据现场采样测试数据，得到 1 号变压器磁滞回线，进一步建立相应的仿真模型，仿真得到对应表 7.3 所示 1 号变压器中性点有直流电流注入时，不同工况下的 35kV 侧母线电压和电容器组支路电流分布，其波形和频谱分别参见图 7.20 和表 7.7［其中，I_m 表示励磁电流，I_{c311}、I_{c313} 分别表示 311 号、313 号电容器组支路电流，U_{LV} 表示变压器低压侧母线（简称"变低侧母线"）电压，下同］。仿真建模时对可得到实测参数的电容器组采用其实测值，此处表 7.7 中仿真结果取各电气量 A 相值（下同）。

表 7.7 7 月 10 日江城直流单极大地运行对惠州站 1 号变压器的影响（仿真）

电压	江城直流运行工况	故障前后主变 35kV 侧母线的电压 U_{LV}/V						THD /%
		有效值	基波	2 次	3 次	4 次	5 次	
35kV	工况 0	20885.53	20885.51	0.75	2.89	4.87	27.08	0.14
	工况 1	20788.75	20786.01	231.15	7.85	228.21	90.45	1.62
	工况 2	20306.43	20298.38	364.10	22.94	305.96	316.66	2.82
电流	江城直流运行工况	故障前后主变补偿电容器组的电流分量/A						THD /%
		有效值	基波	2 次	3 次	4 次	5 次	
I_m	工况 0	3.46	3.03	0.05	1.56	0.03	0.58	55.13
	工况 1	9.04	6.01	3.69	3.69	2.19	1.82	112.36
	工况 2	14.43	8.83	6.38	5.82	3.97	3.14	129.25
I_{c311}	工况 0	555.82	555.81	0.66	1.01	0.68	1.62	0.60
	工况 1	553.95	553.12	21.22	1.57	21.19	4.81	5.48
	工况 2	540.33	538.33	31.68	13.00	25.85	17.78	8.63
I_{c313}	工况 0	617.47	617.37	0.21	0.50	2.84	10.72	1.80
	工况 1	643.78	614.68	15.45	2.12	187.34	35.69	31.13
	工况 2							

注 工况 0—中性点无直流电流，311 号、313 号电容器组投入运行；工况 1—中性点直流电流 I_{dc}＝9.8A，311 号、313 号电容器组投入运行；工况 2—中性点直流电流 I_{dc}＝16.3A，311 号电容器组投入运行。

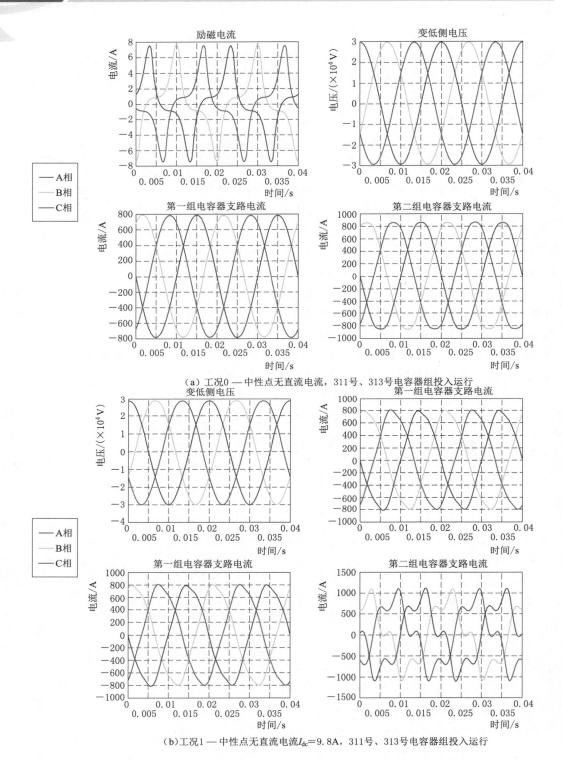

（a）工况0 — 中性点无直流电流，311号、313号电容器组投入运行

（b）工况1 — 中性点无直流电流I_{dc}=9.8A，311号、313号电容器组投入运行

图 7.20（一） 不同运行工况下惠州站1号变压器及电容器组电压、电流波形分布

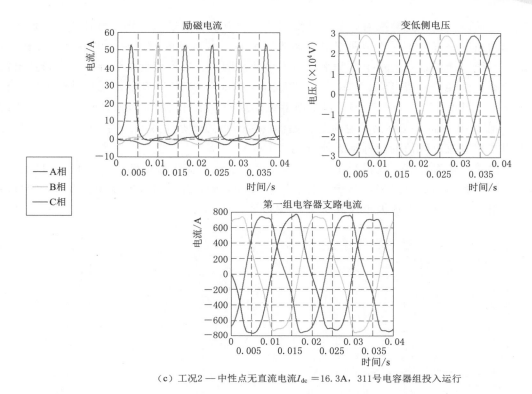

（c）工况2——中性点无直流电流I_{dc}=16.3A，311号电容器组投入运行

图7.20（二）　不同运行工况下惠州站1号变压器及电容器组电压、电流波形分布

从图7.20和表7.7可以看出，1号变压器不受直流偏磁影响而正常运行时，变压器产生的励磁电流很小，其谐波成分主要由3次、5次谐波组成。此时，变低侧母线电压和投入的两组补偿电容器组的支路电流畸变很小，均基本呈正弦波波形；所投入的311号、313号电容器支路电流THD分别约为0.6%、1.8%。

若1号变压器中性点有直流电流注入，变压器将因受直流偏磁的影响而出现饱和，励磁电流中出现较大的2次、4次等偶数次谐波分量，且各次谐波分量随谐波次数的增大而减小。此外，中性点直流电流越大，变压器的饱和程度越深，所产生的励磁电流各次谐波分量也越高。受变压器直流偏磁的影响，变低侧母线电压的各次谐波（主要是2次、4次、5次）均出现明显增加。

受变压器直流偏磁的影响，当投入第1组电容器311号时，电容器支路电流会出现一定程度的波形畸变，产生较小的各次谐波电流，但是对电容器的安全运行不会有太大的影响。而当同时投入第2组电容器313号时，313号支路的电流将会有较大程度的波形畸变，各次谐波增加很大，特别是4次谐波，对应中性点直流电流I_{dc}=9.8A的情况下，4次谐波可达187.34A左右，约占支路基波电流的29.1%；因电流谐波分量增加导致331号支路电流THD达到31.13%。仿真结果与4.3.2节中现场测试数据基本接近，表明本次建模所用变压器模型的可靠性。

7.4.4.3　可能引起电容器组过电流的中性点直流电流临界值

根据以上实测及仿真，变电站补偿电容器组在投运两组的情况下，会产生较大的谐波电流。而从以往运行经验来看，变电站变压器发生电容器组过流爆炸或电容器谐波保护装置动作的情况一般发生在投运两组电容器的情况下。本节将按照投两组电容器的前提下，考虑在系统可能的最高运行电压和平时最大负荷范围内，反推引起电容器组支路谐波电流超标的临界中性点直流电流。其中，按照行标《330kV～750kV 变电站无功补偿装置设计技术规定》（DL/T 5014—2010），以电容器组支路的电流有效值有没有超过其额定电流的 1.43 倍作为电容器组支路谐波电流是否超标的判据。惠州站 1 号变压器 331 号、332 号电容器组支路电流有效值的超标临界值分别为 796A、869A。

通过建模仿真计算，反推得出，1 号变压器中性点直流电流达到 27.2A 时，可能会引起 332 号电容器组支路过流，影响电容器组的安全运行。此时对应的变压器 35kV 侧母线电压和电容器组支路电流波形及频谱分布参见图 7.21 和表 7.8。

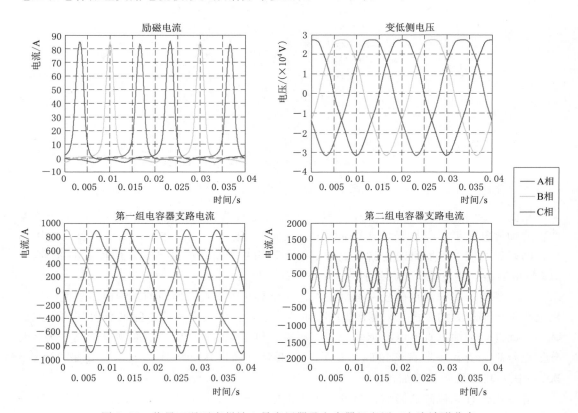

图 7.21　临界工况下惠州站 1 号变压器及电容器组电压、电流波形分布

表 7.8　　　　　　　　变压器及所投入电容器组相关电压、电流（临界工况）

变量	有效值	基波	2 次	3 次	4 次	5 次	THD/%
I_m/A	23.33	13.59	10.76	9.41	6.78	5.18	139.54
U_{Lv}/V	20854.03	20828.34	672.13	10.70	744.09	255.96	4.97
I_{c311}/A	561.36	553.55	60.47	2.38	69.55	14.65	16.86
I_{c313}/A	874.74	615.64	47.89	1.42	611.14	101.90	100.94

从图 7.21 和表 7.8 看出，当惠州站 1 号变压器中性点有 27.2A 直流电流流过时，变压器励磁电流有很大增加，其波形基本已呈半波饱和趋势；变压器低压侧母线电压 2 次、4 次、5 次谐波分量分别达到额定电压的 3.3％、3.7％、1.3％，母线电压 THD 达到 5.0％。而对于投入的两组电容器，第 1 组电容器各次谐波电流的增大尚不会引起电流过限，但第 2 组电容器的 4 次、5 次等谐波电流有很大的增加，特别是 4 次谐波已达到了 600A 左右，电流 THD 达到 101％，此时对应的电流有效值最大可达 875A，超过了其安全运行极限值（869A）。

由此可见，为了确保惠州站 1 号变压器补偿电容器组的安全运行，所流过主变中性点的直流电流不能超过 27.2A。

7.5 反措研究

通过 500kV 变电站在不同的变压器中性点直流电流注入条件下，变压器及电容器组电流的实际监测和仿真结果可以看出，当变压器受直流单极大地运行影响而饱和到一定程度时，补偿电容器组支路会出现因谐波电流（特别是 4 次谐波）过大而电流有效值超过其安全运行极限的情况，存在电容器运行的安全隐患。究其原因，变压器中性点有直流电流注入时，一方面会改变变压器的励磁电流分布，除正常运行时的 3 次、5 次等奇数次谐波分量有所增加外，还会出现较大的 2 次、4 次等偶数次谐波分量；另一方面，非线性励磁电感也会随着变压器饱和程度的加深而呈减小趋势，使得变压器的等值阻抗随之减小，进而影响到系统的阻抗频率特性。为了避免变电站电容器因直流输电单极大地或双极不对称方式而导致的过流运行，有必要从系统的阻抗频率特性角度进行研究分析。

7.5.1 系统阻抗频率特性分析

7.5.1.1 系统并联谐振点

500kV 变电站单台变压器 35kV 侧接线单线图如图 7.22 所示。

图 7.22 中，L_1、C_1、L_2、C_2、L_3、C_3 分别表示 35kV 侧第 1、2、3 组补偿电容器。35kV 侧还并联了 3 台参数相同的并联电抗器；考虑到设备运行常理，当并联电容器组投运时，并联电抗器一定会退出运行，所以本图略去并联电抗器组。

对于图 7.22 所示 500kV 变电站单台变压器 35kV 侧系统，若电容器组容量和电容器装置安装处的母线短路容量分别为 Q_{cx}（Mvar）和 S_d（MVA），电容器组串联电抗率 $A = X_L/X_C$，其中 X_L、X_C 分别表示电容器装置单相感抗、单相容抗，则系统并联谐振点 n（谐振频率与电网频率之比）为

$$Q_{cx} = S_d \left(\frac{1}{n^2} - A \right) \tag{7.41}$$

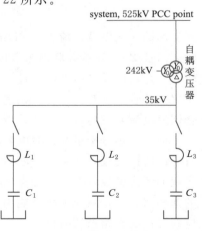

图 7.22 500kV 变电站单台变压器 35kV 侧接线单线图

从式（7.41）可以看出，对已配置好的电容器组（Q_{cx}、A 不变），并联谐振点 n 将随母线短路容量 S_d 的增大而增大；而随着变压器饱和程度的增加，变压器等值阻抗大幅度减小，相应母线短路容量值 S_d 随之增大。因此，当变压器受外部影响而逐渐饱和时，系统并联谐振点将随之增大而向电容器组串联谐振点的方向逼近。

7.5.1.2　谐波特性分析

通过前面仿真分析可知，无直流偏磁影响的变压器在正常运行时，励磁电流包含较小的 3 次、5 次等奇数次谐波分量，其波形接近于标准正弦波。而一旦中性点有直流电流注入，受直流偏磁的影响，变压器的励磁电流波形将会发生严重畸变，特别是 2 次、4 次等偶数次谐波分量有很大增加，畸变程度随着直流电流的增大而越来越严重。另一方面，因励磁电感随变压器饱和程度的增加而减小，变压器的等值阻抗亦将呈减小趋势。可以认为，受直流偏磁影响而逐步饱和的变压器相当于等值阻抗可变的谐波电流源。此时，变压器饱和状态下 35kV 侧等值系统如图 7.23 所示，其中 Z_{HM} 为变压器高压、中压侧系统阻抗折算到低压侧的等值阻抗，Z_{L_eq} 为 35kV 母线输入阻抗，U_h 为由谐波电流源 I_h 在低压侧产生的谐波电压。

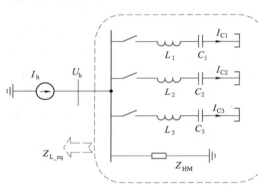

图 7.23　变压器饱和状态下
35kV 侧等值系统

当变压器处于不同饱和程度时，其等值阻抗 Z_{HM} 发生变化，从而影响 35kV 母线输入阻抗 Z_{L_eq} 的阻抗频率特性。低压侧母线电压 i 次谐波含量 $U_{h,i} = I_{h,i} \cdot Z_{L\_eq,i}$（$i$ 表示谐波次数），其中 $I_{h,i}$ 表示谐波电流源 i 次谐波分量，$Z_{L\_eq,i}$ 表示 35kV 母线输入阻抗 Z_{L_eq} 的 i 次谐波分量；故第 j 组电容器支路的 i 次谐波电流 $I_{h,i,j} = \dfrac{U_{h,i}}{Z_{i,j}} = \dfrac{Z_{L\_eq,i}}{Z_{i,j}} \cdot I_{h,i}$（$j=1,2$, 3），其中 $Z_{i,j}$ 表示第 j 组电容器支路的 i 次谐波阻抗。若饱和变压器产生 k 次谐波电流，则一旦 $Z_{L\_eq,k}$ 较大和 $Z_{k,j}$ 较小，第 j 组电容器支路的 k 次谐波电流 $I_{h,k,j}$ 将增大很多，很可能造成过电流。从阻抗频率特性看，对于输入阻抗 Z_{L_eq}，若并联谐振点位于 k 次谐波附近，则对应的母线 k 次谐波电压分量 $U_{h,k}$ 较大，$I_{h,k,j}$ 也随之增大；一旦第 j 组电容器支路的串联谐振点同时位于 k 次谐波附近，由于 $Z_{k,j}$ 很小，则 $I_{h,k,j}$ 也将大幅度增大。此时，电容器组未采取任何谐波保护措施的情况下会因过电流而发生事故；若装设了谐波保护装置，则可能引起谐波保护动作。

通过上述分析可知，对电容器组串抗率的选择，应充分考虑变压器可能的饱和状态及对应的特征谐波，使系统并联谐振频率和电容器支路串联谐振频率均能有效避开系统可能出现的各次谐波频率，以确保电容器组各支路总等值电流在安全范围内。即在变压器可能的饱和状态下，对应系统可能出现的各次谐波，系统不应具有过高的并联谐波阻抗，也不应有过低的支路谐波阻抗。

7.5.1.3　500kV 变电站电容器组的串抗率配置

如前所述，配置 500kV 变电站补偿电容器组时，其串联电抗率的设计通常为传统的

12%～13%（第1组）＋5%～6%（第2组）＋5%～6%（如有第3组）组合形式，并根据系统运行电压水平采取分组投切运行方式。

当电容器组采用上述传统的串联电抗率配置时，第1组电容器串联谐振点谐振频率 f_{s1} 为139～144Hz，第2、第3组电容器串联谐振点谐振频率 f_{s2} 为204～224Hz。第1组电容器投入时，变压器电容器组侧出现一个并联谐振点（又称为低并联谐振点，谐振频率 f_{p1}，$100Hz < f_{p1} < f_{s1}$）；第2、第3组电容器投入时，出现另一个并联谐振点（又称为高并联谐振点，谐振频率 f_{p2}，$f_{s1} < f_{p2} < f_{s2}$）。35kV侧典型阻抗频率特性参见图7.24。

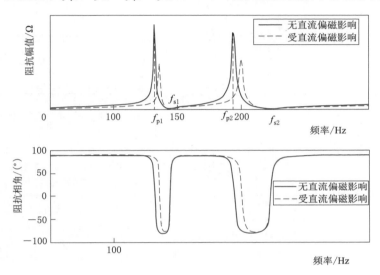

图 7.24　500kV 变电站变压器低压侧典型
系统阻频特性（传统串抗率配置）

具体地，第1组电容器串抗率一般为12%～13%，对于系统阻抗频率特性曲线，支路串联谐振点 f_{s1} 位于3次谐波的左侧，低并联谐振点 f_{p1} 不可能与3次谐波频率重合，低压侧系统阻抗3次谐波随变压器饱和程度的增加将逐渐降低；第2、第3组电容器串抗率传统配置一般为5%～6%，对于系统阻抗频率特性曲线，第2、第3组电容器支路串联谐振点 f_{s2} 位于4次谐波的右侧，高并联谐振点 f_{p2} 随变压器饱和程度的增加而逐渐向4次谐波频率偏移，在一定饱和程度下靠近4次谐波频率或可能与之重合，即低压侧系统阻抗频率特性出现4次谐波放大甚至可能发生4次谐波谐振，则极有可能发生低压侧系统4次谐波阻抗随变压器饱和程度的增加将增大很多的情况。由上述分析可知，由于采用不同串抗率的电容器组具有不同的阻抗频率特性，变压器饱和时产生的3次谐波电流大部分流过对3次谐波呈低阻抗的第1组电容器；4次谐波电流大部分流过对4次谐波呈低阻抗的第2、第3组电容器，当变压器饱和到一定程度时，将会有很大的4次谐波电流流过第2、第3组电容器，有可能影响电容器组的安全运行。

为了避免受直流偏磁影响，变压器饱和引起的电容器过流运行，从系统阻抗频率特性角度来看，一种可行的方法是改变第2、第3组电容器的串抗率，使得对应支路的串联谐振点 f_{s2} 位于4次谐波频率的左侧（图7.25），则可以确保在变压器偏磁饱和时，低压侧系统的 4 次谐波能够有效避开高并联谐振点 f_{p2}。而无论是在线监测系统记录数据或是仿真结果，都表明引起电容器组过电流的原因一般都是 4 次谐波电流过高（在第 2 组电容器有投入的前提下）。因此，改变电容器组的配置时，可以保持第 1 组电容器串抗率不变。

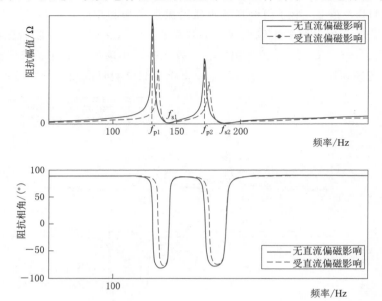

图 7.25　500kV 变电站变压器低压侧典型
系统阻频特性（建议串抗率配置）

对应这种方法，第 2、第 3 组电容器的串抗率 A 需满足：

$$A > \frac{1}{4^2} = 0.0625 = 6.25\%$$ (7.42)

考虑到增加电容器组的串抗率，势必增加所用电容器或电抗器的容量，进而提高工程造价。因此，为满足在电容器组安全运行的前提下，不至于增加太多的费用，初步考虑配置电容器组的串抗率为 7%～8% 即可。

7.5.1.4　电容器组不同串抗率配置比较分析

500kV 北郊站 3 台主变采用基本相同的配置，不同的是 1 号变压器、2 号变压器电容器组采用 12%、6%、6% 的串抗率配置，而 3 号变压器电容器组采用 12%、7%、7% 的串抗率配置。2009 年 7 月楚穗直流单极调试期间，广东电科院组织工作人员在北郊站进行了直流偏磁影响的相关测试。根据现场运行方式，当时北郊站 1 号变压器分列运行，2 号变压器和 3 号变压器并列运行。因此，结合当时测试数据，建立了 2 号变压器和 3 号变压器系统仿真模型，以比较分析相同运行条件下，不同电容器组串抗率配置时对电容器组运行的影响。

北郊站 2 号变压器和 3 号变压器的变压器及补偿电容器组的参数分别参见表 7.9 和表 7.10。从表 7.9 和表 7.10 中可以看出，主变参数基本相同，不会对主变及电容器组的运行有所影响；第 1 组电容器配置均为 12% 串抗率，因此支路的串联谐振频率均为 144Hz；而第 2、第 3 组电容器的串抗率配置则分别为 6%、7%，其对应支路串联谐振频率分别为 204Hz、189Hz。

表 7.9 北郊站 2 号变压器、3 号变压器铭牌参数

变压器编号	变压器型式	接线方式	额定电压/kV	额定容量/MVA	短路电压/%		
					$H-M$	$M-L$	$H-L$
2 号	三绕组自耦变压器	$Y_0/Y_0/\triangle-12-11$	525/242/34.5	750/750/160.5	12.05	42.67	55.18
3 号					12.88	42.10	57.66

表 7.10 北郊站 2 号变压器、3 号变压器补偿电容器组参数

编号	2 号变压器				3 号变压器			
	串抗率	等值电容/μF	等值电感/mH	串联谐振频率/Hz	串抗率	等值电容/μF	等值电感/mH	串联谐振频率/Hz
第 1 组	12%	72.323	16.811	144	12%	72.323	16.811	144
第 2 组	6%	86.071	7.063	204	7%	86.071	8.240	189
第 3 组	6%	86.071	7.063	204	7%	86.071	8.240	189

对于北郊站补偿电容器组，根据其配置可计算出，2 号变压器和 3 号变压器第 1、第 2 组电容器的额定电流分别为 551A、601A。根据行标《330kV～750kV 变电站无功补偿装置设计技术规定》(DL/T 5014—2010)，以电容器组支路的电流有效值有没有超过其额定电流的 1.43 倍作为电容器组支路谐波电流是否超标的判据。对于北郊站 2 号变压器和 3 号变压器，第 1、第 2 组电容器电流有效值的超标临界值分别为 788A、859A。

各种运行工况所对应的不同偏磁饱和情况下，2 号变压器和 3 号变压器及其电容器组支路电流的仿真结果分别参见表 7.11 和表 7.12（其中，I_m 表示励磁电流，I_{c321}、I_{c322} 分别表示 2 号变压器第 1、第 2 组并联补偿电容器组支路电流；I_{c331}、I_{c332} 分别表示 3 号变压器第 1、第 2 组并联补偿电容器组支路电流；U_{LV} 表示变低侧母线电压。下同）。

表 7.11 不同工况下 2 号变压器及所投入补偿电容器组相关电压、电流

变量	工况	有效值	基波	2 次	3 次	4 次	5 次	THD/%
I_m/A	工况 1	3.22	2.86	0.02	1.40	0.01	0.54	51.73
	工况 2	25.44	14.58	11.80	10.25	7.63	5.84	142.99
	工况 3	51.01	29.13	24.45	20.28	14.67	10.10	143.75
U_{LV}/V	工况 1	20619.25	20619.23	1.79	1.13	2.32	28.68	0.14
	工况 2	20437.03	20423.08	675.66	14.98	122.67	313.65	3.70
	工况 3	21042.99	20987.27	1413.47	14.55	217.42	544.55	7.29
I_{c321}/A	工况 1	532.32	532.31	0.22	0.40	0.30	1.62	0.61
	工况 2	529.93	526.38	56.60	6.23	12.46	18.61	11.63
	工况 3	556.33	541.48	121.63	6.71	21.14	31.71	23.58
I_{c322}/A	工况 1	593.20	593.14	0.27	0.51	1.21	8.01	1.42
	工况 2	672.82	588.36	48.66	4.15	311.53	84.18	55.47
	工况 3	864.33	603.94	100.74	2.20	592.12	146.84	102.38

注 工况 1—中性点无直流电流，投运两组电容器；工况 2—中性点直流电流 $I_{dc}=29.8$A，投运两组电容器；工况 3—中性点直流电流 $I_{dc}=62.1$A，投运两组电容器。

表 7.12　　　　　　　不同工况下 3 号变压器及所投入补偿电容器组相关电压、电流

变量	工况	有效值	基波	2 次	3 次	4 次	5 次	THD/%
I_m/A	工况 1	3.23	2.86	0.01	1.40	0.00	0.54	52.49
	工况 2	25.55	14.64	11.86	10.29	7.66	5.86	143.03
	工况 3	50.99	29.12	24.44	20.27	14.66	10.10	143.74
	工况 4	69.18	40.36	33.81	26.50	18.10	10.91	139.21
U_{LV}/V	工况 1	20622.68	20622.65	1.47	9.10	5.80	33.42	0.17
	工况 2	20355.20	20339.53	678.58	23.22	223.44	355.83	3.93
	工况 3	21046.50	20985.68	1417.72	13.89	392.27	626.47	7.62
	工况 4	19930.31	19814.95	1979.15	3.82	440.97	688.30	10.81
I_{c331}/A	工况 1	532.83	532.82	0.72	0.72	1.36	2.13	0.61
	工况 2	529.85	525.54	59.04	10.96	23.00	20.41	12.83
	工况 3	558.46	541.93	123.68	10.05	39.00	35.65	24.89
	工况 4	543.10	511.50	172.99	0.97	43.35	39.03	35.69
I_{c332}/A	工况 1	598.97	598.91	1.19	4.48	3.71	5.96	1.42
	工况 2	609.71	585.76	45.44	21.12	146.48	68.24	28.89
	工况 3	696.29	605.12	100.41	17.41	307.17	117.94	56.92
	工况 4	728.33	576.49	148.93	2.15	400.72	123.99	77.21

注　工况 1—中性点无直流电流，投运两组电容器；工况 2—中性点直流电流 $I_{dc}=29.8A$，投运两组电容器；工况 3—中性点直流电流 $I_{dc}=62.1A$，投运两组电容器；工况 4—3 号变压器中性点直流电流 $I_{dc}=88.3A$，投运两组电容器。

通过表 7.11 和表 7.12 可以看出，由于北郊站 2 号变压器和 3 号变压器具有基本相同的主变参数，在相同运行条件的情况下，主变所产生的励磁电流基本相等，不受直流偏磁影响时励磁电流谐波的主要成分是 3 次、5 次等奇数次谐波分量，相应电容器组支路的电流分量也基本相同。

当变压器中性点有 29.8A 直流电流注入时，2 号变压器和 3 号变压器产生的励磁电流保持基本相同，这是由于 2 号变压器和 3 号变压器铁芯结构和基本参数相近所决定的。对于投入的两组电容器来讲，3 号变压器第 1 组电容器支路流过的 4 次谐波要高于 2 号变压器相应的支路谐波电流，不过不会影响第 1 组电容器的正常运行；而 2 号变压器第 2 组电容器支路流过电流的 4 次谐波含量此时达到了 311.53A，相对应 3 号变压器第 2 组电容器支路流过电流的 4 次谐波含量此时则为 146.48A，其余各次谐波分量差别不大，最终在相同的中性点直流电流注入情况下，2 号变压器较 3 号变压器的第 2 组电容器支路电流要偏大很多。

当受直流偏磁影响、变压器中性点直流电流增加至 62.1A 时，北郊站 2 号变压器和 3 号变压器的励磁电流各次谐波分量、所投入的两组电容器支路电流的各次谐波分量出现较为明显的增长。此时，2 号变压器第 2 组电容器支路流过的 4 次谐波电流已达 592.12A，相应支路电流有效值达 864A，使得电容器组支路电流已超过其安全运行的限值；而 3 号

变压器第 2 组电容器支路流过的 4 次谐波电流和支路电流有效值则相对较小，分别约为 307A 和 696A，3 号变压器各组电容器仍能保持安全运行。

继续增大仿真模型中的直流电压源电压值，以试图反推可能引起 3 号变压器补偿电容器组电流过限的中性点直流电流临界值。从表 7.12 可以看出，在 3 号变压器中性点直流电流高达 88.3A 的情况下，第 1、第 2 组电容器支路电流有效值分别为 543A 和 728A，均未超过对应支路的超标临界值。而事实上，从以往对 500kV 变电站变压器的监测数据来看，受直流输电单极大地运行影响，500kV 变电站变压器的中性点直流电流是不可能达到 80A 的。因此有足够理由认为，采用串抗率为 12％、7％、7％的电容器组配置，北郊站 3 号变压器的补偿电容器组可以在任何的变压器偏磁饱和情况下安全稳定运行。

7.5.1.5　改变电容器组配置对正常运行电网的影响分析

本书所做的电容器组配置设计工作是在考虑变电站受直流单极大地运行方式影响的前提下进行的。电网正常运行时，变压器工作在不受直流偏磁影响的未饱和状态，35kV 侧谐波主要是 3 次、5 次等奇数次谐波。本节将针对这种更加普遍存在的电网运行条件，研究分析改变电容器组串抗配置后是否影响电网及电容器组的正常运行。

1. 电压

当系统运行在变压器低压侧母线电压为额定电压时，电容器组承受电压 U_C（单位：kV）为

$$U_C = \frac{U_N}{\sqrt{3}(1-A)} \tag{7.43}$$

式中：U_N 为变低母线额定电压，kV；A 为电容器组串联电抗率，％。

分别假设 U_{C1} 和 U_{C2} 为电容器组串抗率为 A_1 和 A_2 时对应的电容器组运行电压，则有

$$U_{C2} = \frac{1-A_1}{1-A_2} \cdot U_{C1} \tag{7.44}$$

从式（7.44）可以看出，变电站并联补偿电容器组从传统的串抗率配置（12％、5％、5％或 12％、6％、6％）改变为 12％、7％、7％时，第 2、第 3 组电容器所承受的电压增幅很小，分别为 2.2％和 1.1％。

以北郊站 2 号变压器和 3 号变压器电容器组为例。根据《330kV～750kV 变电站无功补偿装置设计技术规定》（DL/T 5014—2010），电容器承受的长期过电压不应超过电容器额定电压的 1.1 倍；第 2、第 3 组电容器组的额定电压为 22kV，因此要求其过电压均不得超过 24.2kV。电网正常运行时，北郊站 2 号变压器电容器组采用传统串抗率配置 12％、6％、6％，第 2、第 3 组电容器须承受电压 21.5kV；3 号变压器则采用串抗率配置为 12％、7％、7％的电容器组，相应第 2、第 3 组电容器承受电压则为 21.7kV。对于两种串抗率配置，电容器组承受电压均不会超过其过电压允许值 24.2kV。

更进一步，当系统运行在变压器低压侧母线电压为最高允许电压，即额定电压的 1.1 倍时，北郊站 2 号变压器和 3 号变压器的第 2、第 3 组电容器须承受电压分别为 23.7kV 和 23.9kV；两种串抗率配置下的变压器电容器组承受电压均不会超过其过电压允许

值 24.2kV。

2. 电流

当系统运行在变压器低压侧母线电压为额定电压时，电容器组的运行电流 I_C（单位：kA）为

$$I_C = \frac{U_N}{\sqrt{3}(1-A)X_C} \tag{7.45}$$

式中：U_N 为变低母线额定电压，kV；X_C 为电容器组容抗值，Ω；A 为电容器组串联电抗率，%。

分别假设 I_{C1} 和 I_{C2} 为电容器组串抗率为 A_1 和 A_2 时对应的电容器组运行电流，则有

$$I_{C2} = \frac{1-A_1}{1-A_2}I_{C1} \tag{7.46}$$

从式（7.46）可以看出，变电站并联补偿电容器组从传统的串抗率配置（12%、5%、5%或12%、6%、6%）改变为12%、7%、7%时，第2、第3组电容器的运行电流增幅很小，分别为 2.2% 和 1.1%。

仍以北郊站 2 号变压器和 3 号变压器电容器组为例。根据《330kV～750kV 变电站无功补偿装置设计技术规定》（DL/T 5014—2010），电容器组支路的电流有效值不应超过其额定电流的 1.43 倍；两台变压器的第 2、第 3 组电容器额定电流为 601A，因此支路电流有效值应不超过 859A。电网正常运行时，北郊站 2 号变压器电容器组采用传统串抗率配置 12%、6%、6%，第 2、第 3 组电容器运行电流为 581A；3 号变压器则采用串抗率配置为 12%、7%、7% 的电容器组，相应第 2、第 3 组电容器的运行电流变为 587A。改变串抗率配置前后，电容器组的运行电流均不会超过其过电流允许值 859A。

此外，当系统运行在变压器低压侧母线电压为最高允许电压，即额定电压的 1.1 倍时，北郊站 2 号变压器和 3 号变压器的第 2、第 3 组电容器运行电流分别为 639A 和 646A，电容器组的运行电流也均不会超过其过电流允许值 859A。

综上可以判断，当直流输电为双极对称方式而电网正常运行时，将电容器组串抗率由传统的 12%、5%、5% 改变为考虑变压器饱和特性的 12%、7%、7%，不会影响电容器组和电网的安全运行。

7.5.2　已运行变电站电容器组的技改方法

根据电容器组串联电抗率：$A = X_L/X_C$，其中 X_L、X_C 分别表示电容器装置单相感抗、单相容抗。欲改变电容器组支路的电抗率，只可能通过以下两个途径：

（1）改变电容器组的容抗值。在不改变电抗器组的前提下，如要增加串联电抗率，则应减小电容器组的容抗值。此时需要增加电容器组的容量，因此需并联更多的电容器，改造工程难度较大。同时，增加电容器组容量会使支路电流上升，如支路电流升幅超过电抗器设计裕度，最终也须更换电抗器。由此可见，对需增加串联电抗率时，使用改变电容器的方法不可行。

如要减小串联电抗率，则应增加电容器组的容抗值。此时需要减少电容器组的容量，

但若串联电抗率减幅较大，则需要减少的电容器组容量也较多，最终会影响补偿效果。所以，一般而言，用改变电容器组容量的方法改造现有变电站电容器组串联电抗率的方法不可取。

（2）改变电抗器的电抗值。在不改变电容器组容量的前提下，改变电抗器组的电抗值。这是目前可行的唯一办法，但需校核改造后电容器组运行电压应在其额定范围内。要改变电抗器的电抗值势必会增加工程造价，不过与改造电容器相比此法容易实现。

综合上述比较结果，建议对电容器组配置进行技术改造时，通过改变电容器组串联电抗器的电抗值这一途径进行。

7.6　本章小结

本章说明了直流输电系统单极大地运行方式对500kV变电站电容器的运行影响。在实际监测与理论分析基础上，针对直流单极大地运行时因经变压器返回的中性点直流电流增加而导致变压器铁芯磁滞特性改变的情况，基于MATLAB软件平台，建立了考虑不同中性点直流电流下变压器偏磁饱和特性的系统仿真模型，确立了一套实用的电容器组受偏磁饱和变压器影响的仿真分析方法，在此基础上计算分析并研究得出新建或改造电容器组时的配置原则，提出防范直流输电单极大地运行方式对500kV变电站电容器运行影响的有效措施。结论总结如下：

分析研究表明，直流偏磁下的变压器模型，已不能采用简单的线性模型，而需使用考虑铁芯磁滞特性的模型。

随着变压器饱和程度的增加，低压母线输入阻抗的并联谐振频率呈增大趋势而分别向3次、4次谐波频率靠近。改变电容器组投切状态，低压母线输入阻抗频率特性也各不相同，会影响系统谐波分布；而对应不同的电容器组串联电抗率，系统4次谐波阻抗以及高并联谐振频率所受影响非常明显。所有这些因素都需在设计电容器组串联电抗率时加以考虑。

当交直流混合电网出现直流输电单极大地或双极不对称运行方式时，受直流偏磁影响的变电站的变压器将逐步饱和并产生偶次谐波；若补偿电容器组采用传统的串抗率配置方式，有可能再出现4次谐波谐振。为保证电容器组及电网的安全运行，此时电容器组已不能采用传统的12％、5％、5％的串抗率配置。

对于串联电抗率的选择，应充分考虑变压器可能的饱和状态及对应的特征谐波，使系统并联谐振频率和电容器支路串联谐振频率能有效避开系统可能出现的各次谐波频率，确保电容器组各支路总等值电流在安全范围内。

建议在确定交直流混合电网中并联电容器组容量和串联电抗率时，需考虑变压器可能的饱和状态及对应的特征谐波。此外，对于并联电容器组的继电保护，也应考虑当发生谐波谐振放大引起的电压或电流超过限值时，保护应能有选择性地跳开电容器组或发出信号。

对于受直流运行方式影响较大的500kV变电站，其补偿电容器组应采用12％、7％、7％或12％、8％、8％的串抗率配置，以确保电网及电容器等设备的安全运行。

　　作为变电站电容器组重要事故反措之一，应对目前可能受影响的已运行变电站电容器组作谐振点校核，对于直流单极大地或双极不对称运行方式下，可能出现谐波谐振放大的电容器组要采取技术改造措施，以消除变电站事故隐患，确保设备运行安全。对电容器组的技术改造，可考虑通过改变串联电抗器组的电抗值这一途径进行。

　　新建变电站电容器组必须作谐振点计算，选择安全可靠的串抗配置方式，以避开变压器饱和及其引起的系统阻抗及谐波变化的影响，确保电容器组各支路运行安全。

第 8 章

变压器直流偏磁电流抑制措施的研究与应用

8.1 概述

从前面章节的分析研究可知，直流输电系统大地回线运行方式会造成交流电网中性点接地变压器流过直流电流导致变压器产生直流偏磁，从而引起主变谐波、噪声、振动、过热等问题，严重时可引起变压器、电容器组的损坏，并可能引起继电保护误动，影响变压器、电容器组，乃至电网的安全运行。

直流输电系统大地回线运行方式主要包括单极大地回线方式和双极不平衡运行方式，这两种方式均以大地作为直流电流的回流路径。双极不平衡运行方式主要是在某单极设备发生非停运障碍时运用，此时需减小故障极的功率输送。单极大地回线方式是在某极发生故障时直流输电系统的一种故障应急运行方式，也常在建设初期先建好单极的情况下，作为先期投入运行的一种模式，以解决输送电力的需求及作为早日投运盈利的一种方案。直流输电系统大地回线运行方式作为故障应急方式，基本上不可避免，因此需要研究变压器直流偏磁电流抑制措施，并在实际系统中予以实施。

本章研究的目标是通过分析比较各种原理的直流偏磁电流抑制措施的安全性及性价比，推荐直流偏磁的解决方案。

8.2 直流偏磁电流抑制方法比较

为避免接地变压器由于中性点流入直流电流导致的直流偏磁问题，目前已提出几种抑制直流偏磁电流的技术措施，包括中性点串联电阻法、直流电流反向注入法、电位补偿法及电容隔直法。

在进行各种抑制方法的经济与技术比较时，依据以下的原则：

（1）不降低系统的可靠性、运行性能和操作灵活性。

（2）不应给电力系统中的其他装置带来额外影响。

（3）简单、无源式设计，便于维护。

8.2.1　中性点串联电阻法

变压器中性点串电阻法是在变压器中性点与变电站接地网之间串入一个限流电阻器并通过保护旁路在发生高电压的情况予以保护。变压器中性点串接小电阻原理示意图如图8.1 所示。

这种方法的优点是装置无源，结构和安装运行维护简单可靠，投资较小。缺点则包括：无法完全消除中性点直流电流；对于某些应用场合，所需电阻值可能比较大，不能保证变压器中性点有效接地；中性点串入电阻会对系统零序参数产生影响，进而也会影响到继电保护的整定；对方向保护的灵敏度有影响；若在故障时采用旁路装置将该电阻旁路，又会使系统接地阻抗不连续，从而导致继电保护配置复杂化；

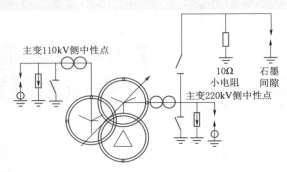

图 8.1　变压器中性点串接小电阻原理示意图

每当电网结构变化时（比如在网络中增加或减少一台接地变压器），接地电阻阻值需要重新计算，串接电阻需要更换。

2006 年南方电网技术中心研制的小电阻直流抑制装置在 220kV 春城变电站完成现场试验，其保护措施为改进后的柱体平面间隙保护装置，相对较简单。

8.2.2　直流电流反向注入法

反向电流注入法是在变压器中性点串入一个反向的可控直流电流源（图 8.2）。通过在变电站地网与辅助接地极之间注入一个反向直流电流，从而改变变压器中性点电位，达到全部或部分消除流入变压器绕组的直流电流的目的。直观而形象地被称为直流电流反向注入法，而其实质仍是改变变压器中性点直流电位。目前在江苏电网、贵州电网及广东电网有投入运行的实例。

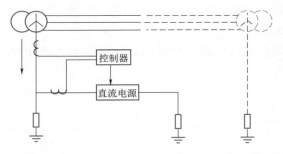

图 8.2　直流电流注入法原理示意图

这种方法的优点包括：不在变压器中性点与地网之间串入其他设备，能保证变压器中性点可靠接地而无过电压问题；对系统现有的保护配置不产生影响；针对不同的中性点流入的直流电流值，可以动态地选择注入不同的反向电流，具有灵活性。

缺点则包括：该方法有源，须在变电站外建造独立接地极，工程量比较大，施工困难，安装、运行维护不方便；可靠性较无源方式低；造价相对较高。

8.2.3　中性点电容隔直法

中性点串电容法是在变压器中性点与接地极之间串入电容器，由于电容有"隔直（流）通交（流）"的作用，因此变压器中性点串联电容器后，可以有效地消除流过变压器中性点的直流电流，而且不影响交流电流的正常流通。电容隔直装置原理示意图如图 8.3 所示。

隔直电容器保护装置的基本原理：在电容器的两端并联一个电流旁路装置，一旦电容器两端电压超过规定值，或流过电容器的电流超过规定值后，立即触发导通电容器的电流旁路装置，将电容器两端短接起来，起到限压和分流的作用，从而使电容器免受高压和大电流冲击，达到保护电容器的目的。在电力系统恢复正常后，电流旁路装置便自动复归，使电容器重新恢复隔直运行。

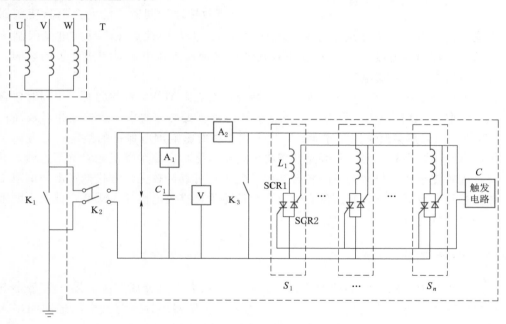

图 8.3　电容隔直装置原理示意图

电容隔直装置的优点包括：为无源方式，安全性较高；隔直效率高；对系统继电保护的影响很小；可保证变压器中性点为小阻抗接地，可靠的旁路保护措施可有效避免变压器中性点发生过电压事故；与直流电流注入法比较，运行维护方便。

其缺点是电容器的旁路保护系统复杂。在交流系统短路故障、雷击等系统故障情况下，变压器中性点会流过很大的电流，如果不采取保护措施，将会在电容器上产生幅值很高的过电压而损坏电容器。因此，必须为隔直电容器配置一套可靠、有效的旁路保护，它是变压器和隔直电容器安全可靠运行的重要保证。

8.2.4　电位补偿法

电位补偿法是在变压器中性点中间串一个阻值为 $0.5 \sim 2.0\Omega$ 的小电阻，通过一外部方向可控电流源在该电阻上形成一直流电位，以此调节变压器中性点的直流电位来达到减小流入变压器绕组直流电流的目的，电位补偿法原理示意图如图 8.4 所示。该电阻同样需要保护旁路。该方法目前尚未制造样机。

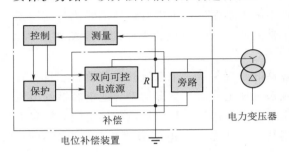

图 8.4 电位补偿法原理示意图

电位补偿法糅合了其他几种方法的特点，有固定值的小电阻、需要额外的直流电流电源及保护旁路装置。

与其他限制电流方法相比，电位补偿法有以下优点：所采用的小电阻阻值比小电阻限流法的小，其对继电保护的可能影响以及雷击时变压器中性点，电位的变化也较小电阻限流法小；在保持变压器中性点有效接地的同时，能完全消除变压器中性点直流电流；需要配置直流电流源，属有源装置，但与中性点注入反向电流限制法相比，无需另建辅助接地极（网），因而不存在辅助接地极入地电流对周边环境的影响，其电流源容量通常小于直流电流反向注入法。

由于电位补偿法糅合了其他几种方法的特点，在它采纳其优点的同时，也同时包含了其缺点：若取 0.5Ω 的电阻，则对其电流承受能力将有更高的要求，造价会相对较高；若取 2Ω 的电阻，仍然会对系统零序参数产生影响，进而影响继电保护的整定；对方向保护的灵敏度有影响；在故障时采用旁路装置将该电阻旁路，会使系统接地阻抗不连续，导致继电保护配置复杂化；仍然需要配备旁路保护装置；可靠性较无源方式低；由于电阻工作时需要流过较大直流电流，其造价会较高，总体造价比直流电流注入法低，但比小电阻法及电容隔直装置造价高。

8.2.5 综合比较

以上 4 种直流偏磁电流的抑制方法，从接入方式上可以分成两类：第一类是小电阻法、电容隔直法、电位补偿法，这 3 种方法均需在变压器中性点与变电站地网间串入设备；第二类是直流电流注入法，不改变变压器中性点原来的接地方式。

8.2.5.1 小电阻法、电容隔直法和电位补偿法的比较

对于第一类抑制方法，串入的设备均需要旁路保护。从安全可靠性而言，三者的旁路保护要求基本上是一样的。也就是说，对小电阻装置而言，安全可靠性已经足够的旁路系统也可作为电容器隔直装置的旁路系统。而事实上，电容隔直装置的旁路系统与小电阻抑制装置的旁路系统完全不是同样的技术条件，其安全可靠性当然也不同。

当要求其旁路系统达到同样技术条件、同样安全可靠性时，对比第一类的 3 种抑制方法，显而易见，使用电容器来抑制直流偏磁电流是最佳的方案。

8.2.5.2 直流电流注入法与电容隔直法的比较

直流电流注入法与电容隔直法特点的比较见表 8.1。

表 8.1　　　　　　　　　　　直流电流注入法与电容隔直法特点的比较

比较	直流电流注入法	电容隔直法
简单、无源式设计	有源设计	无源装置，安全性较高
不应给系统其他装置带来明显的额外影响		
对继电保护的影响	无影响	影响很小
对变压器的影响	能保证变压器中心点可靠接地而无过电压问题	可保证变压器中心点为小阻抗接地，可靠的旁路保护可有效避免变压器中心点发生过电压事故
隔直效率	可以接受	高
不降低系统的可靠性、性能和操作灵活性	对原系统无影响	对原系统的操作有改变
简单设计	直流电源及其控制系统复杂	电容器的旁路保护系统复杂
安装	变电站外建造独立接地极，工程量较大	站内实施
运行维护	辅助接地极的维护不方便	变电站内，方便
造价	相对高	相对低

　　从表 8.1 可以看出，两种方式并没有绝对的优劣势，而是各有优缺点。因此应针对不同的应用场合选择不同的抑制措施。若考虑选择电容器隔直法，因 500kV 变压器中性点均为直接接地，需考虑修改运行规程的可能性以使得在变压器中性点串入电容器隔直装置符合运行规程；若考虑直流电流注入法，应考虑安装接地极的可能性。

　　在 500kV 变电站，应根据现场情况选择采用电容隔直法或直流电流注入法；在 220kV 变电站则推荐采用电容隔直装置。

8.3　电容隔直装置的研制

8.3.1　装置原理

　　电容隔直法是在变压器中性点与接地极之间串入电容器，由于电容有"隔直（流）通交（流）"的作用，因此变压器中性点串联电容器后，可以有效地隔断流过变压器中性点的直流电流，而不影响交流电流的正常流通。选取工频阻抗足够小的电容器，可以同时保证交流系统的有效接地及交流零序电流的正常流通。电容隔直装置在电容器支路上并联了一个双向晶闸管支路及一个机械开关支路作为电容器的保护旁路系统。电容隔直装置原理示意图如图 8.5 所示。

　　隔直电容器旁路保护的基本原理：在电容器的两端并联一个旁路装置，一旦电容器两端电压或电容器电流超过规定值后，旁路装置立即导通，将电容器两端短接，起到限压和分流的作用，使电容器免受高压和大电流冲击，达到保护的目的。在电力系统恢复正常后，旁路系统自动复归。

电容隔直装置的优点包括：为无源方式，安全性较高；隔直效率高；对系统继电保护的影响很小；与直流电流注入法比较，运行维护方便。

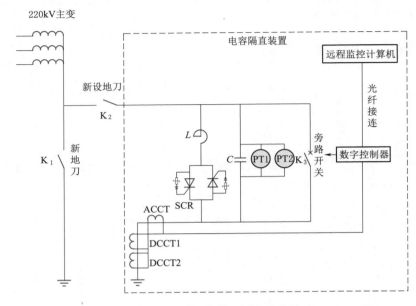

图 8.5　电容隔直装置原理示意图

当交流系统发生不对称短路故障，零序短路电流会流过串接在变压器中性点的电容器，引起电容器的端电压上升，当超过预设定值时，装置会立即触发导通双向晶闸管旁路，并同时发出机械旁路开关的合闸信号。由于机械开关合闸动作比晶闸管导通要慢，所以故障电流会首先通过晶闸管旁路流向大地，达到快速保护电容器的目的。当机械旁路开关合上后，故障电流将由晶闸管旁路转移到机械旁路开关流向大地，同时晶闸管开始由导通转向关断。

由于晶闸管的动作时间很短（在数十毫秒级），在机械开关合闸之前会释放掉电容器的部分能量，减少了电容器放电电流对机械开关支路的冲击，延长机械开关的使用寿命。双向晶闸管与机械开关构成了双旁路保护，在交流系统不对称短路故障、雷击等情况下，对电容器会起到更可靠的保护作用。

电容隔直装置旁路系统动作的快速性是利用电力电子固态开关来实现的。半导体固态交流开关的应用形式有两大类：一类是用二极管整流桥加上并接在整流桥直流侧的单向晶闸管构成的交流固态开关；另一类是用两个普通晶闸管直接反向并联构成的双向晶闸管交流固态开关。采用后者的结构型式，省去二极管整流桥，使用元器件少，结构简捷，具有可靠性高的优势。

8.3.2　电容隔直装置的设计

8.3.2.1　隔直装置设计原则

电容隔直装置的设计应尽可能优先考虑以下原则：①不应降低系统的可靠性、性能和操作灵活性；②不应给系统中其他装置带来额外影响，如继电保护的整定配合；③简单、无源式设计；④优先考虑采用市场现有装置/器件这一因素。

由于电容隔直装置将在系统中连续运行，因此必须能承受各种正常和不正常稳定状态、动态过电压偶发事件以及交流系统相对地短路故障等，电容器隔直装置的设计应重点考虑以下情况：①在交流系统异常时，为交流变压器提供有效接地，防止过电压损坏变压器中性点绝缘。②在交流系统异常时，为交流系统提供有效接地，不影响继电保护的运行。③在交流系统正常时，电容器应能承受 HVDC 系统单极大地回线方式引起的变压器中性点与地之间的直流电压加上电容器两端的交流电压；在交流系统异常时，应能承受短路电流在电容器上产生的交流电压＋HVDC 系统单极大地回线方式引起的短时电压。④为电容器提供足够的旁路保护措施，防止其损坏。

8.3.2.2 稳态情况

系统不平衡、零序谐波、与 HVDC 接地极之间的耦合电阻及地磁扰动都会给电容隔直装置带来连续负载。这些负载可以用变压器中性点与大地之间断开时的交直流电压、中性点与大地直接相连时流过的交流电流来表征。

直流电压：当 HVDC 发生单极故障转单极大地回线方式运行时，因电容器的隔直作用，会在电容器两端产生直流电压。

交流电流：如果电容隔直装置的阻抗很小，由于系统不平衡和畸变会使接地变压器的中性点出现零序电流。系统结构和运行工况的不同会对中性点电流的大小产生影响，较难估计。根据现场测试经验，交流系统正常情况时，220kV 变压器中性点的交流电流在 10A 左右。

交流电压：交流系统正常情况时，变压器中性点的交流电流在 20A 以下，计算在电容器组上产生的交流电压。如果电容隔直装置的阻抗较小，隔直电容上的交流电压主要由中性点交流电流引起。

1. 故障情况

交流系统接地故障会在变压器中性点产生相当大的电流。中性点故障电流会因系统结构、故障位置及变压器的短路阻抗的不同而变化较大。

以 220kV 变电站 180MVA 的变压器为例，在发生母线单相短路故障时，此时变压器中性点的零序电流最大，其稳态短路电流最大可达到约 4kA，最大暂态电流可达到约 7kA。

针对不同容量变压器最大的中性点零序故障电流，电容隔直装置必须能承受 6 个周波的暂态电流冲击及 4s 的稳态电流冲击。

2. 变压器中性点绝缘配合

变压器中性点电压的最大值有两点限制：一是变压器中性点的绝缘水平，它是按可靠接地方式来设计的；二是在相对地电压中，中性点的最大电压漂移。

220kV 变压器中性点的绝缘水平为 110kV，为了保证变压器的绝对安全，交流系统出现单相接地故障时，应使变压器中性点电压低于 77kV 峰值电压。

任何原因造成的中性点电位提升都会导致变压器中性点放电间隙承受增加的电压。为了防止放电间隙失效，电容隔直装置的阻抗必须足够以限制最大的稳态中性点电压 15kV。

3. 基波与谐波谐振

隔离直流电流完全是通过电容器实现的，而不依赖于电容器容量的大小。选择电容器参数的关键是要提供合适的稳态中性点接地电抗，同时必须防止基波和谐波谐振。如图 8.6 所示，当电容器的容抗大于变压器与线路零序阻抗之和的 1/6 时会导致中性点电压大于或等于零序电压。如果电容隔直装置与系统发生谐振，中性点电压放大现象会更严重。

在正常运行情况下，系统零序阻抗在很大的范围内变化，出现突发事件时，变化范围会更大。采用大容抗的电容器有可能放大中性点零序电压，同时可能引起基波和谐波谐振。考虑到必须严格限制中性点电压而又很难确定零序阻抗，慎重的方案是选择小容抗的电容器，这样可以限制中性点电压在较低的水平，

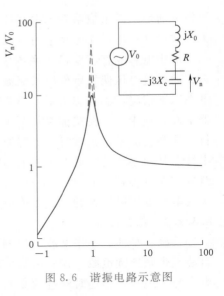

图 8.6　谐振电路示意图

受零序阻抗的变化较小，同时谐振频率小于基波频率，避免了基波和谐波谐振。采用小容抗还可保证系统接地有效性更好，对继电保护的影响也更小。

8.3.2.3　220kV 交流系统故障分析

1. 恒定电势源电路的三相短路暂态过程

首先分析简单三相 $R-L$ 电路对称短路暂态过程。假设电路由有恒定幅值和恒定频率的三相对称电势源供电，三相 $R-L$ 电路对称短路电路示意图如图 8.7 所示。

短路前电路处于稳态，每相的电阻和电感分别为 $R+R'$ 和 $L+L'$。由于电路对称，只写出 A 相的电势和电流如下：

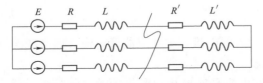

图 8.7　三相 $R-L$ 电路对称短路电路示意图

$$\begin{cases} e = E_{\mathrm{m}}\sin(\omega t + \alpha) \\ i = I_{\mathrm{m}}\sin(\omega t + \alpha - \phi') \end{cases} \tag{8.1}$$

其中：$I_{\mathrm{m}} = \dfrac{E_{\mathrm{m}}}{\sqrt{(R+R')^2 + \omega^2(L+L')^2}}$；

$\phi' = \tan^{-1}\dfrac{\omega(L+L')}{R+R'}$

当发生三相短路时，这个电路即被分成两个独立的电路，其中左边的一个仍与电源相连接，而右边的一个则变为没有电源的短接电路。在与电源相连的左侧电路中，每相的阻抗已变为 $R+\mathrm{j}\omega L$，其电流将要由短路前的数值逐渐变化到由阻抗 $R+\mathrm{j}\omega L$ 所决定的新稳态值，短路电流计算主要是对这一电路进行的。

假定短路在 $t=0$ 时发生，短路后左侧电路仍然是对称的，可以只研究其中的 A 相。写出 A 相的微分方程式如下：

$$Ri + L\frac{\mathrm{d}i}{\mathrm{d}t} = E_{\mathrm{m}}\sin(\omega t + \alpha) \tag{8.2}$$

式（8.2）的解就是短路的全电流，它由两部分组成：第一部分是式（8.2）的特解，

它代表短路电流的周期分量；第二部分是式（8.2）对应的齐次方程：

$$Ri + L\frac{\mathrm{d}i}{\mathrm{d}t} = 0 \tag{8.3}$$

的一般解，它代表短路电流的自由分量。

短路电流的强制分量与外加电源电势有相同的变化规律，也是恒幅值的正弦交流，习惯上称为周期分量，并记为 i_p，它用下式表示：

$$i_\mathrm{p} = I_\mathrm{pm}\sin(\omega t + \alpha - \phi) \tag{8.4}$$

其中

$$I_\mathrm{pm} = \frac{E_\mathrm{m}}{\sqrt{R^2 + (\omega L)^2}}$$

$$\varphi = \tan^{-1}\left(\frac{\omega L}{R}\right)$$

式中：I_pm 为短路电流周期分量的幅值；φ 为电路的阻抗角；α 为电源电势的初始相角，即 $t=0$ 时的相位角，亦称合闸角。

短路电流的自由分量与外加电源无关，它是按指数规律衰减的直流，亦称为非周期电流，记为

$$i_\mathrm{ap} = C\exp(pt) = C\exp\left(-\frac{t}{T_\mathrm{a}}\right) \tag{8.5}$$

式中：$T_\mathrm{a} = L/R$ 为决定自由分量衰减快慢的时间常数；C 为积分常数，由初始条件决定，它即是非周期电流的起始值 i_ap0。

这样，短路的全电流可以表示为

$$i = i_\mathrm{p} + i_\mathrm{ap} = I_\mathrm{pm}\sin(\omega t + \alpha - \phi) + C\exp\left(-\frac{t}{T_\mathrm{a}}\right) \tag{8.6}$$

由于电感中的电流不能突变，短路前瞬间的电流 i_{0-} 应等于短路发生后瞬间的电流 i_{0+}。将 $t=0$ 分别代入短路前和短路后的电流算式（8.5）和式（8.6），应得：

$$I_\mathrm{m}\sin(\alpha - \phi') = I_\mathrm{m}\sin(\alpha - \phi) + C \tag{8.7}$$

因此，

$$C = i_\mathrm{ap0} = I_\mathrm{m}\sin(\alpha - \phi') - I_\mathrm{m}\sin(\alpha - \phi) \tag{8.8}$$

$$i = I_\mathrm{pm}\sin(\omega t + \alpha - \phi) + [I_\mathrm{m}\sin(\alpha - \phi') - I_\mathrm{m}\sin(\alpha - \phi)]\exp\left(-\frac{t}{T_\mathrm{a}}\right) \tag{8.9}$$

这就是 A 相短路电流的算式。如果用 $\alpha - 120°$ 或 $\alpha + 120°$ 去代替公式中的 α，就可以得到 B 相或 C 相短路电流的算式。

当电路的参数已知时，短路电流周期分量的幅值是一定的，而短路电流的非周期分量则是按指数规律单调衰减的直流。因此，非周期电流的初值越大，暂态过程中短路全电流的最大瞬时值也就越大。非周期电流的初值既同短路前和短路后电路的情况有关，又同短路发生的时刻（合闸角 α）有关。在电感性电路中，符合上述条件的情况是：电路原来处于空载状态，短路恰好发生在短路周期电流取幅值的时刻。如果回路的感抗比电阻大得多 $\omega L \gg R$，就可以近似地认为 $\varphi \approx 90°$，则上述情况相当于短路发生在电源电势刚好过零值，即 $\alpha = 0$ 的时候。将 $I_\mathrm{m} = 0$，$\varphi = 90°$ 和 $\alpha = 0°$ 代入式（8.9），便得

$$i = -I_\mathrm{pm}\cos\omega t + I_\mathrm{pm}\exp\left(-\frac{t}{T_\mathrm{a}}\right) \tag{8.10}$$

最大短路冲击电流波形示意图如图 8.8 所示。由图 8.8 可见，短路电流的最大瞬时值在短路发生后约半个周期出现。若 $f = 50\mathrm{Hz}$，这个时间约为短路发生后 0.01s。

由此可得冲击电流如下：

$$i_{\mathrm{im}} = I_{\mathrm{pm}} + I_{\mathrm{pm}}\exp\left(-\frac{0.01}{T_{\mathrm{a}}}\right) = \left[1 + \exp\left(-\frac{0.01}{T_{\mathrm{a}}}\right)\right]I_{\mathrm{pm}} = k_{\mathrm{im}}I_{\mathrm{pm}} \tag{8.11}$$

式中：$k_{\mathrm{im}} = 1 + \exp(-0.01/T_{\mathrm{a}})$ 称为冲击系数，通常短路发生在发电机机端母线或发电厂高压侧母线以外的地点时，取 $k_{\mathrm{im}} = 1.8$。

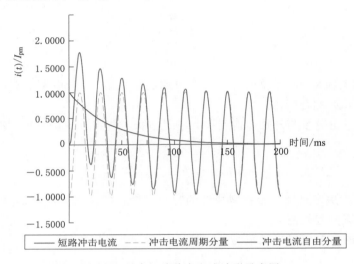

图 8.8　最大短路冲击电流波形示意图

2. 变压器中性点零序故障电流

对于任何的电力系统单相故障（假设 A 相为故障相），利用对称分量法进行分析，都可以得到：

$$\begin{cases} \dot{I}_{\mathrm{a1}} = \dfrac{\dot{E}_{\Sigma}}{j(X_{1\Sigma} + X_{2\Sigma} + X_{0\Sigma})} \\[2mm] \dot{I}_{\mathrm{a1}} = \dot{I}_{\mathrm{a2}} = \dot{I}_{\mathrm{a0}} \\[2mm] \dot{I}_{\mathrm{f}} = \dot{I}_{\mathrm{a}} = \dot{I}_{\mathrm{a1}} + \dot{I}_{\mathrm{a2}} + \dot{I}_{\mathrm{a0}} = 3\dot{I}_{\mathrm{a1}} \end{cases} \tag{8.12}$$

式中：$\dot{I}_{\mathrm{a1}}$、$\dot{I}_{\mathrm{a2}}$、$\dot{I}_{\mathrm{a0}}$ 分别为故障点 A 相的正序、负序及零序电流向量；$\dot{I}_{\mathrm{f}}$ 为故障点故障电流向量；$X_{1\Sigma}$、$X_{2\Sigma}$、$X_{0\Sigma}$ 分别为以故障点为端口的正序、负序及零序等值输入阻抗；$\dot{E}_{\Sigma}$ 为以故障点为端口的等值电压源向量。

对于 220kV 变压器，只有当 220kV 交流系统发生单相接地或两相接地故障时，且变压器中性点接地运行时，才有零序故障电流流过变压器中性点。其分析可简化为如图 8.9 所示的示意图。故障点左侧为变压器的等值电路，右侧为电力系统其余部分的等值电路。

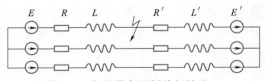

图 8.9　变压器高压侧单相接地
故障分析示意图

对于变压器等值电路而言，其对故障点贡献的正序、负序及零序电流同样存在如式（8.12）所描述的关系。即有

$$\begin{cases} \dot{I}_{Ta1} = \dfrac{\dot{E}_T}{j(X_{T1} + X_{T2} + X_{T0})} \\ \dot{I}_{Ta1} = \dot{I}_{Ta2} = \dot{I}_{Ta0} \\ \dot{I}_{Tf} = \dot{I}_{Ta} = \dot{I}_{Ta1} + \dot{I}_{Ta2} + \dot{I}_{Ta0} = 3\dot{I}_{Ta1} \end{cases} \qquad (8.13)$$

式中：$\dot{I}_{Ta1}$、$\dot{I}_{Ta2}$、$\dot{I}_{Ta0}$ 分别为故障点 A 相由该变压器贡献的正序、负序及零序电流向量；$\dot{I}_{Tf}$ 为故障点由该变压器贡献的故障电流向量；X_{T1}、X_{T2}、X_{T0} 分别为变压器的正序、负序及零序等值阻抗；$\dot{E}_T$ 为以高压侧为端口的变压器等值电压源向量。

上述公式可以看出：当变压器高压侧发生单相接地故障时，流过变压器中性点的零序电流等于故障点由该变压器贡献的故障电流。

而变压器贡献的故障电流可近似地用式（8.14）进行计算：

$$3I_{Ta0} = I_{Tf} = I_{Ta} = I_{Ta1} + I_{Ta2} + I_{Ta0} = 3I_{Ta1} = \frac{3E_T}{j(X_{T1} + X_{T2} + X_{T0})} \qquad (8.14)$$

以 220kV 变电站变压器（220kV/121kV/10.5kV，连接方式为 $Y_N/Y/\triangle$）为例，若在变压器 220kV 侧母线发生单相接地故障时，此时变压器中性点的零序电流最大，最大暂态电流按式（8.14）进行估计。

8.3.2.4 电容器参数的选择

电容隔直装置的容抗值直接影响电容器组的无功容量大小，也影响到电容器组的占用空间尺寸和费用。

在选择电容器的额定电压值时，电容器组应能承受稳态的交、直流电压之和。基于等效的峰值绝缘电压，可近似表示为

$$V_{cr} \approx \frac{V_{ac} + V_{dc}}{\sqrt{2}} \qquad (8.15)$$

式中：V_{cr} 为电容器额定电压值；V_{ac} 为电容器上的交流电压值；V_{dc} 为电容器上的直流电压值。

降低电容器组的容抗可减小其承受的交流电压，但直流电压保持不变。根据由中性点（X_0）和零序电压源（V_0）看过去的总的零序阻抗，电容器单元的稳态电压等级可表示为

$$V_{cr} = \frac{3V_0 X_c}{X_0 - 3X_c} + \frac{V_{dc}}{\sqrt{2}} \qquad (8.16)$$

如果选取 X_c 远小于 X_0，X_c 不会影响中性点电流大小，式（8.16）可近似表示为

$$V_{cr} = \frac{3V_0 X_c}{X_0} + \frac{V_{dc}}{\sqrt{2}} \qquad (8.17)$$

电容器单元的无功容量（Q_c）为

$$Q_c = \frac{V_{cr}^2}{X_c} \qquad (8.18)$$

将式（8.18）代入式（8.17）中，并且令 $\dfrac{\mathrm{d}Q_c}{\mathrm{d}X_c}=0$，可得到最小无功容量的 X_c：

$$X_{c(\mathrm{opt})}=\frac{V_{\mathrm{dc}}X_0}{3\sqrt{2}\,V_0} \tag{8.19}$$

将此优化值代入式（8.16）可得电容器此时的额定电压为

$$V_{\mathrm{cr}}=\frac{3V_0X_{c(\mathrm{opt})}}{X_0}+\frac{V_{\mathrm{dc}}}{\sqrt{2}}=\frac{3V_0}{X_0}\times\frac{V_{\mathrm{dc}}X_0}{3\sqrt{2}\,V_0}+\frac{V_{\mathrm{dc}}}{\sqrt{2}}=\frac{2V_{\mathrm{dc}}}{\sqrt{2}}=\sqrt{2}\,V_{\mathrm{dc}} \tag{8.20}$$

根据式（8.20）选择电容器的额定电压显然很低，因此选择电容器的额定参数重点需要考虑的情形是直流输电系统在单极大地方式运行时，交流系统同时发生近端单相接地故障。

从国内外的研究成果看，采用电容隔直法的研究大多采用电容器工频阻抗为 $0.8\sim1.2\Omega$ 的参数或者更大。

220kV 变电站变压器其最大暂态电流在 1Ω 的电容器上将产生交流峰值电压。通过增加电容器的额定电压来承受这么高的暂态电压显然是不经济的，寻找如此高电压等级及大容量的电容器组（工频阻抗为 1Ω）也是相当困难的。

假设选取一个很大容量的电容器组，一方面对继电保护的影响较小，另一方面即便是很大的故障电流流过它产生的电压也不至于损坏电容器组。为了可靠性，仍然可以配置旁路系统，以防止长时间的大电流损坏电容器组。而电容器容量不宜太大的理由是会引起设备体积太大及增加费用。

真正有价值的问题是多大容量的电容器才会是工频阻抗、耐压水平、体积及费用的一个较佳的平衡点呢？

1. 电容器选型

在选取电容器组工频阻抗时，需要考虑其暂态电压承受能力满足交流故障电流产生的暂态峰值电压，同时考虑电容器组的采购容易度，其体积也是需要考虑的。

隔直装置的焦点是无论在交流系统正常运行方式或者交流系统故障情况下，均可为交流系统提供有效接地，而不会产生过电压损坏变压器绝缘及影响继电保护的正常运行，下面对这两种运行情况进行讨论。

2. 交直流系统正常运行时隔直电容器的电压校验

选择电容器工频阻抗，交流系统正常情况时，变压器中性点的交流电流为 20A 以下，计算在电容器组上产生的交流电压。

当 HVDC 发生单极故障转单极大地回线方式运行时，因电容器的隔直作用，会在电容器两端产生直流电压。

一个可参照的例子是：高肇直流单极大地回线方式输送 500MW 时，在 220kV 春城站变压器中性点与地之间产生的直流电压约为 50V；按线性推算，在高肇直流单极大地回线方式输送 1500MW 时，在春城站变压器中性点与地之间产生的直流电压约为 150V。

若在从化变电站安装电容器隔直装置，估计兴安直流单极大地回线方式输送 1500MW 时，在从化变电站变压器中性点与地之间产生的直流电压应在 150V 的数量级附近。

显然电容器（为直流电容器）应能够长时承受此时的直流电压＋交流电压，即

$$V_{cr} > [V_{ac}]_{max} + V_{dc} = 2\sqrt{2} + 150 = 153(V)$$

3. 交流系统故障时隔直电容器的电压校验

在交流系统发生故障时，担心的是巨大的短路电流流经电容器，导致电容器烧毁，从而使交流系统失去有效的接地，可能损坏变压器及影响继电保护的运行。

在交流系统发生短路故障时，短路电流对电容器充电，可能引起电容器两端的最大电压计算如下。

仍以 220kV 变电站变压器为研究对象，在交流系统发生接地故障时，计算其可能产生的最大交流零序电流。

假设直流输电系统单极大地回线运行方式时，旁路开关已处于断开状态。此时交流系统发生不对称短路故障，而晶闸管支路未导通，旁路开关也未转为合上位置，此种情况是对隔直电容器最严峻的考验。

在交流系统发生不对称短路故障前，隔直电容器两端的初始电压峰值为 153V；在交流系统发生不对称短路故障持续 100ms 期间，隔直电容器两端的稳态电压峰值为交流零序电流在电容器上产生的压降。不计回路电阻，则隔直电容器两端的电压从初始状态过渡到稳态的过程中，可能出现的最大值为

电压最大峰值＝稳态值＋振荡峰值＝稳态值＋（稳态值－起始值）

＝2 倍稳态值－起始值

计算电压最大峰值时应考虑两种情况：

（1）初始电压直流分量与稳态电压交流分量的峰值同极性，且初始电压交流分量的峰值与稳态电压交流分量的峰值反极性。

（2）如果初始电压直流分量和交流分量的峰值与稳态电压交流分量的峰值反极性；因此选择的隔直电容器能够耐受的最大电压瞬态值要大于其可能承受的峰值电压，220kV 交流系统故障通常在 100ms 内会切除，应不超过电容器的短时电压耐受水平。

4. 电容器损坏的情况

在电容器发生烧毁的情况时，若选取的电容器为金属膜电容器，其在烧毁时表现为短路状态，不会出现开路，因而不会出现交流系统失去有效接地的情况。

另外，电容器隔直装置常态保持在不工作状态，只有在 HVDC 运行在单极大地回线方式时，并检测到变压器中性点直流电流超过限值时才投入运行。直流输电系统发生单极故障的概率为 10 次/年，运行规程要求其在单极大地回线方式下满载运行不得超过 1 小时，之后需转单极金属回线方式或降功率运行。在电容器隔直装置投入运行时同时发生近距离的交流系统接地故障的概率相对较低。

8.3.2.5　装置的运行与控制策略

1. 正常情况

由于交流系统的接地故障和直流系统单极运行或不对称运行，均为非正常运行工况，发生概率低，持续时间短。为接地变压器及隔直电容器运行的安全起见，电容隔直装置的运行与控制策略：晶闸管旁路在闭锁状态不导通，机械旁路开关闭合，变压器中性点直接接地，隔直电容器被旁路短接；装置为旁路运行状态，变压器中性点为直接接地运行状态。

2. 电容隔直装置的投入及投入闭锁

当检测到中性点直流电流超过限值且延时达到时：①若此时检测到中性点零序交流电流小于定值，控制旁路开关打开，将电容器接入变压器及地网之间，装置工作在隔直状态。②若检测到中性点零序电流大于定值，认为交流系统有不对称短路故障，保持旁路开关处于闭合位置。

3. 电容隔直装置隔直状态的退出

电容隔直装置在隔直状态：①当检测到电容器直流电压恢复到整定值以下且达到时限时，控制旁路开关合闸，退出隔直状态；否则，保持隔直状态。②当电容器两端直流电压仍大于定值，若检测到中性点零序电流超过定值或电容器电压达到预设定值，认为交流系统有不对称短路故障，装置迅速触发导通晶闸管旁路并触发闭合机械旁路开关，退出隔直状态。

8.3.2.6　晶闸管旁路的触发系统

电容隔直装置中晶闸管采用两级触发。

（1）第一级触发。采用两块触发板并联运行。数字测控装置根据检测到的越限电流直接输出高电平信号启动触发板，触发开通时间为 10ms（控制器反应时间）。待机械旁路开关合闸后停止触发。触发板增加了限压保护（加 6V 瞬变二极管），保护晶闸管。

（2）第二级触发。当电容器两端的电压上升到设定值时触发晶闸管导通，时间为 ns 级，作为后备保护级触发。

晶闸管固态开关的关断，是通过机械旁路开关的短接旁路，强制晶闸管阳极电压为零来实现的，与常见的外加反向电压进行关断的复杂电路相比，结构更简单可靠。

8.3.3　大电流试验

根据 220kV 电力系统分析的结果，装置应能满足 220kV 电网发生不对称短路故障，且线路保护拒动而由远方后备保护切除故障引起的最严重的短路电流情况。为考验电容隔直装置的大电流耐受能力，分别安排进行了 15000A（有效值）/250ms 及 5400A（有效值）/4s 的大电流冲击试验（表 8.2 和图 8.10）。

表 8.2　　　　　　　　　　电容隔直装置 15000A 大电流试验结果列表

通电时间/ms	324
旁路开关闭合前总电流有效值（I_d）/ kA	15.30
旁路开关闭合后总电流（I_{d1}）/ kA	20.30
旁路开关闭合前 20ms 电容组电流有效值（I_b）/A	1694
旁路开关闭合前电容组两端电压峰值（$U_{b\,peak}$）/V	303
电容器放电电流峰值（$I_{b\,peak}$）/kA	25.72
通电开始至旁路开关闭合时间（t_p）/ ms	74.18
旁路开关电流峰值（$I_{a\,peak}$）/ kA	35.73
旁路开关稳态电流有效值（I_a）/ kA	17.40
震荡周期（T_z）/ ms	1.55
振荡时间（t_z）/ ms	21.20
试验情况	试验过程中，试品无异常现象

根据试验录波图看出，当突然施加试验电压后，流过电容隔直装置的电流经过两个周波的暂态过程后达到稳态短路电流为 15.3kA；经过 74.18ms 后，旁路开关动作闭合旁路，流过电容隔直装置的总电流为 20.3kA，电容器放电峰值电流达到 25.7kA，旁路开关流过的峰值电流达到 35.73kA、稳态电流为 17.4kA。

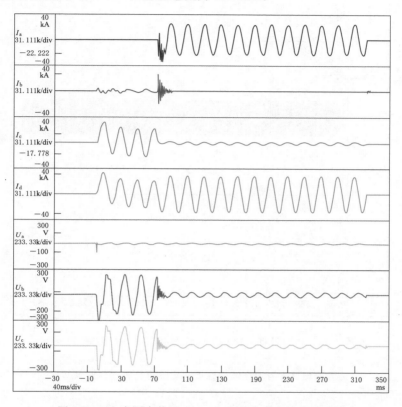

图 8.10　电容隔直装置 15000A 大电流冲击试验录波图

另一项试验是考验电容隔直装置耐受 9500A 稳态电流/4s 的能力（图 8.11）。突然施加试验电压后，经过 79.58ms，旁路闭合，流经电容隔直装置的电流稳态达到 8.089kA 并持续 4s。

电容隔直装置达到了设计要求。

8.3.4　应用实例

清远 220kV 浩源变电站与兴安接地极的直线距离为 11.7km，是广东电网 220～500kV 变电站中距离兴安接地极最近的变电站，受兴安接地极入地电流的直流偏磁影响非常严重。2009 年 8 月 8 日，电容隔直装置在该变电站投入运行。从 2009 年 8 月 8 日投入运行到 2009 年 9 月 16 日期间，除去 1 号变压器检修退出运行而造成电容隔直装置在 8 月 17 日 23：05 至 8 月 27 日 22：52 退出运行外，接于该站 1 号变压器中性点的电容隔直装置因直流电流越限动作 1 次；因交流电流越限晶闸管支路触发导通动作 4 次，无误动拒动情况。相关具体信息参见表 8.3。

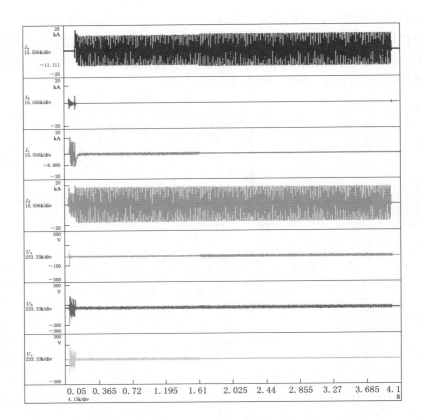

图 8.11　电容隔直装置 9500A 稳态电流/4s 耐受试验录波图

表 8.3　　　　　浩源变电站 1 号变压器中性点电容隔直装置动作纪录情况

事件序号	时　间	描　　述
1	2009 - 08 - 11　19:28:31.158	交流电流越上限，越限值 447.8869A
	2009 - 08 - 11　19:28:31.164	晶闸管被触发
	2009 - 08 - 11　19:28:31.238	交流电流越上限返回，返回值 13.4055A
	2009 - 08 - 11　19:29:31.164	晶闸管触发复归
2	2009 - 08 - 29　18:19:21.000	直流电流越上限，越限值 8.7424A
	2009 - 08 - 29　18:19:22.029	旁路开关分闸
	2009 - 08 - 29　18:19:25.000	直流电流越上限返回，返回值 -0.3419A
	2009 - 08 - 29　18:28:24.488	旁路开关合闸
3	2009 - 08 - 30　15:47:22.918	交流电流越上限，越限值 556.8461A
	2009 - 08 - 30　15:47:22.923	晶闸管被触发
	2009 - 08 - 30　15:47:22.968	交流电流越上限返回，返回值 154.6924A
	2009 - 08 - 30　15:48:22.923	晶闸管触发复归

续表

事件序号	时　　间	描　　述
4	2009 - 09 - 09　07：20：12.171	交流电流越上限，越限值 345.0594A
	2009 - 09 - 09　07：20：12.177	晶闸管被触发
	2009 - 09 - 09　07：20：12.231	交流电流越上限返回，返回值 207.732A
	2009 - 09 - 09　07：21：12.186	晶闸管触发复归
5	2009 - 09 - 09　07：31：33.992	交流电流越上限，越限值 546.5009A
	2009 - 09 - 09　07：31：33.998	晶闸管被触发
	2009 - 09 - 09　07：31：34.052	交流电流越上限返回，返回值 174.2957A
	2009 - 09 - 09　07：32：33.993	晶闸管触发复归

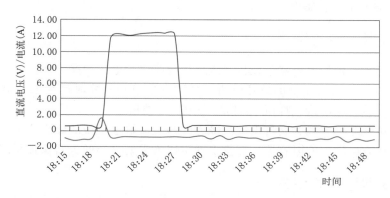

图 8.12　浩源站 1 号变压器电容隔直装置因直流电流越限的动作曲线图（2009 年 8 月 29 日）

图 8.12 显示了 2009 年 8 月 29 日 18 时电容隔直装置因主变中性点直流电流越限旁路开关动作期间隔直电容器的直流电压和直流电流变化曲线。当装置检测到直流电流越上限且超过设定时延后，控制旁路开关由合闸位置转为断开位置。直流电流完全被阻隔，直流电压上升。当控制器检测到直流电压越下限且超过设定时延时，控制旁路开关由断开位置转为合闸位置。

8.4　阻容型隔直装置的开发

阻容型隔直装置是在传统电容型隔直装置的基础上改良而成，下面是相关的介绍。

8.4.1　传统电容隔直装置的结构及参数分析

电容器隔直装置的主要元器件包括电容器、晶闸管旁路、机械开关旁路。

电容隔直装置结构设计的最初理由如下：

（1）需要旁路的原因是交流系统发生接地故障时，会有很大的故障零序电流流过电容器而产生高电压，可能损坏电容器及变压器的绝缘。

（2）机械开关动作不够快，所以需要采用晶闸管旁路。

（3）电容器的工频阻抗太大时会影响继电保护的正确动作。

选取一个很大容量的电容器组，一方面对继电保护的影响较小；另一方面即便是很大的故障电流流过产生的电压也不至于损坏电容器组时，这样就不需要旁路保护。为了可靠性，仍然可以增加机械旁路开关，以防止长时间的大电流损坏电容器组，但可以不用考虑复杂的晶闸管旁路系统。电容器容量不宜太大的理由是，大容量电容器会造成设备体积太大增加费用。

真正值得深思的问题是多大容量的电容器才会是工频阻抗、耐压水平、体积及费用的一个较佳的平衡点？这需要通过分析 220kV 系统的短路故障水平来解决。

8.4.2　220kV 交流系统的故障分析

220kV 变压器在发生母线单相短路故障时，变压器中性点的零序电流最大，计算 180MVA 变压器的最大暂态电流。

8.4.3　电容器参数的选择

选取不同工频阻抗的电容器来校核系统发生故障时的电压情况。

根据上面 220kV 交流系统的故障分析，系统发生单相故障时流经电容器组的最大暂态电流产生的电压：电压最大峰值＝2 倍稳态值－起始值。

通过进行正常运行方式、交流系统故障方式与直流输电系统故障方式重叠情况下的校核，选择满足各方面参数的电容器，理论上就可以不需要复杂的旁路保护系统。

8.4.4　阻容抑制装置结构

装置主要由直流抑制主设备（电阻器、电容器）、旁路开关（正常处于常闭状态）及控制监测装置（交直流 CT、数字监控装置）构成。阻容抑制装置电气结构原理图如图 8.13 所示。

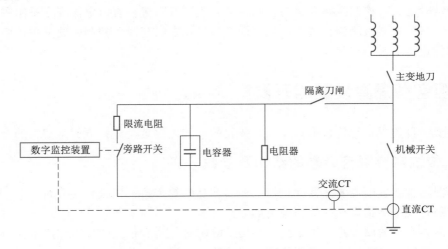

图 8.13　阻容抑制装置电气结构原理图

8.4.4.1　装置的运行控制策略

对于中性点接地运行的变压器而言，阻容抑制装置旁路开关正常运行方式下处于合闸状态，通过交流 CT 及直流测量 CT 监测变压器中性点的交流电流和直流分量来操控该开关的分、合闸。

（1）当检测到变压器中性点交流电流大于设定值时，保持旁路开关在合闸状态或由分闸转为合闸状态。

（2）当检测到变压器中性点交流电流小于设定值时，此时通过监测变压器中性点的直流分量来操控该开关的分、合闸。

1）直流电流小于设定值时，则保持该旁路开关在闭合状态。

2）直流电流大于设定值时，则打开该旁路开关，将阻容抑制装置投入到隔直状态运行。

8.4.4.2　阻容抑制装置主要特点

（1）阻容抑制装置工频阻抗小，对继电保护装置的几乎不产生影响。

（2）在电容器旁并联了电阻器，实现"疏"而非"堵"的策略。阻容抑制装置不像电容器隔直装置般完全隔断直流电流，而是部分疏通直流电流，以实现将流经变压器绕组的直流电流抑制到可承受的较低水平，不是将直流电流完全堵死而导致流到其他变电站变压器绕组的直流电流发生较大的变化。

（3）机械开关旁路保护措施可减小交流系统故障对阻容抑制装置的冲击，降低其损坏概率，增加变压器中性点有效接地可靠性。

（4）大电流型式试验结果表明：阻容抑制装置可以耐受 7000A（有效值）/持续时间 250ms 的冲击电流和 4000A（有效值）/持续时间 4s 的大电流冲击；旁路闭合时间小于 150ms，使得阻容混合型直流电流抑制装置即使在旁路开关没有正确动作时，也能耐受 220kV 电网短路故障造成的大电流冲击；完全能满足 220kV 电网发生不对称短路故障，且线路保护拒动而由远方后备保护切除故障引起的最严重的短路电流情况。

阻容抑制装置常态保持在旁路工作状态，只有在 HVDC 运行在单极大地回线方式时，才投入变压器中性点运行，直流输电发生单极故障的概率为 10 次/年，运行规程要求 HVDC 系统在单极大地回线方式下满载运行不得超过 1 小时，之后需转单极金属回线方式或降功率运行。在阻容抑制装置投入运行时同时发生近距离的交流系统接地故障的概率相对较低；另一方面，选用的电容器为市场上常用电容器，价值相对较低，易于购置及更换，技术经济性较好。

8.4.5　大电流试验

阻容抑制装置的最恶劣工况是工作在抑制状态时（此时旁路在断开状态），交流系统发生接地故障的情况，中性点故障大电流流经阻容抑制装置，可能损坏阻容抑制装置元器件。

根据 220kV 电力系统的故障分析结果，装置应能满足 220kV 电网发生不对称短路故障，且线路保护拒动而由远方后备保护切除故障引起的最严重的短路电流情况。为考验抑制装置的大电流耐受能力，分别安排进行了 7000A（有效值）/250ms 的及 4000A（有效值）/ 4s 的大电流冲击试验，试验线路原理图如图 8.14 所示。

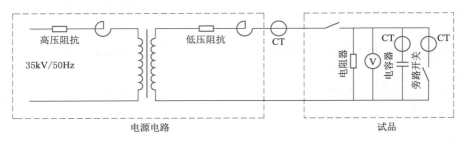

图 8.14　试验线路原理图

通过调整好电源侧变压器抽头，在阻容抑制装置一次输入侧突然施加足够的交流电压，以产生约 6600A（有效值）的交流电流，持续 250ms，用瞬态记录仪记录录波（图 8.15）。

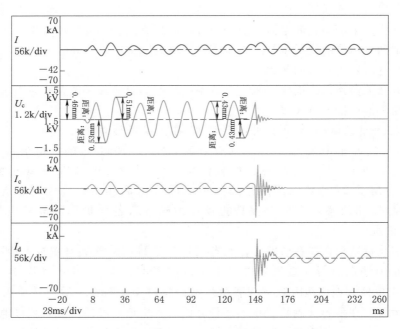

图 8.15　抑制装置 7000A 大电流冲击试验录波图

当突然施加试验电压后，流过阻容抑制装置的电流经过两个周波的暂态过程后达到稳态短路电流 6661A；经过 146.8ms 后，旁路开关动作闭合旁路，流过阻容抑制装置的总电流为 6968A，电容器放电峰值电流达到 59kA，旁路开关流过的峰值电流达到 62kA、稳态电流为 6.92kA。试验结果参见表 8.4。另一项试验是考验阻容抑制装置耐受 4000A 稳态电流/4s 的能力（图 8.16）。突然施加试验电压后，经过 150ms，旁路闭合，流经阻容抑制装置的电流稳态达到 4111A 并持续 4s。

试验表明，阻容抑制装置达到了设计要求。

表 8.4   阻容抑制装置 7000A 大电流试验结果列表

通电时间/s	0.25
旁路开关闭合前总电流 I_G/A	6661
旁路开关闭合后总电流 I_{G1}/A	6968
电容组两端稳态电流 I_c/A	6479
放电峰值电流 $I_{c\,peak}$/kA	59.23
震荡周期 T_z/ms	2.61
振荡时间 t_z/ms	22.63
旁路开关闭合时间 t_p/ms	146.8
旁路开关峰值电流 $I_{p\,peak}$/kA	62.38
旁路开关稳态电流 I_p/A	6916
试验情况	试验过程中，试品无异常现象

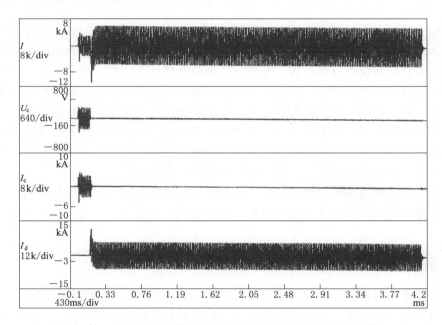

图 8.16 阻容抑制装置 4000A 稳态电流/4s 耐受试验录波图

8.4.6   应用实例

阻容抑制装置于 2008 年 12 月 30 日 12:00 时于广东电网 220kV 清远变电站投入运行，并已有如下 7 次正确投入电容器抑制直流偏磁电流的记录：

2008 年 12 月 31 日，兴安直流极 1 停运（宝安换流站换流阀冷却系统消缺），极 2 转金属回路运行及恢复双极正常运行过程中，于 0:57—1:24 及 4:34—5:04 两次处于单极大地运行方式，共持续近一个小时。清远站 1 号变压器中性点直流电流达到 23A，超过阻容隔直装置动作门槛值（5A），阻容隔直装置电容旁路开关分闸，将电容串入变压器中性点接地引下线，成功抑制直流电流流通。

2009 年 2 月 23 日 11:38—14:32，兴安直流因兴仁换流站侧缺陷，转为单极大地回线运行方式，输送功率 1100MW，持续约 174 分钟。变电站运行日志记录显示，清远站 1 号变压器中性点直流电流到达 32A，阻容隔直装置动作。

3 月 4 日 23:24—23:55 和 3 月 5 日 5:19—5:55，天广直流单极大地运行，两次输送功率相当，持续约 67 分钟。清远站 1 号变压器中性点直流电流 4 日、5 日分别达到 5.03A、5.08A，超过阻容隔直装置动作门槛值（5A），阻容隔直装置电容旁路开关正确分闸，将电容投入抑制状态。

3 月 12 日 10:53—11:23 和 17:35—18:32，兴安直流两次单极大地运行，输送功率分别为 1500MW、1350MW，持续时间约为 87 分钟。清远站 1 号变压器阻容隔直装置旁路开关正确分闸，投入抑制状态。

8.5　变压器中性点直流电流平衡装置的研制

江苏电力科学研究院研制并在江苏 500kV 武南变电站投入运行的反向直流电流注入装置，其主要原理是：电源经调压器调压后再经硅整流经辅助接地极和变压器中性点回路向变压器中性点注入反向直流电流。其调压器为电动机械式，响应速度方面受到限制。在变电站现场运行中，也主要靠直流电流监测系统报警告知直流电流越限，由运行人员判断直流电流方向并手动调节注入的直流电流，以跟踪变压器中性点直流电流情况。

本书使用电力电子开关电源作为注入电源，并使用 PLC 作为监测控制系统，根据监测的直流电流情况，通过控制逻辑自动调节电源输出的电流，跟踪变压器中性点直流电流差值，保持其小于预设的定值，达到抑制直流偏磁电流的目的。

本装置在可靠性方面作了充分考虑，模拟试验和现场超过两年的运行结果表明，该装置可以很好地平衡变压器中性点直流电流，保证流入变压器的直流电流在预设范围内，无误动。

8.5.1　装置原理

直流电流平衡装置的基本原理是通过检测变压器中性点上直流电流的方向和大小，调节直流电流平衡装置输出电流的方向及大小，控制目标是将变压器中性点直流电流减小到预设的范围内。直流电流平衡装置控制流程示意图如图 8.17 所示。

流入变压器绕组的电流只占直流电流平衡装置输出电流的一部分，它所占的比例，称为注入装置的分流系数。

直流电流平衡装置的最大输出电流取决于变压器的最大直流偏磁电流以及分流系数。如图 8.18 所示，装置的输出电流 I_j 在 A 点分流：一部分（I_{jT}）注入中性点，经电网接线、远方接地点 G3 及大地返回装置的接地极 G2；另一部分（I_{jG}）从变压器接地极 G1

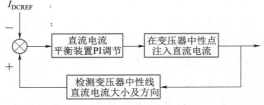

图 8.17　直流电流平衡装置控制流程示意图

返回 G2。则分流系数为

$$k_i = \frac{I_{jT}}{I_j} = 1 - \frac{I_{jG}}{I_j} \qquad (8.21)$$

由图 8.18 可见，影响分流系数的因素有以下内容：

（1）变压器的等值直流电阻 R_{T1}。

（2）变压器接入的交流电网的等值回路直流电阻 R_L 和 R_{T2}（与电网运行结构有关）。

（3）G3 的直流电阻 R_{G3} 及 G3 与 G2 之间的地电阻 R_{G23}。

（4）G1 的直流电阻 R_{G1} 及 G1 与 G2 之间的地电阻 R_{G12}。

R_{T1}、R_{T2}、R_L、R_{G3} 和 R_{G1} 都是相对固定的值。改变 G2 与 G1 之间的距离，即改变 R_{G12}，可获得一理想的分流系数。

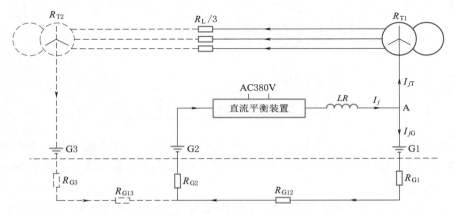

图 8.18　直流电流平衡装置电流分布示意图

装置的最大输出电流应为

$$I_{jmax} = \frac{I_{gmax}}{k_i} \qquad (8.22)$$

式中：I_{gmax} 为流入变压器的最大地中直流。

G2 的直流电阻 R_{G2} 需从技术和经济的角度来考虑。直流电流平衡装置接入惠州接地极附近某变电站的变压器中性点，这里为花岗岩地带，土壤电阻率较高，将 R_{G2} 做得很小，需较高费用。但是装置的最大输出电压和功率与 R_{G2} 成比例增大。实际选取一个距离 G1 大约 3km 的地方作为 G2 址。分流系数的初步测量值为 25%，I_{gmax} 为 45A，R_{G2} 取 2.78Ω，则装置的最大输出电流和电压分别为 180A、500V。

8.5.2　直流电流平衡装置构成

直流电流平衡装置的结构组成如图 8.19 所示。8 个 30A/500V 的 PWM 高频开关电源模块并联运行，可提供从 0A 到 240A 连续调节的直流电流。PLC 控制器实时检测流入中性点的直流电流，一旦超出设定值，即启动 PI 环计算，将计算结果作为指令发给电源监控器，要求电源模块和直流换相模块输出正确的直流电流。

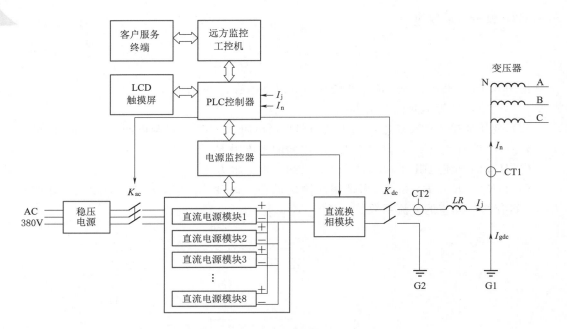

图 8.19　直流电流平衡装置的结构组成

8 个电源模块中，有 2 个为冗余。在所有模块都正常时，每个模块输出相同的电流，以保证相同的运行条件和使用寿命。如果某一模块出现故障而退出运行，其余模块均承担该模块的输出电流。

当 PLC 判断装置处于危急状态时，可以控制交流开关和直流开关跳闸。地中直流突然消失时，反向注入的直流造成变压器更严重的直流偏磁，所以直流电流平衡装置注入变压器中性点的电流量不能超过流入中性点的地中直流量。为了抑制中性点故障电流流入装置，在装置的输出端串接一限流电抗器 LR。

装置以 LCD 触摸屏和远方监控工控机作为就地和远方的人机界面，之间通过光纤通信。远方监控工控机通过局域网与在广东电网公司电力科学研究院的客户服务终端通信，该客户服务终端的界面及功能完全等同于置于变电站控制室的远方监控工控机。

装置有三种控制模式：自动控制、就地手动控制和远方手动控制。计算机监控系统存储由 PLC 实时上传的数据，并对其进行处理，制成报表，供运行人员参考。

8.5.3　模拟试验

受试验条件限制，直流电流平衡装置的模拟试验分两个阶段进行。

第一阶段：试验未考虑分流系数的影响，即未接入远方接地极。此次试验验证了装置的大电流自动控制功能。用一台大功率直流电流源输出可调节大小和方向的直流电流作为地中直流。装置在自动控制模式和误差绝对值设定 5A 下的部分试验结果参见表 8.5。

表 8.5　　　　　　　　　　　大电流自动控制功能试验结果

序号	1	2	3	4	5	6	7
地中直流/A	0	−60	−120	−180	60	120	180
装置输出电流/A	0	57.3	117.2	177.9	−57.5	−116.1	−177.0
变压器中性点电流/A	0	−2.71	−2.82	−2.09	2.48	3.91	2.95

从表 8.5 可见，装置的自动注入功能良好，实际误差在设定误差之内，而且注入电流量小于直流源输出电流量。

第二阶段试验接入了远方接地极。此次试验验证了装置的小电流自动控制功能和手动控制功能，测试了流入变压器的直流分流系数。在自动控制模式和误差绝对值设定 3A 下，经过补偿后的注入变压器的直流电流在 3A 以内。在手动控制模式下测量的分流系数参见表 8.6。

表 8.6　　　　　　　　小电流手动控制功能下分流系数的测量结果

序　号	1	2	3	4	5	6	7
设定电流/A	−15	−10	−5	3	5	10	15
装置输出电流/A	−15.75	−10.30	−5.20	2.92	4.60	8.75	14.55
变压器中性点电流/A	−5.2	−3.4	−1.3	1.1	1.7	3.2	5.3
分流系数/%	33	33	25	38	37	37	36

8.5.4　试运行情况

该直流电流平衡装置 2007 年 3 月于广东电网 220kV 义和变电站挂网试运行。

装置设计时使用的是 2004 年 5 月三广直流输电系统调试时得到的测试数据，到直流电流平衡装置投入试运行时已时隔三年，期间义和变电站周围 220kV 主网的电气连接发生了较大变化。其中最大的变化是在距其 23.5km 处新建了 220kV 九潭变电站。

根据广东电网变压器中性点直流电流监测网近两年的数据，三广直流输电系统单极大地方式运行对义和变电站的变压器影响大大降低，而九潭变电站的变压器直流偏磁问题非常突出。也就是说，因为电网结构的变化，三广直流输电系统单极大地方式运行时的入地直流电流在交流系统的分布已发生了较大变化，义和站变压器中性点直流电流有所减小。由于这种变化，义和变电站变压器中性点直流电流在 2007 年间很少超过平衡装置的动作门槛值 4A。这使得直流电流平衡装置在 2007 年间没有动作记录。根据监测记录，在试运行的一年半期间，只有 2008 年 4 月 8 日、5 月 6 日和 5 月 7 日，义和站的地中直流电流超过了直流电流平衡装置动作门槛值 4A，这几次装置均正确动作，并按预期对义和站变压器中性点直流电流进行了平衡补偿。

2008 年 4 月 8 日、5 月 6 日和 5 月 7 日，义和站直流电流平衡装置共动作 4 次，下面列举了 3 次的动作记录曲线（图 8.20～图 8.22）。

黑色与蓝色曲线为装置检测到的变压器中性点直流电流曲线，红色曲线为直流电流平衡装置的直流电流输出曲线。

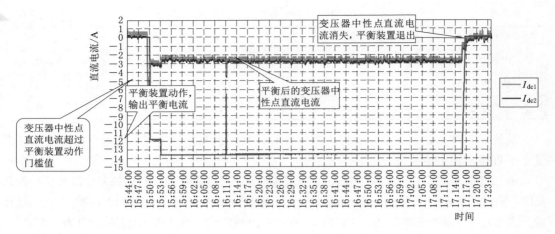

图 8.20　2008 年 4 月 8 日动作记录曲线

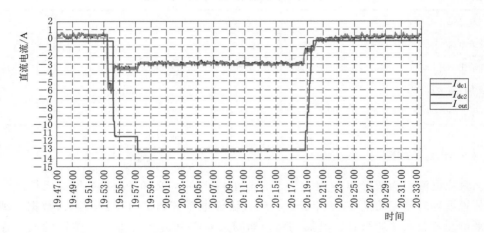

图 8.21　2008 年 5 月 6 日第一次动作记录曲线

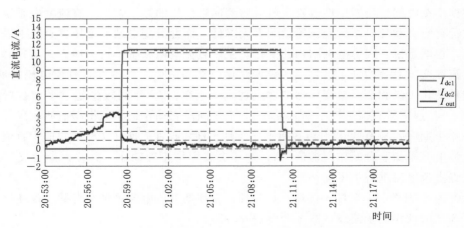

图 8.22　2008 年 5 月 6 日第二次动作记录曲线

8.5.5 装置试运行情况

（1）直流电流平衡装置的输出电流能够自动跟踪变压器中性点的直流电流变化，经平衡补偿后，变压器中性点直流电流不超过 3A，且此时的直流电流方向与平衡装置补偿前的直流电流方向相同。这说明装置的自动跟踪精度达到设计要求，不会过补偿，一旦地中直流消失，反向注入的直流也不会造成变压器直流偏磁。

（2）直流电流平衡装置对变压器中性点直流电流变化的响应时间为 35～47s。在直流电流平衡装置设计时，考虑到变压器耐受短时的直流偏磁是可以接受的。因此，为了防止干扰信号引起其频繁动作，设置了 20ms 的延时，还要加上装置启动控制程序及电源模块时的动作延时。目前该直流电流平衡装置的响应时间远比其他采用手动方式的直流电流注入装置快。

（3）2007 年，由于义和站变压器中性点直流电流很少超过平衡装置的动作门槛值，装置长期处于无输出状态，又因气候潮湿和直流电源功率模块长期不通电，导致部分直流电源功率模块内部电子器件受潮而出现故障。但因模块化冗余设计及无主控制方式，平衡装置仍能正常工作，未对整体功能造成影响。

（4）直流电流平衡装置的试运行情况表明，装置到达预期的设计效果，两年的现场运行未出现误输出直流电流的情况；也表明装置安全措施齐备。

8.6 本章小结

本章针对高压直流输电系统大地回线方式对交流系统的影响，结合广东电网交流系统的实际运行情况，通过理论研究与模拟实验相结合的方法，最终研制了直流电流抑制样机，对解决变压器直流偏磁的抑制问题，保障电网运行设备安全有重要参考及实用价值。得到以下结论：

（1）就小电阻法、电容隔直法、电位补偿法三种抑制方法而言，如果均需要旁路保护以及对旁路保护的技术条件、安全可靠性要求一样时，使用电容器来抑制直流偏磁电流是最佳的方案。

（2）直流电流注入法和电容隔直法两种方法各有优劣，应针对不同的应用场合选择不同的抑制措施。在 500kV 变电站，基于变压器的重要性及运行规程要求，推荐采用直流电流注入法，当然应考虑安装接地极的可能性；在 220kV 变电站则推荐采用电容隔直装置（或阻容抑制装置）。

（3）通过对 220kV 交流系统短路故障特点的分析，提出了阻容抑制方案，开发了样机并已挂网试运行。经研究发现，在 220kV 变电站交流系统故障零序电流较小（稳态零序短路电流小于 4000A）的变电站应用电容隔直法时，可以在电容器工频阻抗、耐压水平、装置体积及费用几个方面找到一个较佳的平衡点，从而省略复杂的晶闸管旁路保护系统，提供了一种简单、经济、安全、高效的直流偏磁电流抑制方案。

（4）在阻容抑制装置的成果基础上，研制了带晶闸管旁路方式的电容隔直装置。大电流试验表明，与阻容抑制装置比较，电容隔直装置能够承受更大的交流系统故障零序电流。

（5）直流电流平衡装置的研制及实施表明，与机械式调节输出电流的方式相比，在直流电流注入法中采用电力电子开关电源的方案使得闭环控制的响应速度大幅提高，电力电子器件的应用也使快速的闭环控制成为可能。

三种直流偏磁抑制装置挂网试运行期间，在多次直流输电系统单极大地回线方式运行时，直流抑制装置均能发挥预期作用，有效防止变压器直流偏磁。在装置设计研制中应该适当考虑冗余配置及安全可靠性措施，以满足电力生产的安全性要求。

参 考 文 献

[1] 陈德智，黄振华，刘杰，等. 水平分层土壤中点电流源电流场的计算 [J]. 高电压技术，2008，34 (7)：1379 - 1382.

[2] 潘卓洪，张露，刘虎，等. 多层水平土壤地表电位分布的仿真分析 [J]. 高电压技术，2012，38 (1)：116 - 123.

[3] 阮羚，文习山，康钧，等. 考虑深层大地电阻率的交流系统直流网络模型 [J]. 电网技术，2014，38 (10)：2888 - 2893.

[4] 于永军，杨琪，侯志远，等. 天中直流工程入地电流对新疆哈密地区交流电网的影响 [J]. 电网技术，2014，38 (8)：2298 - 2303.

[5] 文习山，刘晨蕾，李伟，等. 考虑深层大地电阻率的电网广域直流电流分布数值计算 [J]. 高电压技术，2017，43 (7)：2331 - 2339.

[6] 刘连光，姜克如，李洋，等. 直流接地极近区三维大地电阻率模型建立方法 [J]. 中国电机工程学报，2018，38 (6)：1622 - 1630.

[7] 张波，赵杰，曾嵘，等. 直流大地运行时交流系统直流电流分布的预测方法 [J]. 中国电机工程学报，2006，26 (13)：84 - 88.

[8] 曹昭君，何俊佳，叶会生，等. 直流系统大地运行时交流系统直流分布的计算 [J]. 高电压技术，2006，32 (10)：82 - 84.

[9] 叶会生. HVDC 输电系统入地电流在交流系统中分布的研究 [D]. 武汉：华中科技大学，2007.

[10] 何俊佳，叶会生，林福昌，等. 土壤结构对流入变压器中性点直流电流的影响 [J]. 中国电机工程学报，2007，27 (36)：14 - 18.

[11] 刘曲，李立涅，郑健超. 考虑海洋影响的直流输电单极大地运行时变压器中性点直流电流研究 [J]. 电网技术，2007，31 (2)：57 - 60.

[12] 刘曲. 高压直流输电系统单极大地运行时地中电流分布的研究 [D]. 北京：清华大学，2007.

[13] 赵杰，曾嵘，黎小林，等. HVDC 输电系统地中直流对交流系统的影响及防范措施研究 [J]. 高压电器，2005，41 (5)：7 - 9.

[14] 曹林，曾嵘，赵杰，等. 高压直流输电系统接地极电流对电力变压器运行影响的研究 [J]. 高压电器，2006，42 (5)：346 - 348.

[15] 陈凡，曹林，赵杰，等. 云广与贵广Ⅱ回直流输电系统共用接地极设计 [J]. 高电压技术，2006，32 (12)：154 - 157.

[16] 何金良. 电力系统接地技术 [M]. 北京：中国科学技术出版社，2007.

[17] 柳建新，童孝忠，郭荣文，等. 大地电磁测深法勘探——资料处理反演与解释 [M]. 北京：科学出版社，2012.

[18] 曹源. 用于电网 GIC 计算的大地电阻率模型研究 [D]. 北京：华北电力大学 (北京)，2010.

[19] CHAVE A，JONES A. The Magnetotelluric Method：Theory and Practice [M]. London：Cambridge University Press，2012.

[20] 解广润. 电力系统接地技术 [M]. 北京：水利电力出版社，1991.

[21] 国家能源局. DL/T 1786—2017 直流偏磁电流分布同步监测技术导则 [S]. 北京：中国电力出版社，2018.

[22] 黄攀，高新华，谢善益，等. 变压器中性线直流电流监测系统的设计和应用 [J]. 电力系统自动

化，2007（1）：96－99.

[23] 汪发明，张露，全江涛，等. 交流电网直流电流分布仿真软件的开发［J］. 高电压技术，2012，38（11）：3054－3059.

[24] 张露，阮羚，潘卓洪，等. 变压器直流偏磁抑制设备的应用分析［J］. 电力自动化设备，2013，39（9）：151－156.

[25] 李长云，刘亚魁. 直流偏磁条件下变压器铁心磁化特性的 Jiles－Atherton 修正模型［J］. 电工技术学报，2017，32（19）：193－201.

[26] 刘连光，朱溪，王泽忠，等. 基于 K 值法的单相四柱式特高压主体变的 GIC－Q 损耗计算［J］. 高电压技术，2017，43（7）：2340－2348.

[27] 刘青松，伍衡，彭光强，等. 南方电网所辖换流变压器直流偏磁数据分析［J］. 高压电器，2017，53（8）：153－158.

[28] 刘影，谢驰. 直流偏磁下变压器的铁心损耗分析研究［J］. 中国测试，2017，43（7）：124－127.

[29] 王泽忠，谭瑞娟，臧英，等. 基于串联电阻的特高压变压器空载直流偏磁计算［J］. 电工技术学报，2017，32（8）：129－137.

[30] 李长云，郝爱东，娄禹. 直流偏磁条件下电力变压器振动特性研究进展［J］. 电力自动化设备，2018，38（6）：215－223.

[31] 刘教民，朱溪，刘洪正，等. 电力变压器的 GIC－Q 损耗算法的研究综述［J］. 高电压技术，2018，44（7）：2284－2291.

[32] 刘连光，陈剑，王茂海，等. 采用变压器量测无功分析 GIC－Q 扰动的方法［J］. 电网技术，2018，42（4）：1157－1163.

[33] 司马文霞，刘永来，杨鸣，等. 考虑铁心深度饱和的单相双绕组变压器改进 π 模型［J］. 中国电机工程学报，2018，38（24）：1－12.

[34] 王玲，马明，徐柏榆，等. 基于非线性磁路方程的变压器直流偏磁风险评估［J］. 变压器，2018，55（10）：55－60.

[35] 谢志成，钱海，林湘宁，等. 直流偏磁下变压器运行状态量化评估方法［J］. 电力自动化设备，2019，39（2）：216－223.

[36] 赵小军，晋志明，王刚，等. 采用复指数的频域分解算法及其在三相变压器非对称直流偏磁分析中的应用［J］. 中国电机工程学报，2019，39（4）：1206－1215.

[37] 李晓萍，文习山，蓝磊，等. 单相变压器直流偏磁试验与仿真［J］. 中国电机工程学报，2007，27（9）：33－40.

[38] 曹林，何金良，张波. 直流偏磁状态下电力变压器铁心动态磁滞损耗模型及验证［J］. 中国电机工程学报，2008，28（24）：141－146.

[39] 郭满生，梅桂华，刘东升，等. 直流偏磁条件下电力变压器铁心 $B－H$ 曲线及非对称励磁电流［J］. 电工技术学报，2009，24（5）：46－51.

[40] 李泓志，崔翔，卢铁兵，等. 变压器直流偏磁的电路-磁路模型［J］. 中国电机工程学报，2009，29（27），119－125.

[41] 郭满生，梅桂华，张喜乐，等. 直流偏磁条件下单相三柱电力变压器的损耗计算［J］. 电工技术学报，2010，25（7）：67－71.

[42] 李泓志，崔翔，刘东升，等. 直流偏磁对三相电力变压器的影响［J］. 电工技术学报，2010，25（5）：88－96.

[43] 李泓志，崔翔，刘东升，等. 大型电力变压器直流偏磁分析的磁路建模与应用［J］. 高电压技术，2010，36（4）：1068－1076.

[44] 李晓萍，文习山. 三相五柱变压器直流偏磁计算研究［J］. 中国电机工程学报，2010，30（1）：

127 - 131.

[45]　李长云，李庆民，李贞，等. 电能质量约束下变压器承受直流偏磁能力的分析 [J]. 高电压技术，2010，36（12）：3112 - 3118.

[46]　李贞，李庆民，李长云，等. 直流偏磁条件下变压器的谐波畸变特征 [J]. 电力系统保护与控制，2010，38（24）：52 - 55.

[47]　鲁海亮，文习山，蓝磊，等. 变压器直流偏磁对无功补偿电容器的影响 [J]. 高电压技术，2010，36（5）：1124 - 1130.

[48]　赵小军，李琳，程志光，等. 应用谐波平衡有限元法的变压器直流偏磁现象分析 [J]. 中国电机工程学报，2010，30（21）：103 - 108.

[49]　赵志刚. 电力变压器直流偏磁问题的工程模拟 [D]. 天津：河北工业大学，2010.

[50]　赵志刚，刘福贵，程志光，等. HVDC直流偏磁电力变压器铜屏蔽中涡流损耗分析与仿真 [J]. 高电压技术，2011，37（4）：990 - 995.

[51]　郭洁，黄海，唐昕，等. 500kV电力变压器偏磁振动分析 [J]. 电网技术，2012，36（3）：70 - 75.

[52]　潘超，王泽忠，杨敬瑀，等. 变压器直流偏磁瞬态场路耦合计算的稳定性分析 [J]. 电工技术学报，2012，27（12）：226 - 232.

[53]　张雪松，黄莉. 基于PSCAD/EMTDC的变压器直流偏磁仿真研究 [J]. 电力系统保护与控制，2012，40（19）：78 - 84.

[54]　刘连光，吴伟丽. 磁暴影响电力系统安全风险评估思路与理论框架 [J]. 中国电机工程学报，2014，34（10）：1583 - 1591.

[55]　VAKHNINA V V，SHAPOVALOV V A，KUZNETSOV V N，et al. The influence of geomagnetic storms on thermal processes in the tank of a power transformer [J]. IEEE Transactions on Power Delivery，2015，30（4）：1702 - 1707.

[56]　ZHU H，OVERBYE T J. Blocking device placement for mitigating the effects of geomagnetically induced currents [J]. IEEE Transactions on Power Systems，2015，30（4）：2081 - 2089.

[57]　BOTELER D H，BRADLEY E. On the interaction of power transformers and geomagnetically induced currents [J]. IEEE Transactions on Power Delivery，2016，31（5）：2188 - 2195.

[58]　JAZEBI S，REZAEI - ZARE A，LAMBERT M，et al. Duality - Derived transformer models for low - frequency electromagnetic transients. Part Ⅱ：Complementary modeling guidelines [J]. IEEE Transactions on Power Delivery，2016，31（5）：2420 - 2430.

[59]　FARDOUN A A，FUCHS E F，MASOUM M A S. Experimental analysis of a DC bucking motor blocking geomagnetically induced currents [J]. IEEE Transactions on Power Delivery，1994，9（1）：88 - 99.

[60]　ALBERTSON V D，BOZOKI B，FEERO W E，et al. Geomagnetic disturbance effects on power systems [J]. IEEE Transactions on Power Delivery，1993，8（3）：1206 - 1216.

[61]　PICHER P，BOLDUC L，DUTIL A，et al. Study of the acceptable DC current limit in core - form power transformers [J]. IEEE Transactions on Power Delivery，1997，12（1）：257 - 265.

[62]　王祥珩，徐伯雄. 变压器的偏磁问题 [J]. 变压器，1992（8）：11 - 14.

[63]　刘曲，郑健超，潘文，等. 变压器铁心承受直流能力的仿真和分析 [J]. 变压器，2006，43（9）：5 - 10.

[64]　EITZMANN M A，WALLING R A，SUBLICH M，et al. Alternatives for blocking direct current in AC system neutrals at the Radisson/LG2 complex [J]. IEEE Transactions on Power Delivery，1992，7（3）：1328 - 1337.

[65]　BOLDUC L，GRANGER M，PARE G，et al. Development of a DC current - blocking device for transformer neutrals [J]. IEEE Transactions on Power Delivery，2005，20（1）：163 - 168.

［66］ 蒯狄正，万达，邹云. 直流偏磁对变压器的影响［J］. 中国电力，2004（8）：45－47.

［67］ 蒯狄正. 电网设备直流偏磁影响检测分析与抑制［D］. 南京：南京理工大学，2005.

［68］ 蒯狄正，万达，邹云. 直流输电地中电流对电网设备影响的分析与处理［J］. 电力系统自动化，2005，29（2）：81－82.

［69］ 赵杰，黎小林，吕金壮，等. 抑制变压器直流偏磁的串接电阻措施［J］. 电力系统自动化，2006，30（12）：88－91.

［70］ 马志强. 消减变压器中性点直流电流抑制直流偏磁的电位补偿方法［J］. 广东电力，2007，20（5）：1－5.

［71］ 朱艺颖，蒋卫平，曾昭华，等. 抑制变压器中性点直流电流的措施研究［J］. 中国电机工程学报，2005，25（13）：1－7.

［72］ HAMMING R W . Numerical Methods for Scientists and Engineers［M］. New York：McGraw－Hill，1973.

［73］ MA J，DAWALIBI F P，DAILY W K. Analysis of grounding systems in soils with hemispherical layering［J］. IEEE Transactions on Power Delivery，1993，8（4）：1773－1781.

［74］ JX MA，DAWALIBI F P . Analysis of grounding systems in soils with finite volumes of different resistivities［J］. IEEE Transactions on Power Delivery，2002，17（2）：596－602.

［75］ FORTIN S，MITSKEVITCH N，DAWALIBI F P. Analysis of grounding systems in horizontal multilayer soils containing finite heterogeneities［J］. IEEE Transactions on Industry Applications，2015，51（6）：5095－5100.

［76］ HAJIABOLI A，FORTIN S，DAWALIBI F P . Numerical techniques for the analysis of HVDC sea electrodes［J］. IEEE Transactions on Industry Applications，2015，51（6）：5175－5181.

［77］ HAJIABOLI A，FORTIN S，DAWALIBI F P，et al. Analysis of grounding systems in the vicinity of hemispheroidal heterogeneities［J］. IEEE Transactions on Industry Applications，2015，51（6）：5070－5077.

［78］ PEREIRA W R，SOARES M G，NETO L M. Horizontal multilayer soil parameter estimation through differential evolution［J］. IEEE Transactions on Power Delivery，2016，31（2）：622－629.

［79］ DAWALIBI F，BLATTNER C J. Earth resistivity measurement interpretation techniques［J］. IEEE Transactions on Power Apparatus and Systems，1984，PAS－103（2）：374－382.

［80］ TAKAHASHI T，KAWASE T. Analysis of apparent resistivity in a multi－layer earth structure［J］. IEEE Transactions on Power Delivery，1990，5（2）：604－612.

［81］ DEL ALAMO J L. Comparison among eight different techniques to achieve an optimum estimation of electrical grounding parameters in two layered earth［J］. IEEE Transactions on Power Delivery，1991，8（4）：1890－1899.

［82］ DEL ALAMO J L. A second order gradient technique for an improved estimation of soil parameters in a two－layer earth［J］. IEEE Transactions on Power Delivery，1991，6（3）：1166－1170.

［83］ DAWALIBI F，BARBEITO N. Measurements and computations of the performance of grounding systems buried in multilayer soils［J］. Power Delivery，IEEE Transactions on，1991，6（4）：1483－1490.

［84］ SEEDHER H R，ARORA J K. Estimation of two layer soil parameters using finite Wenner resistivity expressions［J］. IEEE Transactions on Power Delivery，1992，7（3）：1213－1217.

［85］ LAGACE P J，FORTIN J，CRAINIC E D. Interpretation of resistivity sounding measurements in N－layer soil using electrostatic images［J］. IEEE Transactions on Power Delivery，1996，11（3）：1349－1354.

［86］ ERLING，SUNDE E D. Earth conduction effects in transmission systems［M］. New York：Dover Publications，Inc. ，1968.

[87] ZOU J，HE J L，ZENG R，et al. Two‐stage algorithm for inverting structure parameters of the horizontal multilayer soil [J]．Magnetics，IEEE Transactions on，2004，40（2）：1136－1139.

[88] 徐华，文习山，舒翔，等．计算土壤参数的一种新方法 [J]．高电压技术，2004，30（8）：17－19.

[89] 何金良，康鹏，曾嵘，等．青藏铁路110kV输变电工程五道梁和沱沱河变电站的土壤结构模型分析 [J]．电网技术，2005，29（20）：10－14.

[90] 付龙海，吴广宁，王颖，等．青藏铁路望楚段变电站土壤结构参数的确定 [J]．高电压技术，2006，32（2）：84－86.

[91] 于刚，邹军，郭剑，等．基于矢量矩阵束方法的大型接地网暂态分析 [J]．清华大学学报（自然科学版），2004，44（4）：458－461.

[92] 潘卓洪，张露，谭波，等．水平层状土壤接地问题的理论推导与数值分析 [J]．高电压技术，2011，37（4）：860－866.

[93] 潘卓洪，张露，谭波，等．垂直多层土壤的格林函数 [J]．中国电机工程学报，2011，31（25）：150－156.

[94] 李晋．基于数学形态学的大地电磁强干扰分离及应用 [D]．长沙：中南大学，2012.

[95] 王亮．AMT正反演算法设计与软件开发 [D]．长沙：中南大学，2013.

[96] 席振铢．人工源频率倾子测深法 [D]．长沙：中南大学，2013.

[97] 周文斌．广域电磁测深理论的有效性试验研究 [D]．长沙中南大学，2013.

[98] 黄兆辉，底青云，侯胜利．CSAMT的静态效应校正及应用 [J]．地球物理学进展，2006（4）：1290－1295.

[99] 梁生贤，张胜业，祁晓雨，等．基于空间滤波和相位换算的MT静校正方法比较 [J]．工程地球物理学报，2010，7（3）：300－306.

[100] 孙娅，何展翔，柳建新，等．长导线源频率域电磁测深场源静态位移的模拟研究 [J]．石油地球物理勘探，2011，46（1）：149－154.

[101] 罗志琼．用电磁阵列剖面法压制MT静态效应影响的研究 [J]．地球科学，1990（S1）：13－22.

[102] 王家映．电磁阵列剖面法的基本原理 [J]．地球科学，1990（S1）：1－11.

[103] 刘宏，王家映．三维电磁阵列剖面法的基本原理及应用 [J]．地球物理学进展，1997，12（1）：61－73.

[104] 邓前辉，孙洁，王继军，等．电磁阵列剖面-大地电磁联合测量及其资料处理 [J]．地震地质，1998，20（3）：59－62.

[105] 苏超，郭恒，侯彦威，等．CSAMT静态校正及其在煤矿采空区探测的应用 [J]．煤田地质与勘探，2018，46（4）：168－173.

[106] 杨妮妮，王志宏，赵晓鸣．CSAMT静态效应校正方法研究与应用 [J]．江西科学，2009，27（2）：290－294.

[107] 龚玉蓉．基于小波包的三维大地电磁测深静态效应压制研究 [D]．长沙：中南大学，2011.

[108] 于生宝，郑建波，高明亮，等．基于小波变换模极大值法和阈值法的CSAMT静态校正 [J]．地球物理学报，2017，60（1）：360－368.

[109] 郑建波．基于小波方法的CSAMT静态校正 [D]．长春：吉林大学，2016.

[110] 张旭．多种电法组合在危机矿山成矿预测中的适应性及关键技术研究 [D]．西安：长安大学，2008.

[111] 中华人民共和国地质矿产部．DZ/T 0173—1997 大地电磁测探法技术规程 [S]．北京：中国质检出版社，1997.

[112] 中华人民共和国国家发展和改革委员会．DL/T 5224—2014 高压直流输电大地返回系统设计技术规程 [S]．北京：中国电力出版社，2014.

[113] 刘营，徐义贤，张胜业，等．华南地区岩石圈电性特征及其地球动力学意义 [J]．地球物理学

报，2013，56（12）：4234 – 4244.

[114] 韩松，刘国兴，韩江涛. 华南地区进贤—柘荣剖面深部电性结构 [J]. 吉林大学学报（地球科学版），2016，46（6）：1837 – 1846.

[115] 胡祥云，毕奔腾，刘国兴，等. 华南东部吉安—福州剖面岩石圈电性结构研究 [J]. 地球物理学报，2017，60（7）：2756 – 2766.

[116] 刘国兴，韩凯，韩江涛. 华南东南沿海地区岩石圈电性结构 [J]. 吉林大学学报（地球科学版），2012，42（2）：536 – 544.

[117] 韩凯，刘国兴，韩江涛，等. 乐昌—霞葛 MT 剖面深部电性结构研究 [J]. 地球物理学进展，2012，27（3）：997 – 1007.

[118] 韩江涛，刘国兴，韩凯. 粤北地区乳源—潮州 MT 剖面深部电性结构及地学意义 [J]. 吉林大学学报（地球科学版），2012，42（4）：1186 – 1191.

[119] IEEE. IEEE Guide for measuring earth resistivity, ground impedance, and earth surface potentials of a grounding system [S]. 2012.

[120] LAGACE P J, HOA V M, LEFEBVRE M, et al. Multilayer resistivity interpretation and error estimation using electrostatic images [J]. Power Delivery, IEEE Transactions on Power Delivery, 2006, 21（4）：1954 – 1960.

[121] CALIXTO W P, NETO L M, WU M, et al. Parameters estimation of a horizontal multilayer soil using genetic algorithm [J]. IEEE Transactions on Power Delivery, 2010, 25（3）：1250 – 1257.

[122] BO Z, XIANG C, LIN L, et al. Parameter estimation of horizontal multilayer earth by complex image method [J]. IEEE Transactions on Power Delivery, 2005, 20（2）：1394 – 1401.

[123] LAGACE P J, HOA V M, LEFEBVRE M, et al. Multilayer resistivity interpretation and error estimation using electrostatic images [J]. IEEE Transactions on Power Delivery, 2006, 21（4）：1954 – 1960.

[124] ROGUE WAVE SOFTWARE. IMSL® C Numerical Library User Guide Volume 1 of 2：C Math Library [M], 2013.

[125] MEAD R, NELDER J A. A simplex method for function minimization [J]. Computer Journal, 1965, 7（1）：308 – 313.

[126] KENNEDY J, EBERHART R C. Particle swarm optimization [C]. Proc. of IEEE International Conference on Neural Networks, Piscataway, 1995：1942 – 1948.

[127] YANG X. Engineering optimization an introduction with metaheuristic applications [M]. London：Wiley, 2009.

[128] YANG X S. Firefly algorithm, Levy flights and global optimization [J]. Research and Development in Intelligent Systems XXVI, 2010：209 – 218.

[129] AKAY B, KARABOGA D. A modified artificial bee colony algorithm for real – parameter optimization [J]. Information Sciences, 2012（192）：120 – 142.